海洋经济对我国经济社会发展的贡献与作用分析报告（2022）

丁黎黎　薛岳梅　王　奎　姚　鹏　著

中国海洋大学出版社
CHINA OCEAN UNIVERSITY PRESS

·青岛·

图书在版编目（CIP）数据

海洋经济对我国经济社会发展的贡献与作用分析报告.
2022 / 丁黎黎等著. -- 青岛：中国海洋大学出版社，
2022.12

ISBN 978-7-5670-3457-0

Ⅰ.①海… Ⅱ.①丁… Ⅲ.①海洋经济–影响–中国
经济–研究–2022 Ⅳ.①P74②F12

中国版本图书馆 CIP 数据核字（2023）第 046346 号

海洋经济对我国经济社会发展的贡献与作用分析报告（2022）

HAIYANG JINGJI DUI WOGUO JINGJI SHEHUI FAZHAN DE GONGXIAN YU ZUOYONG FENXI BAOGAO(2022)

出版发行	中国海洋大学出版社
社　　址	青岛市香港东路 23 号　　　　邮政编码　266071
出 版 人	刘文菁
网　　址	http://pub.ouc.edu.cn
电子信箱	2627654282@qq.com
责任编辑	邹伟真　　　　　　　　　　　电　　话　0532-85902533
印　　制	青岛国彩印刷股份有限公司
版　　次	2022 年 12 月第 1 版
印　　次	2022 年 12 月第 1 次印刷
成品尺寸	170 mm × 240 mm
印　　张	15.75
字　　数	264 千
印　　数	1~800
定　　价	68.00 元
订购电话	0532-82032573（传真）

发现印装质量问题，请致电 0532-58700166，由印刷厂负责调换。

目　录

1　导论 ……………………………………………………………… 1

  1.1　海洋经济的内涵和外延 ……………………………………… 2

    1.1.1　海洋经济的定义 ………………………………………… 2

    1.1.2　海洋经济的内涵 ………………………………………… 2

    1.1.3　海洋经济的外延 ………………………………………… 3

  1.2　我国海洋经济发展形势分析 ………………………………… 5

    1.2.1　宏观经济复苏动力强劲 ………………………………… 5

    1.2.2　海洋经济支持政策日趋完善 …………………………… 6

    1.2.3　海洋生态环境仍需改善 ………………………………… 6

    1.2.4　海洋科技实力显著提升 ………………………………… 7

    1.2.5　国际环境复杂多变 ……………………………………… 7

  1.3　我国海洋经济发展研究现状 ………………………………… 7

    1.3.1　经济社会发展问题研究 ………………………………… 8

    1.3.2　海洋经济整体运行研究 ………………………………… 12

    1.3.3　海洋产业发展研究 ……………………………………… 16

    1.3.4　陆海统筹问题研究 ……………………………………… 20

  1.4　本书的逻辑与研究思路 ……………………………………… 22

2　海洋经济在我国经济社会发展中的角色与作用 ……………… 24

  2.1　海洋经济在经济社会发展中的基本角色 …………………… 24

    2.1.1　国民经济增长的蓝色引擎 ……………………………… 24

    2.1.2　海洋强国建设的重要支撑 ……………………………… 25

    2.1.3　生态文明建设的重要阵地 ……………………………… 25

2.1.4 "一带一路"建设海上合作的主线 ·················· 26

2.1.5 高质量发展的沿海经济支点 ·················· 27

2.2 海洋经济推动我国经济社会发展的作用机理 ·················· 27

2.2.1 以海洋产业为依托，提升经济发展规模与质量 ·················· 27

2.2.2 以涉海微观主体为纽带，促进社会民生和谐发展 ·················· 29

2.2.3 以海洋资源环境为抓手，推进生态文明纵深发展 ·················· 30

3 海洋经济对我国经济运行的贡献 ·················· 32

3.1 海洋生产总值的贡献分析 ·················· 32

3.1.1 全国层面海洋生产总值贡献及趋势 ·················· 32

3.1.2 北部海洋经济圈的海洋生产总值贡献及趋势 ·················· 40

3.1.3 东部海洋经济圈的海洋生产总值贡献及趋势 ·················· 45

3.1.4 南部海洋经济圈的海洋生产总值贡献及趋势 ·················· 50

3.2 主要海洋产业的贡献分析 ·················· 54

3.2.1 海洋旅游业的贡献分析 ·················· 55

3.2.2 海洋交通运输业的贡献分析 ·················· 57

3.2.3 海洋渔业的贡献分析 ·················· 59

3.3 对我国经济波动的贡献分析 ·················· 61

3.3.1 产业关联度分析 ·················· 62

3.3.2 周期波动协动性分析 ·················· 69

4 海洋经济对我国社会就业的贡献 ·················· 80

4.1 涉海就业人员的总体情况 ·················· 80

4.1.1 涉海就业人员总体规模 ·················· 80

4.1.2 涉海就业人员发展趋势 ·················· 81

4.2 海洋经济的就业贡献分析 ·················· 82

4.2.1 海洋经济引致就业弹性分析 ·················· 82

4.2.2 海洋经济对总体就业的贡献度 ·················· 88

　　4.3　海洋经济的财税收入贡献分析 ·································· 91

　　　　4.3.1　引致财政收入弹性分析 ································· 91

　　　　4.3.2　引致税收收入弹性分析 ································· 94

5　海洋经济对我国科技进步的贡献 ·································· **98**

　　5.1　基于参数估计的科技进步贡献率分析 ························ 98

　　　　5.1.1　海洋经济的科技进步贡献率测度 ····················· 99

　　　　5.1.2　国民经济的科技进步贡献率测度 ···················· 104

　　　　5.1.3　海洋经济与国民经济科技进步贡献率比较分析 ········· 106

　　5.2　基于非参数估计的科技进步分析 ··························· 109

　　　　5.2.1　海洋经济的科技进步水平测度 ······················ 109

　　　　5.2.2　国民经济的科技进步水平测度 ······················ 117

　　　　5.2.3　海洋经济对我国科技进步的贡献分析 ················· 123

　　5.3　基于绿色发展视角的科技进步分析 ························· 124

　　　　5.3.1　海洋经济绿色发展的科技进步水平测度 ··············· 125

　　　　5.3.2　国民经济绿色发展的科技进步水平测度 ··············· 133

　　　　5.3.3　绿色发展视角下海洋经济对我国科技进步的贡献分析 ······ 139

6　海洋经济与海洋资源环境的协调作用 ······················· **142**

　　6.1　海洋经济与海洋资源协同发展格局分析 ····················· 142

　　　　6.1.1　全国层面的协同发展度分析 ························· 146

　　　　6.1.2　北部海洋经济圈的协同度分析 ······················ 147

　　　　6.1.3　东部海洋经济圈的协同度分析 ······················ 149

　　　　6.1.4　南部海洋经济圈的协同度分析 ······················ 150

　　6.2　海洋经济与海洋环境协同发展格局分析 ····················· 151

　　　　6.2.1　全国层面的协同发展度分析 ························· 153

　　　　6.2.2　北部海洋经济圈的协同度分析 ······················ 154

　　　　6.2.3　东部海洋经济圈的协同度分析 ······················ 155

6.2.4 南部海洋经济圈的协同度分析 ……………………………… 157

7 海洋经济与陆域经济的耦合作用 ……………………………… 159

7.1 海洋经济与陆域经济的耦合协调度分析 ……………… 159

7.1.1 全国层面的耦合协调度分析 ……………………… 159

7.1.2 北部海洋经济圈的耦合协调分析 ……………… 165

7.1.3 东部海洋经济圈的耦合协调分析 ……………… 166

7.1.4 南部海洋经济圈的耦合协调分析 ……………… 168

7.2 海洋经济与陆域经济投资的联动性分析 ……………… 170

7.2.1 陆海经济投资联动的网络构建 ………………… 171

7.2.2 陆海经济投资联动的网络结构特征提取 …… 172

7.2.3 陆海经济投资的联动分析 ……………………… 177

8 海洋经济在全球价值链的地位与作用 ……………………… 179

8.1 海洋产业的全球价值链长度与深度分析 ……………… 179

8.1.1 海洋产业的全球价值链位置测度 …………… 180

8.1.2 海洋产业的全球价值链位置分析 …………… 191

8.2 海洋产业全球价值链分工地位的影响作用 …………… 207

8.2.1 海洋经济微观主体发展效率 ………………… 207

8.2.2 海洋产业全球价值链分工的影响作用检验 … 212

9 助推海洋高质量发展战略要地的对策建议 ……………… 216

9.1 海洋经济在我国经济社会中的贡献与作用 …………… 216

9.1.1 海洋经济在国民经济运行中占据重要地位 … 216

9.1.2 海洋经济在社会就业改善中促进作用显著 … 218

9.1.3 海洋经济在推动科技进步方面潜力巨大 …… 218

9.1.4 海洋经济在资源环境保护中协同作用强劲 … 219

9.2 我国海洋资源开发与利用策略 …………………………… 220

9.2.1　制止过度开发，保证海洋资源可持续利用 ……………… 220

9.2.2　进行资源勘探，建立海洋资源开发服务基地 …………… 221

9.2.3　统筹陆海资源，规划陆海产业一体化布局 ……………… 221

9.3　我国海洋经济发展的生态环境保护策略 ……………… 222

9.3.1　加强海域污染管控，提升海洋生态环境质量 …………… 222

9.3.2　强化海洋生态修复，改善海洋生态系统服务功能 ……… 222

9.3.3　发展低碳海洋经济，助力双碳目标实现 ………………… 223

9.4　我国海洋经济增长的科技支撑策略 ………………………… 223

9.4.1　加速海洋传统产业升级，积极培育海洋战略性新兴产业 … 223

9.4.2　推动智慧海洋建设，提高海洋科技的自主创新能力 …… 224

9.4.3　发挥科教兴海力量，加强海洋领域系统谋划和顶层设计 …… 224

9.5　我国海洋经济增长的制度创新策略 ………………………… 225

9.5.1　改善海洋生态环境，建立区域性调查制度 ……………… 225

9.5.2　加大财税政策支持力度，营造良好的投融资环境 ……… 225

9.5.3　创新海洋管理制度，提升海洋经济治理效能 …………… 226

参考文献 ………………………………………………………… 227

后记 ……………………………………………………………… 243

1 导论

"十四五"开局以来,我国开启了全面建设社会主义现代化国家的新征程。当前我国正面临百年未有之大变局,新冠肺炎疫情(以下简称"疫情")使这一变局加速演变,为我国经济社会发展带来前所未有的挑战。面对新的发展形势和发展环境,中央基于当前和今后一个时期国内外环境变化明确提出加快构建以国内循环为主体、国内国际双循环相互促进的新发展格局。深刻复杂变化的发展环境对我国经济社会高质量发展提出了更高要求。

海洋是高质量发展的战略要地,海洋经济是我国经济的新增长点。改革开放以来,我国海洋经济发展迅速,规模不断扩大,发展条件日趋完善,对沿海地区经济运行、社会民生、资源环境等方面发挥了重要作用。特别是进入 21 世纪以来,我国海洋经济生机勃勃、发展潜力巨大。为推动海洋经济的高质量发展,2003 年《全国海洋经济发展规划纲要》首次确立了海洋经济发展目标,把我国建设成为海洋强国;"十二五"规划明确规定"坚持陆海统筹,制定和实施海洋发展战略,提高海洋开发、控制、综合管理能力";党的十八大报告则从战略高度全面部署了海洋事业的发展,提出"建设海洋强国"的重要部署;党的十九大报告进一步提出"坚持陆海统筹,加快建设海洋强国"。这些重大海洋战略构建了我国海洋资源开发、海洋环境保护和海洋经济发展的顶层设计与政策体系。

海洋经济是国民经济的重要组成部分,系统把握海洋经济对国民经济发展的贡献与作用,准确界定海洋经济的地位是进一步发展海洋经济、释放海洋潜力,推动我国经济社会向更高质量发展的重要基础。海洋经济对我国经济社会发展的贡献与作用研究是在我国实施"海洋强国"战略的背景下,以海洋经济高质量发展为目标,明确海洋经济在国民经济运行、社会民生以及资源环境等方面的重要作用,探索海洋经济发展对我国国民经济社会发展的作用机制,实现对海洋经济在经济社会发展中贡献与作用的系统性分析与评价。一方面丰富海洋经济评价的理论研究体系,另一方面助力海洋经济成为我国经济社会发展向更高质量阶段跃升的新引擎，从容应对新发展格局下我国经济社会发展面临的挑战。

1.1　海洋经济的内涵和外延

1.1.1　海洋经济的定义

根据《海洋及相关产业分类》（GB/T 20794—2021），海洋经济是"开发、利用和保护海洋的各类产业活动，以及与之相关联活动的总和"。海洋产业是"开发、利用和保护海洋所进行的生产和服务活动"，主要包括四个方面：直接从海洋中获取产品的生产和服务活动；直接从海洋中获取产品的加工生产和服务活动；直接应用于海洋和海洋开发活动的产品生产和服务活动；利用海水或海洋空间作为生产过程的基本要素所进行的生产和服务活动。海洋相关产业是"以各种投入产出为联系纽带，与海洋产业构成技术经济联系的产业"。

面对当前新发展格局，在我国经济社会发展过程中，要深入探讨海洋经济的贡献与作用，需明确新时代背景下海洋经济的内涵与外延。

1.1.2　海洋经济的内涵

（1）海洋经济不是沿海地区的区域经济

海洋经济活动的区域范围包括沿海和内陆，主要由各类产业活动构成，以产业链为纽带联结其他关联活动。这些产业活动分布在我国内陆与沿海各个地区。除了产业活动，海洋经济活动还包含海洋资源与空间的开发、利用和保护，同样并不局限于沿海地区。

（2）海洋经济不是单个的、孤立的产业经济

海洋产业并非孤立发展起来的，或者是从一种产业发展成另一种产业，或者是从它们所构成的海洋环境发展起来的。海洋产业与其他活动以及周围的海洋以不同的方式相互关联、相互作用，从而实现协同发展的目标。如果把海洋产业和海洋资源的开发利用看成是单个、孤立的活动，那么海洋产业发展及其可持续管理就存在破碎化风险。

（3）海洋经济不是单纯的资源型经济

海洋经济不是单一化、重型化、初级化的资源依赖型经济。在新时代背景下，海洋经济活动不仅是直接从海洋中获取资源或以来源于海洋中的产品作为投入要素的生产和服务活动，还应该包括其衍生出来的海洋科学研究、教育、管理和服务等活动。海洋经济应该是海洋资源、海洋环境、社会、经济协调发

展下的一种经济活动总称，其发展更加具有综合性、创新性、可持续性。

（4）海洋经济是一个"经济系统"

海洋"经济系统"本身是一个巨大且复杂的系统，从一个较长的历史时期来看，其外延在不断扩大，内涵核心层也在不断拓展。海洋经济系统是一个由自然要素、环境要素、经济要素、人文要素组成的有机整体。海洋经济系统是一种海洋经济综合体，由各个部门在海洋经济运行中有机地联系在一起所构成。在这个系统中，海洋资源作为海洋经济的基础，不仅直接供给消费市场，而且为海洋产业提供直接资源。同时，海洋经济系统与陆域经济系统的生产、交换、分配、消费发生有机联系。

1.1.3 海洋经济的外延

（1）狭义海洋经济

狭义的海洋经济是指海洋产业，所以也叫海洋产业经济。通常是指与海洋直接或间接相关的各类产业活动集合构成的互相联系的总体。在新时代背景下，从以下三方面拓展狭义海洋经济外延。

① 狭义海洋经济具有与时俱进性

新时代背景下，海洋经济要与产业发展动态紧密结合，保持与时俱进性。战略性新兴产业的出现，如海洋工程装备制造业、海洋文化业、海洋信息服务业、海洋金融业等，需要在产业分类中及时体现，保证海洋经济统计的完整与科学。因此，随着新业态和新模式的出现，海洋产业不仅要对应现阶段发展需求，还要具有前瞻性，在未来长期发展中保持适用性。

② 狭义海洋经济具有产业关联性

海洋经济要关注产业链的延伸与关联。海洋经济是完整的经济系统，不仅包含主要海洋产业，还包括通过上下游产业链联系的其他相关产业。新时代背景下，海洋经济中出现的新产业、新模式和新业态拓展了主要海洋产业的范围，通过产业链辐射更多相关产业。这种产业链的联结打破了地理区域限制，意味着海洋经济在沿海地区发展的同时，不断向内陆延伸。

③ 狭义海洋经济具有统计实践性

海洋经济是国民经济的一部分，其核算通常是从国民经济的核算数值中进行剥离。同时，海洋经济也是海洋产业经济，从统计角度看，狭义的海洋经济具有统计实践性，能够通过各海洋产业的生产总值体现。因此，海洋经济的统计对象须与海洋产业分类对应。管理部门可依据海洋经济的统计实践性，监测海洋经济运行状况，分析海洋经济发展中的问题，以便制定合理的政策规划。

(2) 广义海洋经济

广义海洋经济是指开发、利用和保护海洋资源及其空间，以创造生产、交换、分配和消费的物质为目标的涉海经济活动总和，包括主要海洋产业、海洋相关产业以及支持海洋经济发展的全部经济活动。面对当前自然资源的日益消耗、经济增长引起的环境恶化以及人口增长带来的各方面压力，海洋经济需要顺应新发展理念，加强生态文明建设，实现以创新为驱动力的蓝色海洋经济。新时代背景下，需要从以下三方面拓展广义海洋经济外延。

① 广义海洋经济秉持可持续发展理念

可持续发展是指既满足当代人的需求，又不对满足后代人需求的能力构成危害的发展。在全球的资源压力下，必须秉持可持续发展理念来维持自然资源的永续利用及其在代际之间的公平分配。因而，在新时代背景下海洋经济也应秉持可持续发展理念，表现在以下两个方面。

a. 海洋新型能源开发

海洋新能源是指在众多海洋能源中蕴含着巨大能量的可再生无污染的资源。以往海洋产业中存在着许多对海洋资源的过度开采与开发，这在一定程度上违背可持续发展理念，因此海洋新型能源的开发与利用是可持续发展理念的重要一环。海洋风能、潮汐能、海洋热能、波浪能、海流能、温差能等众多海洋新能源为可持续发展提供了动力。

b. 海洋资源环境保护

海洋生态环境和海洋资源相互协调，共同促进海洋经济发展，是海洋资源环境保护的重点。正是由于海洋环境破坏的扩散范围广、持续性强、治理困难等特征，使得海洋经济在发展过程中应更加关注于海洋环境保护，积极采取措施来遏制海洋环境持续恶化的势头。例如，严格监控与管理污染物排放，实现清洁生产模式；严控围填海造地；保护海洋生物多样性等。

② 广义海洋经济实现创新驱动

创新驱动发展是指依靠科技创新带动经济发展，新时代背景下海洋经济要想实现可持续发展就需要贯彻创新驱动发展战略，与时代主题相契合，以理念创新、技术创新、制度创新构建三轮驱动模型，引领我国海洋经济可持续发展，表现在以下三个方面。

a. 理念创新

自觉增强科学发展的意识，绿色高效地进行海洋资源的开发利用与保护，改变以往资源消耗型的产业结构，提高资源利用效率，加快实现海洋重大科学问题的原创性突破。

b. 技术创新

加快核心关键技术的突破，推动"深海进入、深海探测、深海开发"；加快科技成果集成创新，支撑海洋生态文明建设和海洋安全保障。

c. 制度创新

有效的制度环境可提升海洋科技体系竞争力，形成有利于创新驱动发展的科技兴海长效机制，利用科技创新加速带动海洋经济向高质量发展迈进。

③ 广义海洋经济需要拓展海洋蓝色空间

结合蓝色经济理念，在以创新为驱动力的可持续发展理念下，要坚持陆海统筹，发展海洋经济，科学开发海洋资源，保护海洋生态环境，维护海洋权益，拓展海洋蓝色空间。通过海洋产业结构优化升级、海洋新兴产业的挖掘、海洋空间资源的利用来实现广义海洋经济发展，表现在以下两个方面。

a. 以产业拓展海洋蓝色空间

产业是经济的基本组成部分。因此，新时代下海洋产业的拓展包括：一是优化海洋产业结构，发展海洋科学技术，重点在深水、绿色、安全的海洋高技术领域取得突破；二是开发海洋新兴产业，不仅深化高端海洋工程装备制造业、海洋生物医药业、海水利用业，还要拓展海洋服务业、海洋种业、深远海养殖业等。

b. 以空间资源拓展海洋蓝色空间

依托海洋空间资源，对沿海地区的海岸带和邻近海域进行优化开发，以此来拓展蓝色经济空间。一是合理调整各沿海地区的海洋产业发展策略。从区域视角实现沿海地区海洋经济的和谐互动，形成空间溢出效应。二是拓展新的空间资源，开发具有重大发展潜力的新市场，如海上核电、海上城市等。

1.2 我国海洋经济发展形势分析

1.2.1 宏观经济复苏动力强劲

2020 年，在疫情的冲击下，我国宏观经济虽有回落，但以"六稳""六保"为核心的精准宏观调控，激发了我国市场主体活力和社会创造力，增强了我国经济发展韧性与潜能。宏观经济运行稳步恢复，圆满完成"十三五"发展目标任务。2020 年，我国实现国内生产总值较上年增长 2.3%，达到 101.6 万亿元，扭转了我国经济发展回落的局面，成为全球唯一实现经济正增长的主要经济体。2021 年，我国宏观经济增长势头较好，全年国内生产总值 114.37 亿元，实现了 8.1%的经济增速。长期以来，我国宏观经济呈现强劲的运行特征，为海洋经济发展提供了良好的发展环境。

1.2.2　海洋经济支持政策日趋完善

我国海洋经济发展的支持政策日趋完善，但仍存在较大优化空间。自海洋强国战略实施以来，我国针对海洋经济发展现状及发展需求，不断发布和调整财政政策、产业政策、对外贸易政策、金融政策等相关支持政策以支持和引导海洋经济发展。例如，财政部发布《海洋生态保护修复资金管理办法》以促进海洋生态文明建设和海域资源合理开发；交通运输部发布《关于大力推进海运业高质量发展指导意见》以引导航运金融发展；自然资源部与中国工商银行联合印发《关于促进海洋经济高质量发展的实施意见》，明确了海洋产业高质量发展的产业布局方案；国务院办公厅印发《关于进一步做好稳外贸稳外资工作的意见》以引导外资流向涉海企业。多种支持政策的实施形成海洋开发与投资的良性循环，推动海洋经济可持续发展。然而，目前我国海洋经济领域依然存在政策工具单一、资金投入分散、投资结构失衡、政策体系缺失等问题，这在一定程度上制约了我国海洋经济高质量发展。

1.2.3　海洋生态环境仍需改善

《2021 年中国海洋生态环境状况公报》显示，我国海洋生态环境状况稳中趋好。我国海水水质整状况持续改善，典型海洋生态系统也均处于健康或亚健康状态。主要用海区域环境质量总体良好，为海洋经济发展提供了有力支撑和保障。尽管海洋生态保护工作取得明显进展，但局部海域陆源污染超标排放现象依然存在，海洋微塑料、持久性有机污染物等新型环境污染问题层出不穷。现有海洋环境监测业务体系在基础设施、监测指标、数据共享、技术支撑等方面仍存在欠缺，在应对海洋生态灾害和环境突发事件上存在困难。海洋生态环境监测船舶等基础设施有限，在专业化水平、作业范围等方面不够先进；陆海环境监测指标不一致，制约了相关污染物的陆海联防联控；生物多样性信息的融合、集成和深度分析技术缺乏。这些因素均不利于我国建立海洋生态环境保护的长效机制。

1.2.4 海洋科技实力显著提升

我国海洋科技发展不断取得新突破，逐渐形成陆海空多层次、立体化的海洋科技发展格局。一是我国首次利用水平井技术完成了"可燃冰"试验性试采工作，并以此为基础自主研发了 32 项关键技术、12 项核心装备，攻克了深海浅软地层水平井钻采技术装备等世界性难题，为我国"可燃冰"绿色开采提供了保障。二是我国成功研制了全球首款海底地形地貌与浅地层剖面一体化声学探测装备，为海洋资源调查、海洋环境监测以及海洋科学研究等贡献了重大力量。三是"奋斗者号"全海深载潜水器成功完成万米海试，标志着我国在大深度载人深潜领域达到世界领先水平，使我国深海资源开发的可能性大大提高。四是我国拥有长城站、中山站、昆仑站以及泰山站四个科考站，并且第五个科考站——罗斯海新站正在建设，先进科考站对海洋矿产资源开发、海洋生物资源开发、海洋气候环境等方面的研究具有重大意义。五是我国成功发射了海洋二号 C 卫星，为海洋灾害预警监测、海洋渔业资源开发、海上绿色能源开发等提供了助力。《全球海洋科技创新指数报告》表明，2017—2020 年，我国跻身并保持全球海洋科技创新指数排名前五。海洋科技的创新突破，极大地改善了科技环境，为海洋经济发展提供了坚实的科技支撑。

1.2.5 国际环境复杂多变

当今世界正处于百年未有之大变局与疫情流行叠加时期。快速发展的科技进步推动生产力快速跃升，改变着人类的生产生活方式。但在疫情冲击下，全球经济陷入低迷；经济全球化遭遇逆流，公平与效率、增长与分配、技术与就业等各类矛盾快速凸显；地缘政治冲突带来部分国家间的制裁和反制裁，影响全球供应链效率。可见，当前国际经济、科技、文化、安全、政治等各个方面都在进行着深刻调整，不稳定性与不确定性较为突出[①]。错综复杂的国际环境对于我国发展环境来说既有诸多严峻挑战，又有许多新机遇和新空间。

1.3 我国海洋经济发展研究现状

改革开放以来，我国经济保持持续高速增长，创造了举世瞩目的经济奇迹。中国经济总量稳居世界第二位，产业规模不断扩大，产业结构不断优化。随着

---

① 正确认识我国发展环境的"变"与"不变"——中国社科院党组成员、当代中国研究所所长姜辉访谈[J].
宁波经济(财经视点),2021(06):3-4.

我国经济的快速增长，各种增长的负面问题也逐渐产生并且不断积累，阻碍了经济高质量发展和经济结构的转型升级。

1.3.1 经济社会发展问题研究

（1）产业结构问题

我国产业结构逐渐趋于合理，并向优化和升级的方向发展，但仍然存在以下问题。首先，与其他经济体相比，服务业的增加值比重、就业比重和人均增加值比重呈现"三低"现象（江小涓和李辉，2004；程大中，2003）。其次，服务业内部结构低端化，高技术、知识与人力资本含量的生产性服务业占比不足，内部结构升级缓慢（倪洪福和夏杰长，2015）。再次，制造业内部出现重型化趋势，生活资料制造业比重下降，工业比重明显偏高，高加工度产业水平较低，制造业整体呈现内部结构不合理的现象（余泳泽和胡山，2018）。最后，产业以模仿创新模式为主（郭熙保和文礼朋，2008），缺乏自主创新能力，自主创新产品稀缺。

众多学者对产业结构优化和升级的影响因素进行了研究。韩永辉等（2017）研究表明恰当的产业政策对地区产业结构的合理化和高度化具有显著的促进作用，并且这一促进作用高度依赖于地方市场化程度以及地方政府能力。袁航和朱承亮（2018）采用双重差分法分析了国家高新区对产业结构转型升级的影响，结果表明国家高新区对产业结构高级化具有数量层面的促进作用，但对产业结构高级化和结构合理化的正向促进作用强，强调要引进高端人力资本，并促进科技成果转化，来推动产业结构转型升级。Wang 等（2019）将资本市场分为股票市场、中长期债券市场和中长期贷款市场，研究发现股票市场能够促进我国中部和东部地区产业结构的升级，贷款市场对中部地区的产业结构升级影响较大，债券市场促进了东北部地区的产业结构升级。Jiang 等（2020）研究了金融发展、对外直接投资溢出与产业结构升级之间的关系，指出中国对外直接投资能够促进产业结构升级，并且金融发展水平越高，吸收国外技术的能力越强，对外直接投资在产业结构升级中的作用越显著。Linet 等（2021）从区域异质性、影响渠道、边际效应等角度实证研究了纵向财政失衡对产业结构升级的影响，发现纵向财政失衡不利于产业结构升级；并从投资驱动效应、市场机制扭曲效应和技术创新拥挤效应三个渠道分析影响产业结构升级的因素，强调要尽可能控制中央和地方之间的纵向财政失衡，以促进产业结构升级。

（2）创新与技术进步问题

近年来我国高度重视创新和技术进步对经济发展和产业升级的推动作用，在提高科研投入的同时取得了许多重大突破。但是，我国制造业的关键部件仍受制于人，核心技术依然欠缺（孟东晖，2018）。虽然我国专利申请数量较高，也有繁多的专利奖励政策，但企业创新活动整体呈现专利轻质量、低转化率的现象（申宇等，2018；张杰和郑文平，2018）。由于我国在创新合作方面缺乏长效激励保障机制，同时高校和企业在思想观念的差距使得产学研合作效率较低、合作意识不强（周训胜，2012；孟令权，2012）。

首先，创新和技术进步在经济发展中的推动作用得到证实。Jung 等（2017）使用可计算的一般均衡（CGE）模型，从经济增长、就业和分配方面探讨了要素偏向性技术进步对经济系统的影响，发现随着生产力的提高，技术创新有助于更高水平的经济增长。吴传清和杜宇（2018）采用三要素超越对数生产函数，测算长江经济带上中下游地区技术进步偏向性指数和全要素能源效率，研究结果表明偏向性技术进步对长江经济带全要素能源效率具有明显促进作用。Acikgoz 和 Ali（2019）基于哈罗德中性技术进步和面板协整分析的假设，对中东和北非国家的经济增长来源进行分析，发现技术进步主导着超过一半的中东和北非国家的增长来源。Zhou 等（2020）确定了能源和环境偏向的技术进步，以及多维产业结构变化对经济增长的联合效应。以中国为研究对象，实证检验结果显示污染减排技术进步、支撑性技术进步和自生结构生态化是经济可持续增长的主要驱动力。Zhou 等（2021）利用 2000 年至 2014 年的省级数据，基于非线性计量经济模型，探讨了推动中国经济增长的技术创新和结构变化方向，结果显示技术进步与经济增长之间存在倒 U 型关系。

其次，创新和技术进步对产业升级的推动作用受到重视。孙志红和吴悦（2017）采用灰色关联分析和分位数回归方法，研究技术进步、金融发展与产业升级间的关系，强调需要通过技术创新推动产业升级，并不断提高对金融发展的要求。徐银良和王慧艳（2018）运用考虑非期望产出的超效率 SBM 模型，考察中国省域科技创新驱动产业升级的绩效水平，结果表明中国科技创新驱动产业升级绩效水平总体不高，科技创新驱动产业升级效率与地区创新能力、经济发展水平基本一致，各地区各阶段的效率仍具有较大的提升空间。郭凯明（2019）建立了一个多部门动态一般均衡模型，研究发现人工智能技术能够加速产业部门间生产要素的流动，且人工智能产出弹性和人工智能与传统生产方式替代弹性决定了生产要素流向不同产业部门，由此带来的结构转型也带来了劳动收入份额的变动。王一乔和赵鑫（2020）构建固定效应模型和中介效应模型，研究发现技术创新在金融集聚与产业结构升级的关系中起到显著的部分中介效应，并且存在明显的地区差异。Wu 和 Liu（2021）采用空间杜宾模型研究高等教育、技术创新和产业结构升级之间的影响，证实了高等教育和技术创新对产业结构升级具有显著的正向空间溢出效应，其中高等教育发展对产业结构升级具有正向的间接效应，技术创新对产业结构升级具有正向的直接作用。

（3）对外经济与贸易问题

一些学者指出，在出口产品中，我国一直在劳动密集型产品上比较具有优势，而在资本和技术密集型产品上处在同类产品的低端位势。在国际碎片化的生产中，我国处于微笑曲线底端，贸易竞争力不强（李坤望等，2014；何树全，2018），在提高产品质量和附加值方面还有待完善，且出口的支持商品为初级加工制成品，出口贸易规模扩展出现瓶颈（张二震，2014）。

中国对外贸易结构转型成为研究热点。钱学锋和龚联梅（2017）基于区域全面经济伙伴关系协定和跨太平洋伙伴关系协定对中国带来的贸易政策不确定性分析，表明中国与两组区域贸易协定成员国之间的贸易协定能够平抑贸易政策不确定性，有利于促进中国制造业的出口。张明志和季克佳（2018）基于垂直专业化视角，探究人民币汇率变动对制造业企业出口产品质量的影响，结果表明人民币升值提高了"企业—目的地"层面的出口产品质量，企业垂直专业化水平的提高则扩大了汇率升值的正向影响作用。唐宜红等（2019）强调开通高铁可以促进企业出口转型升级。许和连等（2020）研究了银企距离对出口贸易转型升级的影响，发现银企距离缩短可通过降低融资成本和强化风险控制来提高企业一般贸易出口比重，从而有利于出口贸易转型升级。符大海和鲁成浩（2021）探讨了服务业开放对企业出口贸易方式转型的影响，实证结果显示服务业开放能显著促进中国制造业企业一般贸易额上升，抑制其加工贸易额，从而加速中国企业出口贸易方式由加工贸易向一般贸易转型，促进中国对外贸易结构转型升级。

（4）经济发展的环境问题

我国改革开放以来增长模式粗放、产业结构失衡和技术水平低下，虽然近年来政府对环境规制的强度加大，公众的环保意识有所加强，但区域性环境问题依旧突出。众多学者围绕如何走低碳发展之路展开了研究。Zhang 等（2019）

从省级产业子部门角度，探索了中国碳排放权交易体系（ETS）试点在初始阶段（2013—2015年）对碳减排的影响，给出了实现碳减排的路径。研究结果表明，中国ETS对覆盖的工业子部门的碳减排起到了显著促进作用，并且这种影响呈现出总体增强的趋势，建议政策制定者收紧免费配额分配方式，以促进低碳技术创新，降低工业部门的碳强度。Cheng等（2020）从碳强度和碳不平等的角度，提出了一个改进的二氧化碳减排指数，以量化中国284个城市的减排压力，建议政府部门通过调整城市之间的碳不平等容忍度来确定国家减排压力。根据人口和经济产出原则确定碳不平等偏好，以制定地方政府二氧化碳减排压力的基准，超过基准的地区成为未来促进节能、减排和低碳发展的重点。Wen等（2021）评估金融结构对能源强度和碳排放的影响，发现基于市场的金融结构可以显著降低能源强度和碳排放强度，并且技术进步和产业结构升级是重要的影响渠道。Zhou等（2021）将制造业价值链与环境问题结合，从理论上分析了制造业价值链提升对节能减排的影响，研究发现制造业价值链的提升对节能减排具有显著的促进作用，创新驱动效应和结构升级效应在这一传导路径中起到了积极的推动作用。更重要的是，按制造业类别进行详细说明，可以大大提高政策执行的效率，最终实现"精准节能"和"精准减排"。赵昕等（2021）基于互联网依赖理论，分析了互联网依赖对家庭消费碳排放的影响及链式中介传导机制，发现互联网依赖通过缩小收入差距造成消费升级减缓，进而降低碳排放。建议政府协调处理减排与收入差距和消费升级的关系，推进差异化减排策略，倡导低碳型消费模式。

（5）民生问题

我国城乡和地区之间的不平衡发展（陈聚芳等，2018），使得教育、医疗等公共服务也表现出失衡现象，在地区、城乡、学校、人群之间存在着较大差距（邓剑伟等，2018），特别是存在农村地区的医疗和教育水平相对落后以及公共服务不均等问题。随着我国收入分配结构由"金字塔型"向"葫芦型"变化，出现低收入群体众多、中等收入群体相对规模下降现象，地区、城乡收入差距较大，收入分配制度亟待改善。程名望和张家平（2019）构建了城乡二元经济理论模型，研究在中国城乡居民消费差距中互联网发展起到的作用，发现互联网普及显著降低了城乡居民消费差距。骆永民和樊丽明（2019）基于宏观税负约束视角分析了间接税在总税收中比重的变化对城乡收入差距的影响，表明间接税在总税收中的比重越低，越有利于缩小城乡收入差距，尤其是在城乡二元经济结构特征明显的地区。贾俊雪和梁煊（2020）研究了地方政府竞争对居民收入分配的影响及其机理，研究表明地方政府竞争增大了居民收入分配差距，建议优化完善地方政府治理体系来实现分配公平和共享发展。Zheng（2021）研究了中国经济特区对农村地区就业增长的影响，发现由于新企业的创建和现有大型企业的扩张，经济特区显著增加了农村地区的就业。Qin 等（2021）将"十一五"期间设定的约束性目标作为环境规制的准自然实验，对当地劳动力市场的收入分配进行了实证分析，研究结果表明在污染行业产值较高的城市，环境法规更严重地抑制了工资增长，同时加大了熟练和非熟练劳动力之间的收入差距，尤其是在高污染行业就业的低技能劳动力。

1.3.2　海洋经济整体运行研究

21 世纪以来，海洋资源开发利用活动不断深入，我国海洋经济得到了极大的发展，其地位不断提高，现已成为国民经济新的增长点。海洋经济整体运行研究是对海洋经济发展现状的诊断，是优化发展海洋经济的基础，主要包括海洋经济增长预测、海洋经济可持续发展评价和海洋经济增长效率评估。

（1）海洋经济增长预测

海洋经济增长拟合预测是对海洋经济最直接的评价。国外早期研究多关注海洋经济对国民经济的贡献，通过投入产出法分析海洋产业对国民经济的影响(Colgan，1994；Kwak 等，2005)。国内学者多基于历史数据借助数理方法提高精度的角度出发，研究了灰色系统模型、趋势外推法、成长曲线法、组合预测法、重心模型、核密度估计模型、混频数据向量自回归模型（MF-VAR）在海洋经济增长拟合预测中的应用（赵昕和鲁琪鑫，2013；孙才志和李欣，2015）。

（2）海洋经济可持续发展评价

对海洋经济可持续发展进行评价是准确把握海洋经济与海洋生态系统协调性程度，进一步提升海洋经济增长质量的首要前提。资源环境–经济–社会是最普遍接受的评价系统（Sueyoshi 和 Yuan，2015；刘明，2010）。近年提出了海洋经济可持续发展的 Marine Economic Sustainable Development System（MESDS）（韩增林和刘桂春，2003），其他学者以此进行了拓展性研究（秦宏和孟繁宇，2015；孙康等，2017）。海洋资源开发与海洋经济增长的关系研究也受到了学术界的关注（王泽宇等，2017）。

首先，海洋经济可持续发展的评估研究愈加丰富。覃雄合等（2014）基于代谢循环能力的角度，建立了海洋经济可持续发展测度指标体系，结合核密度估计模型，以环渤海地区为例分析了海洋经济可持续发展的动态演变格局。Sun 等（2017）构建了经济-社会-生态结构的复杂海洋系统，使用网络数据包络分析方法（DEA）计算该复杂系统的效率。Ma 等（2017）对海洋生态承载力的载体和承载对象进行了区分，提出了海洋生态承载力的演化概念模型，开发了系统评价海洋生态系统承载能力的一般概念模型，以评估海洋生态系统的可持续发展能力。Lin（2020）以上海为研究区，提出耦合协调度模型并构建指标体系，利用信息熵权法对 2005—2014 年的数据进行分析，以更好地评估海洋经济与生态环境之间关系，实现海洋经济可持续发展。Fang 等（2021）以中国海南为例，基于 Driving Forces Pressure State Impact Response（DPSIR）框架，构建了海岛"蓝色经济"可持续发展评价模型，并借助优劣解距离法（TOPSIS）和灰色关联分析法对海岛蓝色经济可持续发展能力进行评价，并给出 DPSIR 框架下的耦合协调度。

其次，在海洋资源环境约束下，海洋经济增长的影响机制分析也受到重视。王泽宇等（2017）从海洋生物、矿产、空间和旅游资源四个维度，对海洋资源开发进行综合测度，利用向量自回归模型（VAR）发现海洋资源开发与海洋经济增长存在显著的相关性，且不同地区的海洋经济增长对海洋资源开发的响应趋势不同。王泽宇等（2018）从海洋资源空间异质性角度出发，测度 2015 年中国沿海地区的海洋资源空间异质性，发现我国海洋资源空间异质性与我国海洋经济发展存在中等关联性。Tao 等（2020）以中国北部、东部和南部海洋经济区为研究对象，将能源消费变量作为能源经济分析的投入要素引入经济增长模型，分析经济增长和能源消费之间的关系。研究结果显示在生产初期，能源消费对经济产出的贡献最大，此后随着资本积累和科技进步，能源消费对产出的贡献显著降低。Wang 等（2020）从海洋污染角度分析我国沿海地区环境污染与经济增长的内在关联，实证结果表明经济增长和海洋污染系统呈现非线性特征，沿海地区在经济增长和海洋生态环境方面趋同于协调共生发展。

（3）海洋经济增长效率评估

海洋经济效率评估体现了海洋经济增长与投入要素资本、劳动力、资源的投入产出关系。现有研究主要集中在海洋经济增长效率的时间趋势变化、区域差异、影响因素分析及产业效率评估。DEA 模型和随机前沿分析（SFA）在海洋经济增长效率测度上得到了广泛应用，空间计量模型等计量经济学模型在探索海洋经济增长效率影响因素及空间差异研究中作出了贡献（Odeck 和 Bråthen，2012；Jamnia 等，2015；邹玮等，2017；纪建悦和王奇，2018）。受绿色经济增长效率相关研究启发，资源环境约束下的绿色海洋经济增长效率测度及其影响因素研究成为新的研究热点（Ding 等，2017；丁黎黎等，2018；Zhao 等，2018）。

首先，众多学者对海洋经济增长效率进行剖析。赵昕等（2016）以中国 11 个沿海地区为研究对象，运用 SFA 模型测算其在 2007—2013 年期间的海洋经济增长效率，发现沿海地区的海洋经济增长效率大多处于中高水平。邹玮等（2017）基于 Bootstrap-DEA 模型，以环渤海地区 17 个城市为研究对象，测算其海洋经济增长效率，并结合标准差椭圆和重心坐标方法，分析了海洋经济增长效率空间格局演化特征，讨论了影响空间格局演化的重要因素及其影响机制。Zhao 等（2018）为研究中国 11 个沿海地区的海洋经济增长绩效，将 Slack Based Model（SBM）方法和 Luenberger 指标相结合，来解决动态因素的跨期效应，新的 Luenberger 指标可分解为动态纯效率变化指标、动态规模效率变化指标、技术进步指标和动态效应指标，实证结果表明技术进步是我国海洋经济增长绩效的驱动力。纪建悦和王奇（2018）运用联立方程的随机前沿模型，以 2006—2014 年我国 11 个沿海地区为例，对我国海洋经济增长效率及其影响因素进行实证分析，发现长三角洲地区的海洋经济年均效率值最高，其次是环渤海地区和珠三角地区。朱静敏和盖美（2019）以 2004—2015 年我国 11 个沿海地区为研究对象，用考虑非期望产出的三阶段超效率 SBM-Global 模型和 Malmquist 生产率指数模型，测算结果表明技术进步是海洋经济全要素生产率增长的主要原因。王青和和晨阳（2020）采用 Malmquist 指数法测算中国 11 个沿海地区 2006—2014 年的海洋经济的综合效率、纯技术效率及规模效率，并结合聚类分析法进行地区差异分析，建议高投入高产出和低投入高产出地区采取措施解决效率两极化问题，低投入低产出地区提高技术效率。Zhu 等（2021）采用核心变量法和基于松弛的超效率方法，分别对 2007—2019 年中国 11 个沿海地区的海洋经济弹性和效率进行了测度，表明海洋经济韧性和效率协同演化存在着显著的时空差异，建议针对海洋产业、文化和治理设计政策框架。Li 等（2021）构建了基于超越对数 Cobb-Douglas 生产函数的随机前沿模型，衡量海洋科技创新效率，并对其影响因素进行了分析，研究表明扩大海洋科研机构规模、促进海洋产业高级人才发展、发展海洋第二产业、将海洋科技创新与经济发展相结合，有望提高海洋科技创新效率。

其次，随着绿色发展理念深入人心，海洋经济绿色增长效率成为研究热点。丁黎黎（2015）利用 Tobit 模型考察了不同因素对海洋经济绿色全要素生产率的影响，发现技术进步是中国海洋经济绿色全要素生产率增长的主要源泉，而技术效率和规模效率的作用并不明显。赵昕等（2016）构造海洋资源环境损耗指数，基于非期望产出的 SBM–DEA 模型测算并分析了 2003—2013 年期间我国沿海地区海洋绿色经济效率的时间趋势和空间分布特征，并借助空间面板模型着重从空间相关性和空间溢出效应两方面识别其空间效应和主要影响因素。Ding 等（2018）为在治理框架中评估海洋经济增长效率提供了一种新思路，其采用改进的 Malmquist–Luenberger 指数法，估计并分解了 2002—2014 年我国 11 个沿海地区的全要素环境能源治理绩效，指出治理行为的引入减缓了 2010—2014 年全要素环境能源治理绩效的增长，强调国家和地方政府应坚持通过海洋资源的技术改进和市场化改革，将污染治理成本内部化。丁黎黎等（2017）基于资源、环境与治理行为的相互依存性，引入政府治理行为，构建了包含非期望产出的 Malmquist–RAM–Undersirable 模型，对海洋经济绿色生产率进行评估，发现政府治理力度与海洋经济绿色生产率呈 V 型相关，在未来海洋经济的绿色发展过程中，技术效率的提高是重中之重。Ding 等（2017）提出了一种扩展的三阶段 DEA 模型以探讨 2004—2014 年中国 11 个沿海地区海洋经济绿色增长效率，其中 Malmquist–Luenberger 指数法被引入三阶段 DEA 模型中，结果显示环境变量对区域海洋经济增长效率有显著影响，技术低效率是中国低效率的主要原因。Ren 等（2018）使用 Global–Malmquist–Luenberger 生产率指数评估环境约束下的海洋经济效率，发现东部海洋经济圈、环渤海经济圈、南部海洋经济圈的绿色效率依次递减，技术进步是中国海洋经济绿色效率提高的主要源泉。Ding 等（2019）用动态增长效率框架衡量了 2007—2014 年中国 11 个沿海地区的海洋经济增长表现，研究中国海洋经济生产性资源利用、经济产出潜力和环境治理的动态趋势。Ding 等（2020）提出了一种包含非期望产出的改进交叉效率模型，在考虑环境约束和治理因素的基础上，对中国海洋经济的绿色交叉效率进行了测度，并运用核密度估计对中国区域海洋经济表现的空间差异和动态演化规律进行了分析。Ding 等（2020）提出了一种新的用于评价海洋循环经济绩效的合作博弈网络 DEA 模型，该模型考虑了海洋循环经济系统中经济生产（EP）和环境处理（ET）子系统之间的双向连接，发现在大多数沿海地区，EP 子系统的得分较好，而 ET 子系统的性能较差，导致海洋循环经济绩效性能较差。Ren 和 Ji（2021）构建了中国海洋经济的压力–状态–响应（PSR）模型，以中国沿海地区为例，构建直接效应模型、中介效用模型、阈值效应模型，考察环境规制和技术创新对海洋经济绿色全要素生产率的影响机制，结果显示技术创新在环境规制与海洋经济绿色全要素生产率之间具有一定的中介作用，且环境规制对海洋经济绿色全要素生产率具有显著的技术双阈值效应。Ren（2021）将科技、经济、生态纳入海洋科技资源配置核算体系，构建考虑非期望产出的 Epsilon-based Measure（EBM）模型，揭示海洋科技资源配置效率的时空动态演化，表明绿色海洋科技资源配置效率的提高主要来自技术进步而非技术效率的提高，我国海洋产业科技资源配置处于非前沿水平。

海洋经济偏向性技术进步研究逐渐受到重视。李雄英等（2021）探究了技术进步偏向和海洋经济增长之间的关系，表明在海洋经济增长过程中，不仅要关注海洋经济技术进步的资本偏向，也要关注资本偏向的空间"扩散"效应，同时还应当格外注意地区开放程度、人力资本存量以及劳动力投入等因素对海洋经济的影响。Ren 和 Zeng（2021）建立了资本、劳动力、资源等多因素绿色偏向技术进步指数，以要素禀赋为切入点评价海水养殖业绿色技术进步的适宜性，研究发现绿色技术进步的因素偏向首先是劳动力，其次是养殖面积和资本，绿色偏向技术进步对海水养殖生产力的促进作用逐渐减弱。文海漓等（2021）基于技术进步偏向理论，利用 2008—2019 年中国—东盟区域海洋经济产业结构面板数据，分析中国—东盟区域海洋经济产业结构特征及其相关合作机制，发现技术进步偏向对于海洋经济产业结构的调整优化具有积极作用。

1.3.3　海洋产业发展研究

海洋产业是海洋经济的核心内容。海洋产业结构层次与其合理性，决定着海洋经济发展质量和发展潜力。现有文献主要基于产业经济学理论，关注于海洋产业结构、组织、发展、治理等问题。

（1）单一海洋产业研究

单一海洋产业的研究集中在海洋渔业、海洋交通运输业和海洋新兴产业等领域。其中，在海洋渔业方面，学者使用了统计分析方法、层次分析法、对数平均迪氏指数（LMDI）分解法、投影寻踪算法以及核密度估计模型，对渔业资源利用状况、海洋渔业空间优化布局、海洋渔业碳排放以及海洋渔业的可持续发展问题进行了探析（Maravelias 和 Tsitsika，2008；Jamnia 等，2015；唐议等，2009；于谨凯和陈玉瓷，2014；邵桂兰等，2017；韩杨，2018）。在海洋交通运输业方面的研究多关注于高端物流平台与海洋经济统筹发展问题，学者普遍认为港口环境优化和物流新技术应用是推动我国海洋交通运输业发展的关键因素。海洋新兴产业和海洋文化产业也是学术界的研究焦点（Løvdal 和 Neumann，2011；尹肖妮等，2016；孙国民，2017；王兴旺，2018；Wang 和 Wang，2019）。

海洋渔业方面。孙康等（2017）以 2004—2015 年中国沿海地区的海洋渔业为研究对象，采用 SBM 模型评价海洋渔业经济效率，并在此基础上采用核密度估计方法和 Tobit 模型分析海洋渔业经济效率时空演化格局及其影响因素。孙康和李丽丹（2018）构建海洋渔业转型成效指标体系，运用层次分析法（AHP）和变异系数组合赋权综合评价法，分析 2001—2014 年中国海洋渔业转型成效及时空差异，发现总体上中国海洋渔业转型成效呈提升态势，地区差异依然存在但逐渐缩小。Lin 等（2019）使用扩展的科布-道格拉斯生产函数和索洛残差法，衡量中国 11 个沿海地区科学技术对海洋渔业产业的贡献，结果表明科技已成为海洋渔业增长的主要动力，沿海地区科技贡献普遍显著，具有区域差异，但空间相关性不显著。Peng 等（2020）采用两组不同的指标来研究中国沿海地区渔业经济增长与海洋环境污染之间的关系，发现东海渔业增加值与污染海域、渔民人均纯收入与污染海域比值的关系呈倒 N 型，南海则呈倒 U 型；在渤海和黄海中，前者呈倒 U 型关系，后者呈 N 型关系。Ding 等（2021）建立演化博弈模型寻找我国实施季节性海洋捕捞制度的驱动因素，强调严厉处罚是推动实施季节性海洋休渔制度的有效工具，而补贴需要适度。

在海洋交通运输业方面。Jeon 和 Yeo（2017）应用系统动力学方法，分析了不确定航运环境下集装箱船订单的最佳时机。马雪菲等（2018）基于 2001—2016 年中国海运量数据，应用 LMDI 模型对我国国际贸易海运 CO_2 排放的驱动因素进行分解分析。王洪清（2019）比较我国沿海五大港口群的港口管控模式对港口空间结构和交易效率的作用，发现港口交易效率具有规模经济，且呈阶梯式特征，沿海港口的交易效率呈现"市场主导模式>中央政府主导模式>当地政府主导模式"。Odeck 和 Schøyen（2020）以挪威及北欧国家和英国的海港为例，使用基于 SFA 的 Malmquist 生产力指数，评估集装箱海港的生产效率，结果表明海港的整体生产率有所提高，生产率增长呈现趋同。Narasimha 等（2021）研究了疫情对印度主要港口的影响，发现与疫情之前相比，货物运输量出现负增长，船舶运输量减少，未来需通过增强供应链弹性和可持续的业务恢复过程来制定海事战略，为后疫情时代做准备。

在海洋新兴产业方面。Wright（2014）以新兴的海洋可再生能源（MRE）行业为例，探讨如何更好地利用监管机构和监管框架，促进影响环境的新科学知识的产生和共享，明确环境影响评估（EIA）在推进"蓝色经济"中的作用。刘洪昌和刘洪（2018）剖析了海洋新兴产业内涵及其特征，基于创新双螺旋视角构建区域海洋新兴产业双螺旋培育模式，以江苏省为例设计基于创新双螺旋视角下海洋新兴产业的发展路径。付秀梅等（2020）运用随机前沿分析方法对海洋生物医药产业创新效率进行测算，并对其影响因素进行分析，发现中国海洋生物医药产业创新效率呈上升趋势，整体效率偏低，地区之间差距较大。Ma等（2021）基于2013—2018年中国新兴海洋企业面板数据，采用固定效应模型，检验环境规制对新兴海洋企业技术创新的影响以及政府补助对技术创新关系的调节作用，研究发现技术创新与环境规制的正相关关系存在于新兴海洋企业，但政府补助对这一关系产生了负向影响。

（2）全局性海洋产业研究

全局性海洋产业研究主要集中在海洋产业评价、海洋产业布局、海洋产业结构等方面。具体地，海洋产业评价研究主要聚焦于对海洋产业发展水平与海洋产业竞争力的评价（徐胜等，2013；吴姗姗等，2014；王泽宇等，2015）。海洋主导产业的识别选择是海洋产业布局优化的基础，其主要思路是运用Shift-Share Method、主成分分析法和层次分析法对海洋主导产业进行识别，进而借助工业战略产业布局优化模型，根据区位熵挖掘优势海洋产业，设计海洋产业布局优化策略（赵昕等，2015）。在海洋产业结构研究方面，偏离份额模型、门槛模型、灰色关联模型以及多部门经济模型被学者广泛地应用在海洋产业结构变动与海洋经济增长关系上的研究（洪爱梅和成长春，2016；王波和韩立民，2017；刘锴和宋婷婷，2017；邓昭等，2018）。

在海洋产业评价方面。Jiang等（2017）利用压力、承载、转化三个维度的32个指标，建立了海洋产业园区的承载能力评价体系。以山东省海洋工业园区为例，通过结合状态空间和层次分析法表明现代海洋服务业和渔业产业园区呈现出高效发展的趋势，而现代海洋制造业和战略性新兴产业园区明显欠发达。秦曼等（2018）构建了海洋产业生态化理论模型，运用主成分分析、组合赋权法、系统协调度模型，从海洋产业结构生态化、海洋产业组织生态化、产业生产方式生态化及海洋产业技术生态化四个方面对海洋产业生态化水平进行静态与动态综合评价。郑珍远等（2019）试编了东海区三省一市的海洋产业投入产出表，通过计算各种投入产出系数构建海洋产业评价指标体系，采用熵值法计算评价体系权重并对海洋产业进行综合评价。Liu等（2020）筛选了我国七种典型的海洋开发活动类型对其综合效益进行了评价，建立了包括经济效益指标、社会效益指标、资源枯竭指标和环境成本指标在内的评价指标体系，进一步采用德尔菲法和层次分析法计算各指标的综合权重，评价结果表明海洋第二产业综合效益最高，其次是海洋第三产业和海洋第一产业。Sheng等（2021）运用DEA和SFA方法，考察了科技金融对海洋产业创新效率的作用，指出政府财政科技投入对海洋产业创新效率有显著贡献，创业风险管理投入对海洋产业创新效率有抑制作用，此外，不同地区的海洋产业创新效率仍存在较大差异。

在海洋产业布局方面。赵昕等（2015）分析了中国主要海洋产业发展的影响因素，建立了海洋主导产业评价指标体系，引入层次分析法评价主要海洋产业的综合实力得分，依据排名选择出我国海洋主导产业。沈体雁和施晓铭（2017）分析了我国海洋产业园区发展现状和存在的问题，强调在规划指导、组织管理、用地用海、资金保障、科技人才支持等方面为园区提供保障和政策倾斜，以优化海洋产业园区布局。李颖等（2021）运用复杂网络分析、ArcGIS空间分析和地理探测器等方法，构建海洋产业合作创新网络，分析合作网络的特征、结构及邻近性机制，发现海洋产业合作创新网络结构广度扩张，有明显的合作团体出现，但网络整体通达性弱，结构松散、不稳定。

在海洋产业结构方面。王波和韩立民（2017）建立以海洋产业结构为门槛变量的估计模型，用以分析海洋产业结构与海洋经济发展的关系，结果表明我国海洋产业结构高度化会制约海洋经济发展，其变动将导致海洋资本、海洋劳动力和海洋科技投入的改变，进而改变了海洋经济增长方式。狄乾斌和梁倩颖（2018）运用超效率DEA模型对我国海洋生态效率进行测算，运用标准差椭圆对其进行空间可视化表达，最后运用VAR模型对海洋产业结构和海洋生态效率进行脉冲响应分析。杜军等（2019）运用面板向量自回归（PVAR）模型分析了我国海洋产业结构升级、海洋科技创新与海洋经济增长之间的动态关系，发现我国海洋产业结构升级能够推动海洋经济增长，且海洋经济增长对海洋科技创新具有显著的影响。Chen和Qian（2020）基于2004—2017年我国沿海地区面板数据，对比分析了不同类型的海洋环境规制对制造业产业结构升级和污染产业转移的双重影响，指出各类海洋环境规制与污染产业转移和产业结构升级呈王 U 型关系。Shao 等（2021）发现海洋经济增长和技术创新在长期内相互促进，但海洋产业升级与其他两个变量之间的相互驱动机制尚未形成，并且从第二产业向第三产业的转变并不利于提高海洋技术创新水平。

1.3.4 陆海统筹问题研究

海洋被誉为世界经济的"蓝色动脉"，对国民经济发展的贡献不可忽视。众多学者针对其对国民经济发展的重要性展开了讨论。Kildow 和 McIlgorm（2010）在阐述海洋和沿海经济的重要性时，强调了海洋对国民经济贡献估算的必要性，比较了不同国家对海洋经济估算的异同。Jiang 等（2014）利用替代弹性不变的多要素生产函数模型，推导出了海洋经济要素对我国区域经济增长的贡献。Lane 和 Pretes（2020）探讨了海洋依赖与经济繁荣的五个主要因素之间的关系，指出海洋依赖与人均国内生产总值之间存在显著关系。Zheng 和 Tian（2021）利用非竞争性投入产出模型证明了海洋贸易是我国海洋经济和国民经济发展的重要动力。

随着研究的进一步深入，学者对海洋经济发展对国民经济发展的贡献研究逐步细化，开始关注财政、外贸、就业等方面海洋经济的贡献。财政方面，董杨（2016）研究了海洋经济对我国沿海地区经济发展的带动效应，以产值份额测算海洋经济的直接贡献，以海洋经济的引致增长弹性、引致财政弹性测算其间接带动效应。外贸方面，马仁锋等（2018）测度了海洋经济发展对我国沿海地区经济发展的影响效应，证明了海洋经济对我国省域经济发展具有显著影响作用。Wang 和 Wang（2019）采用投入产出模型对 12 个主要海洋产业进行评估，通过确定行业间联系效应、生产诱导效应、部门供应短缺效应和就业诱导效应来评估我国海洋产业在国民经济中的重要性。就业方面，海洋经济发展为社会就业创造了广阔空间。孙才志等（2013）构建了就业变化的 LMDI 分解模型，从规模效应、结构效应与技术效应三个方面对海洋产业就业变动的驱动机理进行分析，强调要发挥科技补偿机制，统筹陆海发展，使海洋产业更有效地吸纳劳动力。邓昭等（2017）从劳动生产率、比较劳动生产率、就业弹性系数方面分析了海洋产业部门的就业特征及差异，发现海洋传统产业在吸纳就业方面依然扮演着重要的角色，但海洋新兴产业吸纳就业的潜力在逐渐增强。郭建科等（2018）强调海洋产业具有强大的就业吸纳潜力，特别是海洋交通运输业、海洋旅游业和海洋渔业；海洋化工、海洋工程建筑等对就业推动的作用也不可忽视。

随着海洋经济的快速发展，陆海统筹逐步上升为国家发展战略，并已成为我国经济发展的关键点（郭庆宾等，2021）。陆海统筹着眼于陆地与海洋所构成的一个整体系统，旨在通过统筹该系统内部陆域系统与海域系统之间以及各要素间的互动关系实现整体系统的更好发展，其主要目标之一就是陆域经济与海洋经济的协调发展（曹忠祥和高国立，2015）。现有陆海统筹的经济维度研究中，学者主要从经济协调度（黄瑞芬等，2011；赵昕等，2016）、产业关联度（赵昕和王茂林，2009；王莉莉和肖雯雯，2016）、海洋经济与生态系统的协调发展（刘波等，2020）、全要素生产率（韩增林等，2017）等方面，通过构建相应的指标体系，采用耦合协调度模型、DEA 评价方法、熵值法等研究手段，对我国陆海统筹问题进行了研究。例如，Wang 等（2019）以连云港为例，围绕经济发展、服务体系、资源与环境，构建了陆海协同发展评价指标体系，以评价连云港陆海协同体系建设情况。Xia 等（2019）选择中国陆地和海洋混合区域作为研究对象，基于变异系数法，采用全球 Malmquist-Luenberger 指数计算 2006—2015 年我国沿海陆地和海域协调计划的科技发展效率。徐胜（2019）运用耦合协调模型和 DEA 评价方法，构建了陆海系统协调度评价指标体系及陆海经济互动效率指标体系，分析中国陆海系统协调程度，强调要发挥沿海地区在陆海协调发展中的核心作用。唐红祥等（2020）分析了我国陆海经济一体化的时空演化及影响机理，强调陆海经济一体化的基础是发展陆域经济，陆海经济一体化的主要推动力是海洋第二产业。已有陆海统筹研究为进一步深入探析海洋经济对经济社会发展的贡献与作用研究提供了坚实的基础。

长期以来，我国经济持续高速增长，产业升级不断加快，科技创新与技术进步并驾齐驱，对外贸易、资源环境、社会民生等全面发展，总体不断向好发展，但也积累了一些负面问题。同时，面对纷繁复杂的国内国际环境，我国经济社会的持续稳定发展面临空前严峻的挑战。伴随着海洋强国战略的实施和高质量发展要求提出，海洋经济作为新形势下经济发展的战略高地在推动我国经济社会持续发展中的贡献与作用日益凸显，已然成为我国经济社会发展的重要驱动力。综观现有研究成果，学者对我国产业结构、科技创新与技术进步、对外贸易、资源环境、社会民生等领域进行了较为深入的研究，对海洋经济发展问题也进行了定性与定量的分析，但海洋经济在我国经济社会发展中的贡献与作用尚不明确，亟待进一步深入研究。

一方面，虽然海洋经济发展有助于我国经济社会进步的观点已经是社会各界的共识，但在我国经济社会发展中，海洋经济的贡献程度如何，海洋经济的地位与作用如何等问题尚不明晰，使得海洋经济在服务我国经济社会向高质量发展阶段迈进的过程中，难以发挥精准助推与引领作用。因此，深入研究海洋经济对我国经济社会发展的贡献，精准定位海洋经济在我国经济社会的地位，是挖掘海洋经济高质量发展引擎作用的首要任务。

另一方面，海洋经济运行与评价研究已经取得较大成果，预测、绩效评估、全要素生产率测度、系统性评价等方法已被广泛应用于海洋经济研究中，但相较于区域经济发展评价研究，海洋经济发展评价研究仍属于新兴领域，仍然存在较大的研究空间。科学完善的海洋经济发展综合评价体系仍有待于进一步推进。与此同时，如何将海洋经济运行与经济社会发展纳入统一分析框架，科学系统地解析海洋经济在服务我国经济社会发展中的贡献与作用，精准定位海洋经济在服务我国经济社会发展中的地位，是深入挖掘海洋经济增长引擎功能，加快落实海洋强国战略，推进我国经济高质量发展的重要环节。

1.4 本书的逻辑与研究思路

本书以明晰海洋经济对我国经济社会发展的贡献与作用为目标，提出了以"经济运行–社会就业–资源环境"为核心，以"机制分析–贡献与作用评价–政策建议"为研究主线的海洋经济对我国经济社会发展贡献与作用的分析框架。具体研究内容为以下几点。第一，以海洋经济在我国经济社会中的基本角色为出发点，从宏观、中观、微观三个层面对海洋经济影响国民经济社会发展的经验实践进行梳理，进而系统剖析海洋经济对国民经济社会发展的贡献与作用机制。第二，立足经济运行系统，分别从规模、速度、趋势、结构等角度，从区域与产业的角度完成海洋经济对我国经济运行的贡献研究。从社会就业系统切入，从规模、趋势的角度分析了海洋经济发展对我国社会就业的贡献，同时对海洋经济发展对我国财税收入贡献进行分析。从技术的角度分析了我国海洋经济与国民经济的技术进步。明确海洋经济发展对我国科技进步的贡献。立足资源环境系统约束，识别海洋经济与资源环境的协同发展作用效果。进一步从陆海经济联动性切入，构建陆海经济耦合协调模型与陆海经济投资联动网络模型，提取海洋经济对陆海经济耦合协调发展特征。继而放眼全球，结合世界分工格局演变，基于全球价值链增值，阐释海洋经济发展与全球价值链增值的双向推动作用。基于此，完成以"经济-社会-资源环境"为核心的海洋经济对我国经济社会发展贡献的分析。第三，基于海洋经济对我国经济社会发展贡献的分析结论，厘清海洋经济在我国经济社会发展中的作用与贡献，进而结合当前我国经济社会发展所面临的复杂而深刻的形势，提出促进海洋经济高质量发展，推动我国国民经济和社会向更高质量发展的对策建议。

2 海洋经济在我国经济社会发展中的角色与作用

————————◆————————

"向海则兴，背海则衰。"海洋是潜力巨大的资源宝库，也是支撑未来发展的战略空间。海洋经济作为我国经济增长的蓝色引擎，其高质量发展对提高国民经济和社会发展水平具有重要意义。我国明确了"十四五"时期海洋经济发展的重点方向，包括建设现代海洋产业体系、突破一批关键技术、培育壮大海洋新兴产业等。准确把握海洋经济在经济社会发展中的作用与贡献，坚持陆海统筹、科学规划，进一步提高海洋经济的质量和效益，对于实施海洋强国战略、推进生态文明建设、扩大对外开放、促进经济社会持续健康发展，对于科学应对复杂的国际环境，实现中华民族伟大复兴中国梦具有十分重要的意义。

2.1 海洋经济在经济社会发展中的基本角色

2.1.1 国民经济增长的蓝色引擎

改革开放以来，我国海洋经济快速发展，历经资源依赖型为主的初级发展阶段，从粗放开发利用的高速增长阶段步入新时代高质量发展阶段。与此同时，我国海洋经济发展速度迅猛，始终保持高于同期国民经济的增长速度，对国民经济发展起到了无可替代的积极推动作用。2004年2月19日，国家海洋局首次公布的《2003年中国海洋经济统计公报》显示，海洋经济已经成为我国国民经济新的增长极。

在加快建设海洋强国战略部署下，我国海洋经济始终保持快速增长。2021年我国海洋经济实现"十四五"良好开局，海洋经济总量再上新台阶，发展质量多维度提升。得益于我国疫情防控取得的优异成果，2021年我国海洋经济总量第一次突破了9万亿元，达到了90 385亿元，与2020年相比有了较大的增长，增速高于国民经济0.3个百分点，扭转了2020年负增长的局面。从宏观经济来看，2021年海洋经济总量对国民经济增长的贡献度达到8.0%，占沿海地区产业生产总值的15.0%，海洋经济已然成为我国国民经济新的增长点，对我国国民经济增长具有举足轻重作用。其中，海洋新兴产业发展势头强劲，2021

年，海洋生物医药业、海水利用业、海洋电力业等新兴产业的发展取得了优异的成果，分别同比增长 18.7%、16.4% 和 30.5%，增速明显高于传统海洋产业，特别是海上风电累计装机容量已经跃居世界第一位。在不断的发展过程中，海洋经济结构持续优化，第一、第二、第三产业占比分别为 5.0%、33.4% 及 61.6%。海洋产业增加值达到 34 050 亿元，与 2020 年相比增长了 10.0%。海洋经济发展吸引力逐步增强，2021 年新增涉海企业数量较上年增长 5.7%，全年共有 52 家涉海企业完成 IPO，其融资规模较上年增长了 478.6%，高达 853 亿元。海洋经济发展对我国经济增长起着举足轻重的作用，已然成为国民经济增长的蓝色引擎。

2.1.2 海洋强国建设的重要支撑

党的十八大首次提出建设"海洋强国"的战略，党的十九大又提出要"加快建设海洋强国"的战略，海洋强国建设在我国经济社会发展中的重要地位日益重要。随着海洋经济的快速发展，海洋经济为建设海洋强国提供了坚实的物质基础。海洋强国建设包括提高海洋资源开发效率、发展海洋经济、保护海洋生态环境、维护国家海洋权益。而海洋资源的开发、海洋生态环境的保护、国家海洋权益的维护，都需要相应的经济实力，海洋经济的发展恰恰为其提供了经济基础。近年来，我国海洋经济发展的政策环境明显好转，海洋经济发展总量持续快速增长，海洋经济实力显著提升，海洋事业各项工作成效显著，海洋经济已逐步成为带动沿海地区发展、构建开放型经济的新引擎。在此背景下，我国海洋资源开发效率不断提升、海洋生态环境日益改善、现代化海军加速成长、海洋科技成果不断涌现，海洋经济已越来越成为海洋强国建设的重要支撑。

未来，随着我国海洋经济发展空间的不断拓展、海洋产业布局的日益合理、海洋经济可持续发展能力的持续提升，海洋经济综合实力将不断提高，会继续为海洋强国战略的实施提供更加有力的支撑。

2.1.3 生态文明建设的重要阵地

2021 年 3 月，我国"十四五"规划指出，要重视生态文明建设。海洋生态文明是生态文明中不可忽视的重要组成部分，海洋经济可持续发展是生态文明建设的重要阵地。

"绿水青山就是金山银山。""十四五"规划提出要坚持尊重自然、顺应自然、保护自然，实施可持续发展的战略，构建生态文明体系，推动经济社会发展全面绿色转型，推进美丽中国建设。而美丽海洋建设则是其中关键一环。海洋与陆地联系紧密，海洋环境与陆地环境相互影响、相互制约，陆地环境的破坏会通过排污等方式影响海洋生态环境的健康，而海洋环境的破坏也会在自然界的循环作用下对陆地生态环境产生负面的影响。因此对海洋生态文明建设的重视，是推进生态文明建设的必经之路。

良好的生态环境是经济社会发展的重要前提，可持续发展的生态环境可以为经济社会发展提供源源不断的动力。在当前自然资源紧缺、生态环境恶化的背景下，经济社会发展受到制约，亟需破局之策。而海洋经济的可持续发展为经济转型升级提供了新的思路。随着海洋产业的转型升级，海洋资源的可持续开发利用和海洋生态环境的保护与恢复逐渐受到重视，促进和保持海洋经济可持续发展已是大势所趋。海洋经济的可持续发展可以推动经济的绿色、循环、低碳发展，为生态文明建设提供动力，破解经济社会生态文明建设困局，是生态文明建设的重要途径。

2.1.4 "一带一路"建设海上合作的主线

海洋经济作为"一带一路"建设海洋合作的主线，对于带动港口海运、区域经济、侨乡建设以及海洋文化等发展发挥着重要的作用。海洋经济的快速发展能够充分地利用我国沿海地区的区位优势和资源特征，依托"一带一路"中海洋经济发展平台，形成区域发展辐射与产业发展升级的多维带动效应，推动"一带一路"建设海上合作进程。第一，海洋经济发展能够带动"一带一路"沿线地区的建设理念与发展定位相互协同，推动蓝色资源优化配置，形成海洋经济发展、海丝战略定位与建设目标自洽的合作方案。海洋经济发展与"一带一路"建设理念协同，有助于突破目前我国主要集中于资源密集型和产业密集型的产业结构现实，弱化劳动力供给与国际原材料价格波动对产业链稳定性的冲击，提升"一带一路"地区涉海产业合作能力。第二，海洋经济发展能够带动区域经济"走出去"与"引进来"战略实施，是我国持续开展国际交流的重要窗口。此外，海洋经济发展能够辐射带动蓝色金融、帮扶政策等制度建设的提升，助力构建稳外资和外贸的多维政策体系，强化涉海企业在海丝经济合作建设中的平台支撑。第三，海洋经济发展有助于促进"一带一路"地区的涉海人文交流合作，积极推进"一带一路"文化底蕴建设与历史文化资源库构筑，更好地服务于合作平台建设。海洋经济发展能够有效地促进我国丰富的海丝历史文化资源和"一带一路"沿线地区国家的人文交流与合作，加强海丝地区合作平台建设。

2.1.5 高质量发展的沿海经济支点

在当前复杂的国际国内环境下，我国正着力构建以国内大循环为主体、国内国际双循环相互促进的新发展格局。在新发展格局下，坚持走开放合作之路，对外开放持续扩大，积极应对当前经济形势和内外风险，大力发展海洋经济，是撬动我国经济高质量发展的重要支点。第一，作为"沿海经济支点"，海洋经济是促进我国经济高质量发展的主要载体。海洋经济的发展能够推动资源要素在各沿海地区的畅通流动，从而推动形成一批海洋经济强市、强县，使海洋产业成为沿海地区的支柱产业。第二，海洋经济作为"沿海经济支点"，是我国经济高质量发展的重要依托。夯实海洋渔业、海洋油气业等传统产业的发展，促进新型海洋化工、海水淡化及综合利用、海洋生物医药等领域的科技创新协同，是打破经济高质量发展桎梏，推动经济高质量发展的关键之力。第三，作为"沿海经济支点"，海洋经济有助于促进中国与其他海洋国家之间的双边及多边海洋合作，有助于整合"一带一路"沿线国家交流海洋科学、技术、管理等方面的理念和经验，提高海洋经济附加值，从而打造多层次、立体化的海洋开放合作平台。

2.2 海洋经济推动我国经济社会发展的作用机理

海洋经济作为我国国民经济增长的蓝色引擎，海洋强国战略的重要支撑，生态文明建设的重要阵地，"一带一路"建设海上合作的主线，是撬动高质量发展的沿海经济支点，对我国经济运行、社会就业、资源开发、环境保护具有重要的贡献。

2.2.1 以海洋产业为依托，提升经济发展规模与质量

第一，海洋经济动能强劲，助推国民经济高质量发展。

海洋经济是我国国民经济的组成部分，在国民经济中的占比不断提高，在引领我国经济发展新方向上具有重要的作用。2021年全国海洋生产总值90 385亿元，占沿海地区生产总值的比重为15%，海洋经济在国民经济中的拉动效能持续增强，不断推动国民经济发展从数量扩张到质量的提升。随着海洋经济逐步进入高质量发展阶段，海洋开发方式由资源依赖型向高端服务型过渡，海洋空间布局从近岸海域向沿海周边辐射扩大，海洋要素构成从资源密集型和劳动密集型向资本密集型和技术密集型倾斜，海洋发展动力从投资驱动向创新驱动转变。具体表现在，海洋科技创新催生海洋经济新业态，海洋传统产业提质增

效明显，海洋新兴产业培育壮大，海洋现代海洋服务业升级加快，供求关系实现更高层次上的动态均衡。在海洋经济新旧动能转换的过程中，海洋产业结构不断调整，海洋全要素生产率不断提高，形成新的海洋经济增长点。总之，海洋经济发展动能强劲一方面促进海洋领域新产业、新业态、新模式迅速发展，推动资源利用方式绿色化、生产方式智能化；另一方面有效推动和催生了新技术，提升国民经济内生性增长动力，对于加快我国现代化经济体系建设以及促进国民经济高质量发展具有重要的带动与示范意义。

第二，陆海经济协同增长，助力陆海经济一体化发展。

海洋资源开发和海洋经济发展在接续和补充陆地资源、缓解陆地资源和环境压力、支撑和引领经济增长以及促进经济社会可持续发展等方面已经发挥了重要的作用。协调陆海发展关系是陆海统筹战略实施的重要方面。2010 年，"十二五"规划首次提出陆海统筹，2017 年党的十九大报告对此再次强调。从长远发展看，陆海经济一体化是陆海两种生态经济系统相互作用下的必然趋势，这是陆海两大系统在资源、环境和社会经济发展等方面客观上存在的必然联系所决定的，不仅是海洋经济发展的需要，而且是国家和地区经济健康发展的必然要求。海洋经济作为国民经济新增长点，基于陆域和海域的互动性，通过产业发展、基础设施建设、空间布局、生态环境保护与环境治理、资源开发及统筹管理，能够有效带动陆海经济协同增长。海洋经济的持续稳定发展在缓解陆海产业矛盾，强化陆海交通基础设施的互联互通，实施陆海生态环境的统一治理，实现陆海经济一体化发展的过程中发挥着举足轻重的作用。

第三，海洋产业积极嵌入全球价值链，促进经济开放发展。

海洋经济"走出去"是实现海洋强国战略的重要抓手。海洋经济的开放性与国际性特征决定了海洋产业发展必然置于全球价值链中，参与国际分工。全球价值链是指在商品或服务的整个价值实现过程中，能够在全球范围内的商品或服务的生产环节、销售环节、回收处理环节等，紧密联系起来的不限制于企业内部的全球性网络组织，涵盖了原料采购、商品生产、运输销售、售后服务至回收处理的整个过程。随着国际分工的不断发展和跨国公司实力的持续增强，海洋产业对于商品生产地的选择早已不再局限于国内，而是着眼于全球市场，通过全球的资源和市场配置获取最大利益。我国海洋产业积极参与国际分工对于经济开放发展具有重要推动作用。党的十九大以来，我国海洋产业深度参与国际竞争，海洋经济"走出去"效果较好，在全球海洋产业价值链中占据重要的位置，带动与其相关的所有产业在参与国际分工中获益，推动了我国经济开放发展。

2.2.2 以涉海微观主体为纽带，促进社会民生和谐发展

第一，涉海企业助力就业空间拓宽，促进社会就业水平提升。

一方面，海洋产业结构升级对涉海就业人数可产生正向促进作用。近年来，我国注重深远洋海域与海洋新兴产业，引导劳动力在不同产业间重新配置，有效促进了海洋第二、第三产业就业吸纳潜力的释放。海洋经济良好运行为沿海地区提供了广阔的就业空间。另一方面，随着我国海洋产业结构升级，海洋产业就业质量趋向高级化发展。人才是产业结构升级的重要推手，是推动海洋产业可持续发展的主导力量。当前传统海洋产业在就业拉动方面仍占据主导地位。随着我国海洋创新能力的不断增强与科技水平的持续提升，我国海洋产业布局将更加合理，产业分工也将更加细化。在创新驱动背景下更容易萌发新的产业，从而创造更多新就业机会，释放更大就业吸纳潜力，人才素质也将得以进一步提升。涉海劳动力数量与质量的提升又能反推海洋产业进一步优化升级，从而实现双方良好互动。

第二，海洋经济发展丰富财政收入来源，助力财政收入规模提升。

海洋经济是我国对外开放的重要载体，海洋经济的高质量发展能够直接带动内陆腹地经济，促进我国国民经济整体快速发展，丰富财政收入来源。一方面，我国充分利用沿海地区的区位优势，积极引进外资和利用内资，大力开发利用海岸带及邻近海域资源，引导和推动海洋经济和其他港口经济、海岸带区域经济发展，初步形成了一个沿海外向型经济带，依托外向型经济，港口企业创造了颇高的财税价值。另一方面，海洋经济具有增长快、效益好、市场占有率高、产业关联性大等特点。海洋经济发展能促进高新技术产业和技术密集型海洋产业的发展。我国陆续建立各种外向型的经济开发区，不断优化产业结构，同时促进和带动相关产业的发展，推动了沿海地区成为我国经济发展最快、外向度最高、最有活力的地区。与此同时，我国海洋产业规模在增大，产业内部细分类型不断丰富，涌现出大量海洋新兴产业和其他产业融合的市场发展机会，对优质经济资源的吸引力也逐渐增大，对财税收入的贡献日益扩大。

第三，海洋科技创新能力不断增强，引领科技进步发展。

一方面海洋经济通过科技投入助力海洋科技创新能力提升。沿海地区雄厚的海洋经济实力能够为科研人员提供优质的科研环境和科研待遇，能够吸引更

多优秀的国内外科技创新人才集聚；发达的海洋经济也能够提供更多的科研经费支持，促进相关科技成果转化。与此同时，海洋新兴产业发展迅速，如海洋药物和生物制品业、海水淡化和综合利用业等快速成长，对海洋产业上下游产业链的科技投入提出了新的需求，促进了科学技术发展。另一方面，海洋经济发展中的科技产出促进科技进步。沿海地区的海洋经济发展会孕育更多优质的创新型企业，作为"产学研"体系中的重要环节，这些创新型企业能够将科研成果迅速转化为现实生产力，推动科技更快的发展。沿海地区容易形成产业集聚，使整个产业链在科研产出方面都拥有良好表现，同时，海洋经济的发展能够为探索海洋未知领域提供充分的物质支撑以推动海洋科技更快发展。

2.2.3 以海洋资源环境为抓手，推进生态文明纵深发展

第一，海洋资源开发与保护协调推进，缓释资源环境约束压力。

海洋经济的高质量发展不仅能够提高海洋资源的开发利用水平，还可以助力海洋环境综合治理，为生态文明建设提供保障。一方面，海洋经济发展本质上是借助技术创新实现经济结构优化和发展方式升级，这正是海洋生态文明建设的关键。海洋经济发展是由传统粗放型增长向集约型增长模式变化的过程，能够通过海洋经济发展机制的转变，实现海洋经济发展水平与海洋资源环境承载力耦合度的提升，避免因经济结构不合理导致的海洋资源的浪费与衰退以及海洋环境恶化，提高海洋资源综合开发利用效率，竭力实现海洋经济增长与海洋生态文明建设的共生发展。与此同时，海洋经济发展也是由资源主导向技术主导转变的过程，通过创新实现对海洋资源的节约型开发，减少对海洋环境的破坏行为，全面提升利用海洋资源和空间的经济效益和环境效益，进而推进海洋生态文明建设，满足我国经济社会发展的需求。另一方面，海洋经济发展过程中形成一系列新兴涉海金融产品，为海洋生态环境治理提供了多元化的资金运营体系。例如，依托"投资者受益"原则形成的政府社会资本合作模式，为海洋产业相关项目的建设提供资金支持，同时有效提升海洋生态环境治理效率。另外，通过开发先进的海洋监测与评价技术、海洋生态修复技术以及搭建海洋信息共享平台等为海洋生态环境治理决策提供科学依据和技术支持，进而更好地服务于我国经济社会的可持续发展。

第二，蓝碳生态产品助力双碳目标实现，减缓气候变化。

发展蓝色碳汇、稳步提升海洋碳汇能力是助力我国实现碳达峰、碳中和目标的重要工作。海洋经济的持续快速发展使得我国完全有基础和有条件担起发

展蓝色碳汇的历史重任。一方面，海洋经济发展能够驱动蓝碳产业的形成，其辐射带动效应有助于我国构建蓝色碳汇经济新模式和蓝色碳汇产业链，带动海洋生态工程、生态旅游、生态养殖等相关产业发展，在提升海洋生态养护水平的同时打通海洋生态产品价值实现通道；借助碳服务、碳交易等新型业态形成"绿水青山"向"金山银山"转变的有效市场机制，助力我国双碳目标的实现和经济社会的发展。另一方面，海洋经济的发展能够有效助力蓝色碳汇科学研究，推动建设高标准的蓝色碳汇研究平台建设。作为国际交流合作的重要驱动，海洋经济的快速增长为推动"一带一路"沿线国家在蓝色碳汇等关键领域和重要通道方面展开深度合作带来了契机。国际学术交流基金、蓝色碳汇技术示范推广基地建设和开发技术数据库等相关项目为蓝色生态系统构建和双碳目标实现提供资金与技术支持。蓝碳的发展能够更好地缓释气候变化影响，助力海洋经济更好地服务于我国的经济社会发展。

3　海洋经济对我国经济运行的贡献

党的十九大做出了"贯彻新发展理念，建设现代化经济体系"的重大战略部署，强调了经济高质量发展的重要性。我国经济已进入由高速发展变为高质量发展阶段，蓝色经济的引擎拉动作用愈加凸显。"十四五"规划纲要中也明确提出要坚持陆海统筹、人海和谐、合作共赢，协同推进海洋生态保护、海洋经济发展和海洋权益维护，加快建设海洋强国。因此，如何实现海洋经济发展的"质"与"效"的统一成为实现海洋经济拉动整体经济增长的重要议题。在此背景下，探究海洋经济对我国经济发展的贡献，找寻海洋经济增长质量提高的关键，充分挖掘海洋经济增长潜能，对持续推动我国经济的快速、健康和可持续发展意义重大。本书从海洋生产总值的贡献、主要海洋产业的贡献、海洋经济对我国经济发展协动性的贡献三个方面展开研究。

3.1　海洋生产总值的贡献分析

3.1.1　全国层面海洋生产总值贡献及趋势

按照现有的国民经济核算体系，国内生产总值（GDP）和地区生产总值（GRP）是衡量国家和地区经济规模的核心统计指标。海洋生产总值（GOP）是描述海洋经济活动的重要指标。本书利用海洋经济绝对额法、海洋经济相对额法、海洋经济直接贡献率法、海洋经济间接贡献率法，对海洋经济对国民经济发展规模、发展速度等方面的贡献进行分析。

（1）海洋经济对国民经济总体规模的贡献

从规模来看，海洋生产总值可以较好地反应海洋产业发展现状及其在国民经济中的地位，海洋生产总值增大说明我国海洋经济发展向好。海洋生产总值比重，即海洋生产总值占国家和地区生产总值的比重，体现出海洋经济在国民经济中的地位，该比重越大说明海洋经济对国民经济贡献越大，海洋经济发展呈扩张趋势。

第一，海洋经济总体呈现良好发展态势，对国民经济总体规模的贡献不断提升。如图3-1-1所示,2001—2020年,我国海洋生产总值逐年增加,稳步上升,从2001年的9 518.4亿元增加到2021年的90 385.0亿元,增加了约8.5倍。同时,海洋生产总值占国内生产总值的比例维持在9%上下波动,并且呈现出震荡攀升态势。其中,2003—2006年处于快速增长阶段,所占比例由8.7%提高到9.84%;此后2007—2019年长达12年时间里,呈现出小范围上下波动趋势,逐渐趋于平稳。总体来看,海洋经济对国民经济规模贡献的相对份额较大且稳定。2020年,由于疫情前所未有的冲击,海洋生产总值下降,海洋生产总值占国内生产总值的比例下滑至7.8%。

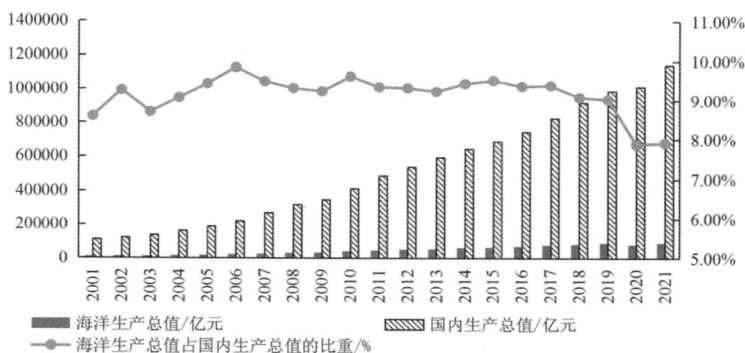

图 3-1-1 海洋生产总值及其在国内生产总值中的比重

数据来源:《中国海洋统计年鉴》《中国统计年鉴》

第二,海洋生产总值与国内生产总值变化趋势大致相同,海洋经济正在从高速增长向中高速、高质量增长的转变。根据图3-1-2与图3-1-3,在2002—2006年,海洋生产总值的增加值逐年递增,且海洋生产总值的增长率大多显著高于国内生产总值的增长率,海洋经济对国民经济的拉动作用显著体现。在2007年以后海洋生产总值增长率与国内生产总值增长率呈现出较高的一致性,且增速放缓。其原因可能是,海洋经济发展初期,海洋生产总值基数小,海洋经济拥有较大发展空间,一系列发展战略以及政策的精准实施对海洋生产总值的增加大有裨益,从而推动海洋经济的高速发展。2008年金融危机爆发,国际形势严峻,外部风险频发,我国积极实施"调结构、转方式",力图实现经济的高质量发展,经济增长速度由高速转为中高速。2020年受到全球疫情的影响,海洋经济的增长率呈现断崖式下跌,2021年经济开始回暖。2002—2021年海洋生产总值的年均增长率为9.72%,比同期国内生产总值的年均增长率高

1.05%。

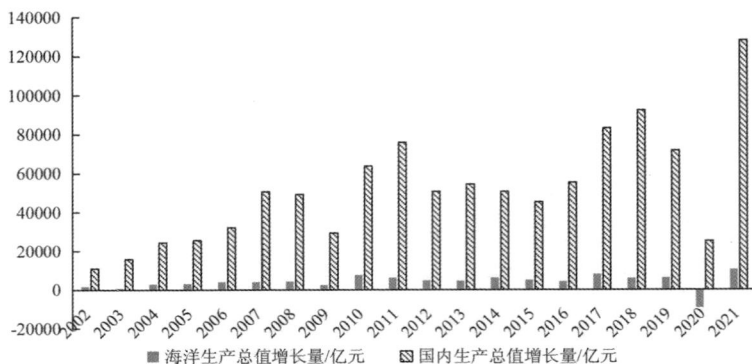

图 3-1-2　海洋生产总值增长量和国内生产总值增长量

数据来源：《中国海洋统计年鉴》《中国统计年鉴》

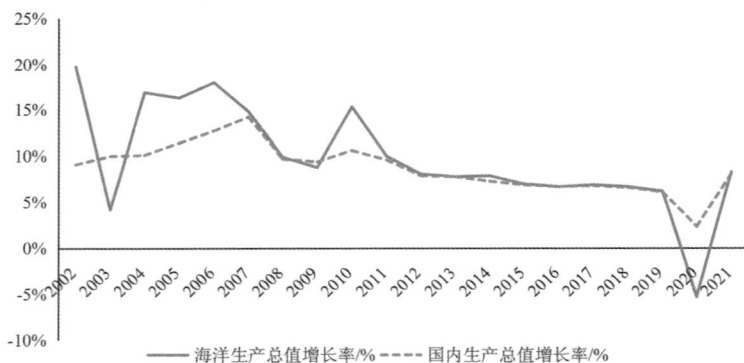

图 3-1-3　海洋生产总值增长率和国内生产总值增长率

数据来源：《中国海洋统计年鉴》《中国统计年鉴》

第三，海洋产业结构形成"第二、第三产业主导"格局，助力国民经济产业结构优化。从图 3-1-4 来看，2001—2019 年我国海洋第一、第二、第三产业各自增加值均逐年上升。其中，海洋第一产业规模不大，且增长缓慢，在海洋经济中所占份额呈现逐年递减趋势。相较而言，海洋第三产业和海洋第二产业规模相对较大，特别是海洋第三产业增长幅度显著。2020 年，由于疫情影响，我国海洋经济遭受极大冲击，三次产业的增加值都有所下降。整体上，海洋第一产业占比呈下降态势；海洋第二产业呈现出先波动上升后大幅下降的趋势；海洋第三产业占比的变化与海洋第二产业正好相反，表现为"先降后升"。

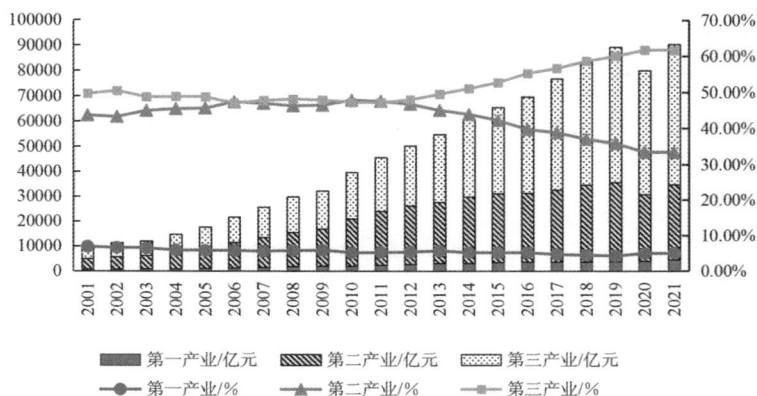

图 3-1-4　海洋产业结构及变动趋势

数据来源：《中国海洋统计年鉴》

从三次产业占比来看，我国海洋经济与国民经济产业占比的变化趋势大致相同，海洋经济和国民经济产业结构同向波动（图 3-1-5）。2001—2021 年，海洋经济第一产业和国民经济第一产业占比均呈现不断下滑趋势，且海洋第一产业的变化幅度较小，由 2001 年的 6.8% 降至 2021 年的 5%。国民经济的第二、第三产业与海洋经济的变化趋势类似，可以分为三个阶段：第一阶段 2001—2006 年，第二产业占优势并且优势不断扩大，2006 年达到 47.6% 的顶峰，高出第三产业 5.8%，成为经济增长的主要动力；第二阶段 2007—2012 年，第二产业依然占优势但优势不断缩小，并于 2012 年达到相对均衡的状态，第二、三产业占比分别为 45.4% 和 45.5%；第三阶段 2013—2021 年，第三产业赶超第二产业，占比不断上涨，逐渐成为主导产业，特别在 2015 年第三产业所占比例首次超过 50%，远高出第二产业 9.4%，2020 年达到最高 54.5%。受疫情的影响，2021 年国民经济第二产业占比呈现减弱状态。

综合以上分析可知：2001 年以来，我国海洋经济经历了高速发展向中高速、高质量发展的转变，对国民经济的规模扩张和产业结构优化的贡献显著。海洋生产总值在国内生产总值中的占比大致维持在 9% 左右，海洋生产总值的增加速度略高于国内生产总值的增加速度。同时，国民经济和海洋经济经历了类似的产业发展和产业结构演变，虽然步伐并不完全一致，但总体来看，现阶段无论是在海洋经济还是国民经济中，第三产业已占据主导地位并成为经济增长的重要驱动力，而第一产业和第二产业的占比均呈现降低态势。

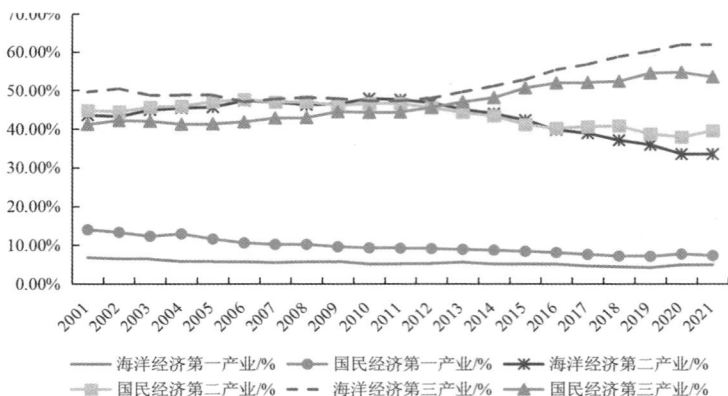

图 3-1-5　海洋经济和国民经济三次产业结构

数据来源：《中国海洋统计年鉴》《中国统计年鉴》

（2）海洋经济对国民经济的直接贡献

从总量和产业结构方面入手，分析海洋经济直接贡献率和海洋经济三次产业直接贡献率，探索海洋经济对国民经济发展及结构调整中的重要地位和作用。其中，海洋经济直接贡献率是海洋生产总值增量在国内生产总值增量中比重，如公式 3-1-1。它是一个能够综合反映海洋经济在国民经济中的地位和作用大小综合指标。海洋经济直接贡献率越大，表明海洋经济增长对国民经济发展所起的作用越大。同理，海洋经济三次产业对国民经济三次产业的直接贡献率如公式 3-1-2 所示。

$$海洋经济直接贡献率 = \frac{海洋生产总值增量}{国内生产总值增量} \qquad 3\text{-}1\text{-}1$$

$$海洋经济三次产业直接贡献率 = \frac{海洋经济三次产业增量}{国内经济三次产业增量} \qquad 3\text{-}1\text{-}2$$

第一，海洋经济对国民经济的直接贡献率处于 10% 左右，并且逐渐趋于平稳。从 2002—2021 年我国海洋经济直接贡献率测算结果来看（图 3-1-6），2002 年海洋经济直接贡献率最高，达到 16.14%，说明 2002 年国内生产总值的增量中有 16.14% 由海洋经济贡献。但 2003 年海洋经济对国民经济的贡献率是 10 年来的最低值，降为 4.3%。2003—2019 年，我国海洋经济对国民经济的直接贡献率分布在 6%~12% 之间，表明国内生产总值增长中，海洋经济发展对我国经济社会发展有重要且稳定的贡献作用。2020 年受到突发疫情的影响，我国海洋生产总值相较于 2019 年出现下降，不利于国内生产总值的提升，对国内经济呈现负向阻碍，在一定程度上表明我国目前的海洋产业体系对外生不确定事件的敏感性和脆弱性。

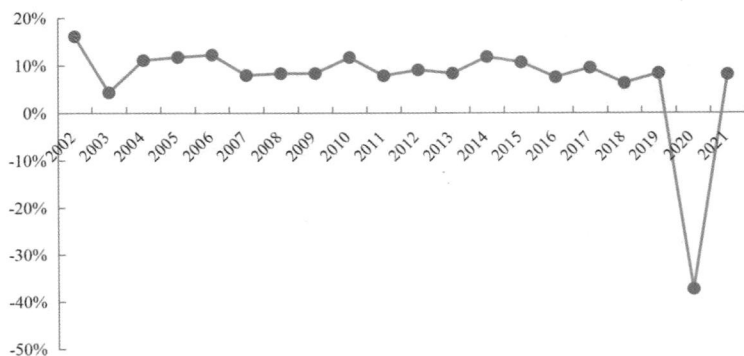

图 3-1-6 海洋经济对国民经济的直接贡献率

数据来源：《中国海洋统计年鉴》《中国统计年鉴》

第二，海洋第一产业的直接贡献率缓慢上升，海洋第二产业、第三产业的直接贡献率波动下降。根据 2002—2021 年海洋经济三次产业对国民经济三次产业的直接贡献率（图 3-1-7），海洋第一产业对国民经济第一产业的直接贡献率呈现出围绕 5%波动趋势。在 2002—2004 年，海洋第一产业对国民经济第一产业增加值的贡献由 4.5%下降至 4%。在接下来的 10 年，海洋第一产业对国民经济第一产业的直接贡献度稳步上升，2016 年达到最大值 5.94%。海洋第二产业对国民经济第二产业的直接贡献在 2002—2014 年较为稳定，大致维持在 9%左右。但从 2015 年起，海洋第二产业对国民经济第二产业的直接贡献率呈现较大幅度波动。海洋第三产业对国民经济第三产业的直接贡献率是最稳定的，整体高于其他产业中海洋经济对国民经济的贡献率。原因在于在我国海洋经济发展过程中不断优化调整海洋产业结构，大力发展第三产业已成为国家及地方政府制定海洋战略规划的共识。2020 年是特殊的一年，海洋产业对国民经济增长的直接贡献率下滑。2021 年在我国科学有力的疫情防控政策下，海洋第一、第三产业对国民经济产业的拉动能力稍有回升，但海洋第二产业的直接贡献率仍下降。原因可能在于我国海洋第二产业对外依赖度仍较高，应对不确定性、突发性事件的能力还有待进一步提升。

综上分析可知，海洋经济对国民经济增长的直接贡献率较为稳定，围绕 10%上下波动。但疫情的暴发对我国海洋经济产生极大冲击，导致海洋经济对国民经济增长的直接贡献大幅下降。从不同三次产业来看，海洋经济三次产业对国民经济三次产业的直接贡献率有所差异。其中，海洋第一产业对国民经济第一产业的直接贡献缓慢上升，而海洋第二产业、第三产业的直接贡献率波动下降。海洋第一产业的转型升级效果较好，海洋第二产业和海洋第三产业的直接贡献有待进一步提升。

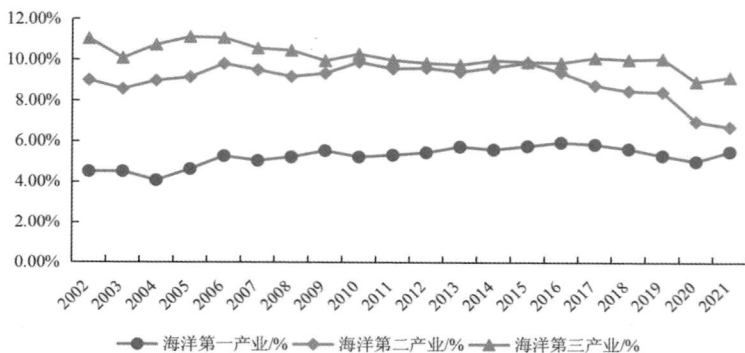

图 3-1-7　海洋经济三次产业对国民经济三次产业的直接贡献率

数据来源：《中国海洋统计年鉴》《中国统计年鉴》

（3）海洋经济对国民经济的间接贡献

为探明海洋经济对我国经济增长速度的拉动作用，采用"海洋经济对国民经济间接贡献率"这一测算指标进行衡量，相应计算公式如式 3-1-3 所示。"海洋经济对国民经济的间接贡献率"是指国内生产总值的增长速度与海洋经济直接贡献率的乘积，反映了国内生产总值增长率中海洋经济贡献的大小。为简化叙述，本书用"海洋经济间接贡献率"代替。

$$\frac{海洋经济间接}{贡献率} = \frac{国内生产总值}{增长速度} \times \frac{海洋经济直接}{贡献率} \qquad 3-1-3$$

第一，海洋经济对国民经济的间接贡献呈现出波动状态。根据图 3-1-8，2006 年海洋经济对国民经济的间接贡献作用最大，达到 1.56%，说明 2006 年海洋经济拉动了国民生产总值 1.56% 的增长率；剔除 2020 年因突发疫情导致的海洋经济对国民生产总值呈现负向拉动效应，2003 年的拉动作用最低，为 0.43%，这表明 2003 年海洋经济仅拉动国民生产总值 0.43% 的增长率。从整体来看，海洋经济对国民经济的拉动逐渐趋于稳定，维持在 1.5% 左右。

第二，海洋第三产业对国民经济第三产业的间接贡献最大，第二产业次之，第一产业最低。从 2002—2021 年海洋经济三次产业对国民经济三次产业的间接贡献率（图 3-1-9）来看，不同产业的间接贡献率变化有较大差异。海洋第一产业对国民经济第一产业增长率的拉动力较其他产业稍弱，平均间接贡献率约为 0.5%。在 2002—2014 年呈现频繁波动状态，在 2007 年达到最大值 0.76%，2015 年之后呈现出小幅波动。海洋第三产业对国民经济第三产业的间接贡献率最高，海洋第二产业对国民经济第二产业的间接贡献率略低，两者均高于海洋第一产业对国民经济第一产业的间接贡献率。此外，两者的间接贡献率呈现相似的变化趋势，"十一五"期间、"十二五"期间、"十三五"期间，均表现为先上升后下降的趋势，海洋经济对国民经济增长的拉动作用受国家战略及支持政策影响较大。

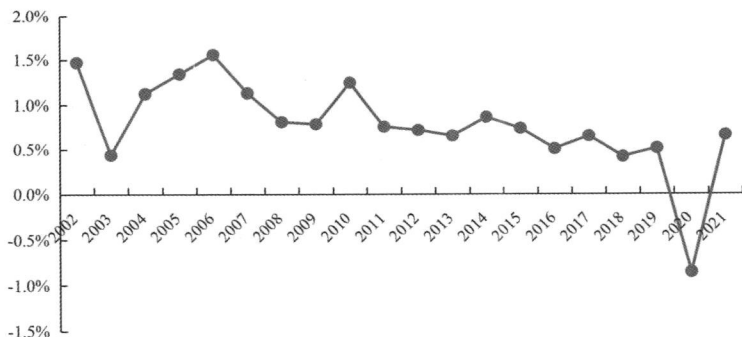

图 3-1-8　海洋经济对国民经济的间接贡献率

数据来源：《中国海洋统计年鉴》《中国统计年鉴》

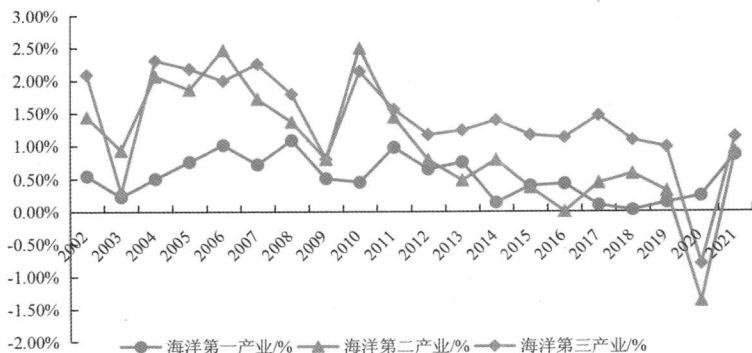

图 3-1-9　海洋经济三次产业对国民经济三次产业的间接贡献率

数据来源：《中国海洋统计年鉴》《中国统计年鉴》

综合以上分析：从全国范围来看，海洋生产总值基本保持"稳中有进"的发展态势，对国民经济间接贡献维持在 1.5% 左右。我国海洋生产总值与国内生产总值变化趋势大致相同，海洋经济正在从高速增长向中高速、高质量增长转变。从产业结构来看，海洋第三产业对国民经济第三产业的贡献最高，第二产业次之，第一产业最低，海洋经济的发展有助于我国国民经济产业结构优化。

我国从北到南分布着辽宁省、河北省、天津市、山东省、江苏省、上海市、浙江省、福建省、台湾、广东省、香港、澳门、广西壮族自治区和海南省 14 个沿海地区。依据地理位置，本书选取 11 个沿海地区划分为北部海洋经济圈、东部海洋经济圈和南部海洋经济圈。其中，北部海洋经济圈包括辽宁省、河北省、山东省以及天津市；东部海洋经济圈包括江苏省、上海市和浙江省；南部海洋经济圈包括福建省、广东省、广西壮族自治区和海南省。

由于各个海洋经济圈的资源禀赋不同、海洋经济基础不同，各区域海洋经济发展对其经济增长贡献也各有所长。基于三大海洋经济圈，本书从区域层面对海洋经济在国民经济增长的贡献作用进行深入分析。

3.1.2 北部海洋经济圈的海洋生产总值贡献及趋势

整体来看，北部海洋经济圈海洋经济规模不断上升，在地区生产总值中的占比约为 16%。如图 3-1-10 所示：2006—2021 年，北部海洋经济圈海洋生产总值整体呈波动上升趋势；2009 年，受全球金融危机影响，北部海洋经济圈的海洋生产总值在其地区生产总值中所占比例降低最低水平 15.14%，而后经历 5 年的波动上升发展；2014—2016 年，海洋生产总值占其地区生产总值比重再次下降，并于 2016 年回升至 2019 年的 17.16%，产生这种上升的原因是北部海洋经济圈中各沿海地区的海洋经济发展向好，海洋经济对国民经济的拉动作用不断恢复。

（1）天津市海洋经济对其经济发展规模的贡献

天津市海洋经济整体上处于一个平稳发展的趋势，其海洋生产总值从 2006 年的 1 369.0 亿元增加到 2021 年的 5 027.0 亿元，于 2014 年达到最大值 5 032.2 亿元，平均增速达到 9.83%（图 3-1-11）。2006—2015 年天津海洋生产总值占其地区生产总值的比重比较稳定，但 2015—2019 年处于一个快速上升阶段，从 2016 年的 22.62% 迅速增加到 2019 年 39.29%；2020—2021 年由于疫情影响比重略微下降。天津市海洋经济经历了持续、稳定发展后，"十三五"时期海洋经济在其国民经济发展中的拉动作用愈发凸显。

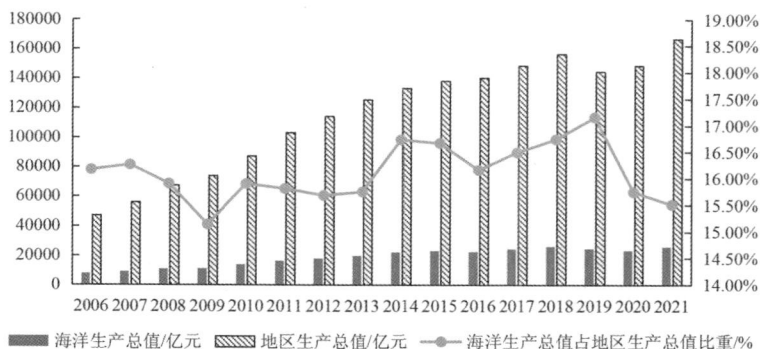

图 3-1-10　北部海洋经济圈海洋经济发展现状

数据来源：《中国海洋统计年鉴》《中国统计年鉴》

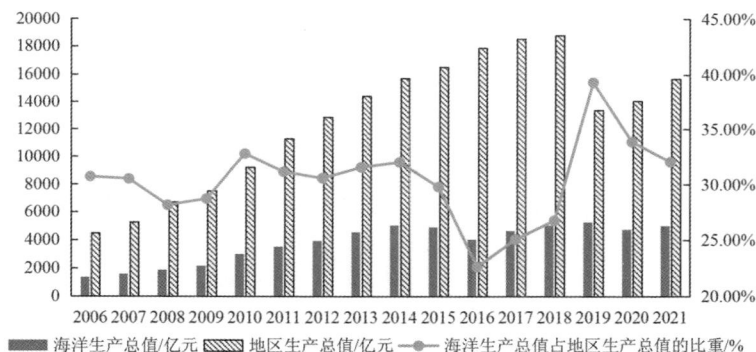

图 3-1-11　天津市海洋经济及其在地区生产总值中的比重

数据来源：《中国海洋统计年鉴》《中国统计年鉴》

（2）河北省海洋经济对其经济发展规模的贡献

河北省海洋生产总值从 2006 的 1 092.1 亿元增加到 2021 年的 2 651.6 亿元，平均增速为 7.32%（图 3-1-12）。与其他沿海地区比较，河北省海洋经济发展速度相对较慢。2009—2019 年，河北省海洋生产总值占其地区生产总值比重由 2006 年的 9.52% 下降至 2009 年的最低点 5.35%，后缓慢波动上升至 2019 年的 7.55%；2020—2021 年受疫情影响略有下降。总体来看，河北省海洋经济虽然持续发展，但海洋经济在河北整体经济中的地位有所下降。

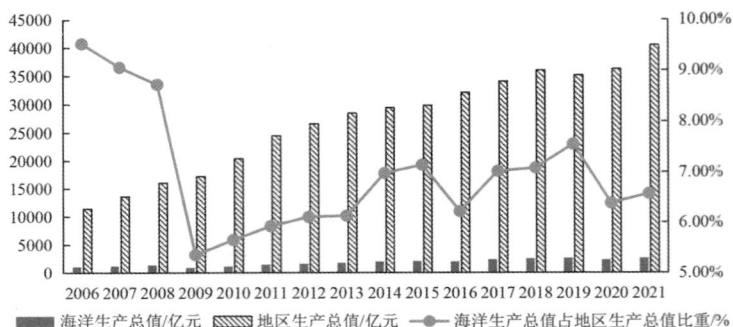

图 3-1-12　河北省海洋经济及其在地区生产总值中的比重

数据来源:《中国海洋统计年鉴》《中国统计年鉴》

（3）辽宁省海洋经济对其经济发展规模的贡献

辽宁省海洋经济发展呈倒 U 型曲线。辽宁省海洋生产总值从 2006 年的 1 478.9 亿元增加至 2014 年的 3 917.0 亿元，达到最高值。随后逐年递减，2021 年其海洋生产总值为 3 246.3 亿元（图 3-1-13）。2006—2021 年，辽宁省海洋生产总值占其地区生产总值比重呈现波动下降趋势，由 2006 年的 15.89%降至 2021 年的 11.77%，辽宁省海洋经济对其经济发展的拉动作用有巨大的提升空间。

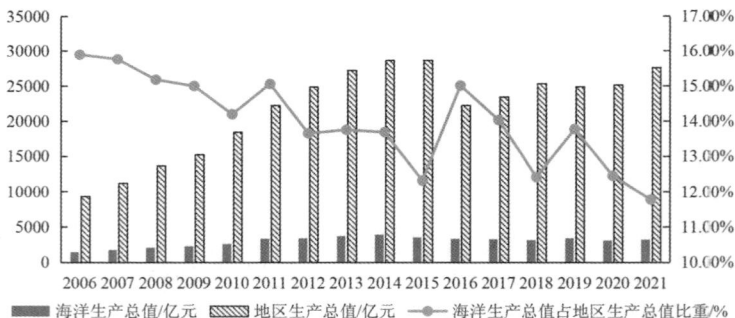

图 3-1-13　辽宁省海洋经济及其在地区生产总值中的比重

数据来源:《中国海洋统计年鉴》《中国统计年鉴》

（4）山东省海洋经济对其经济发展规模的贡献

山东省作为北部海洋经济圈中的龙头，海洋经济发展水平遥遥领先北部海洋经济圈的其他沿海地区。从图 3-1-14 来看，山东省海洋生产总值从 2006 年的 3 679.3 亿元增加至 2018 年的 15 502.1 亿元，平均增速达 12.73%，而后有所回落。山东省海洋生产总值占其地区生产总值比重则处于一个较为平稳的区间，在18%到20%的区间波动。总体来看，山东省在"经略海洋""海洋强省"推进过程中取得良好成效，同时也凸显了海洋经济对于山东省经济发展的强劲拉动作用。

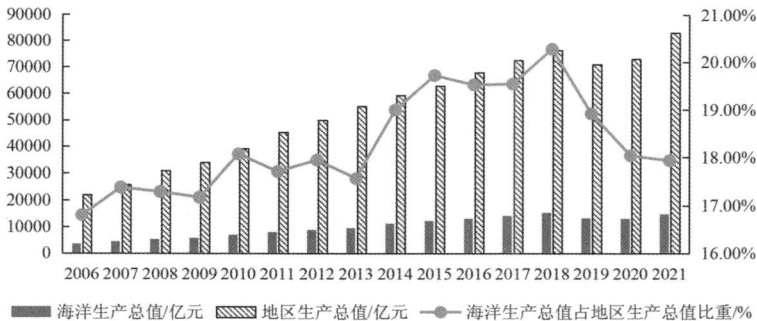

图3-1-14　山东省海洋经济及其在地区生产总值中的比重

数据来源：《中国海洋统计年鉴》《中国统计年鉴》

（5）各沿海地区海洋经济直接贡献的比较分析

如图3-1-15所示，第一，山东省海洋经济及其对区域经济发展的直接贡献率长期稳定在20%左右，说明山东省海洋生产对山东省生产总值影响较大，对国民经济增长拉动作用较大。相较于北部海洋经济圈中其他沿海地区，山东的直接贡献率是最为稳定的，且平均来说直接贡献率最大。第二，辽宁省海洋经济的直接贡献率不稳定，且近年来一直处于负值状态，表明辽宁省海洋经济对地区生产总值的增长起到了负向作用，海洋经济发展滞后于国民经济发展。第三，天津市的直接贡献率在2006—2014年比较稳定，于2015—2021年出现较大幅度波动。第四，河北省的直接贡献率相较于其他沿海地区比较稳定，但是直接贡献率相对较低。河北的海洋经济直接贡献率在7%左右浮动，说明河北地区生产总值增加值中仅有7%是海洋生产活动直接贡献的。河北的海洋直接贡献率也经历了两次持续下降，分别在2006—2009年和2017—2020年，并于2009年降至最低点-38.72%。

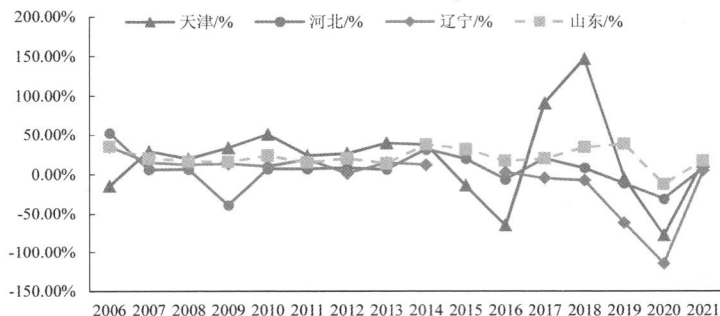

图 3-1-15　北部海洋经济圈各沿海地区海洋经济直接贡献率

数据来源：《中国海洋统计年鉴》《中国统计年鉴》

注：由于 2015 年辽宁省海洋生产总值极速下降，直接贡献率猛烈下跌，本图为挖掘直接贡献率总体趋势，暂不考虑该极端情况。

（6）各沿海地区海洋经济间接贡献的比较分析

如图 3-1-16 所示，第一，天津市海洋经济对其区域经济增长率的贡献变化幅度最大，河北省、山东省、辽宁省三个沿海地区海洋经济间接贡献率波动幅度较小。第二，天津市在 2010 年的间接贡献率达到最大值 11.48%，即天津地区生产总值增长率中海洋经济贡献了 11.48%；在 2010—2016 年呈现波动下降趋势，并于 2016 年达到最低值-5.31%。第三，山东省海洋经济间接贡献率波动较小，且在 2002—2016 年与河北省海洋经济间接贡献率有相似的波动趋势，但略高于河北省。两个沿海地区均大致经历了两个变化周期，2007—2013 年和 2013—2017 年。第四，辽宁省海洋经济间接贡献处于北部海洋经济圈中等水平，但整体上呈现震荡下降趋势，在 2011 年达到最大值 3.93%。

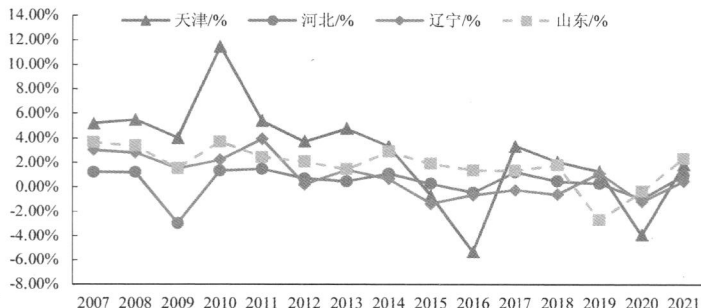

图 3-1-16　北部海洋经济圈各沿海地区海洋经济的间接贡献率

数据来源：《中国海洋统计年鉴》《中国统计年鉴》

总体来看，北部海洋经济圈海洋经济的直接贡献率波动较大，间接贡献率相对稳定，在 1% 附近波动。如图 3-1-17 所示，北部海洋经济圈的直接贡献率有较大的波动，在 2014 年直接贡献率达到最大值 32.45%，于 2020 年降为最小值 -34.13%。从 2017 年开始持续下降，说明近年来北部海洋经济圈海洋生产总值增长对地区生产总值增长的贡献逐年降低。对于间接贡献率来说，北部海洋经济圈海洋经济的间接贡献率波动较小，说明北部海洋经济圈海洋经济对国民经济增长速度的贡献较为稳定。但 2019—2020 年，间接贡献率逐渐降为负值，海洋经济对国民经济的增长速度的推动作用下降。可能原因是受疫情影响，北部海洋经济圈的海洋产业遭受了不可小觑的冲击，降低了海洋经济对国民经济发展的推动作用。

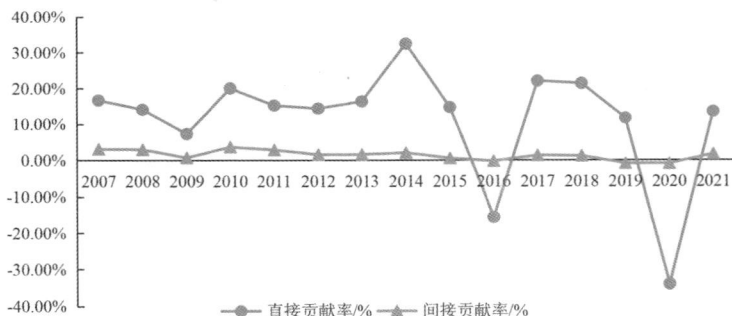

图 3-1-17　北部海洋经济圈海洋经济的直接贡献与间接贡献

数据来源：《中国海洋统计年鉴》《中国统计年鉴》

3.1.3　东部海洋经济圈的海洋生产总值贡献及趋势

整体来看，东部海洋经济圈海洋经济规模持续稳步扩张，但在生产总值中的占比为 13%~15%，呈缓慢下滑趋势。如图 3-1-18 所示，东部海洋经济圈的海洋生产总值由 2006 年的 7 131.7 亿元增长至 2021 年的 29 000.0 亿元，地区生产总值从 2006 年的 48 032.7 亿元增长至 2021 年的 233 095.0 亿元。东部海洋经济圈的海洋生产总值和地区生产总值都以较快的速度稳步增长。东部海洋经济圈海洋生产总值占其地区生产总值比重有缓慢下降的趋势。

（1）上海市海洋经济对其经济发展规模的贡献

上海市海洋生产总值从 2006 年的 3 988.2 亿元增加到 2021 年的 10 036.3 亿元，平均增速为 6.91%（图 3-1-19）。上海市生产总值从 2006 年的 10 572.2 亿元增加到 2021 年的 43 214.8 亿元，平均增速达 9.93%。"十三五"时期以来，上海市海洋生产总值占其地区生产总值的比重趋于稳定，在26%附近浮动。与上海市经济发展规模总量相比，其海洋经济发展规模相对偏小，导致上海市海洋生产总值占地区生产总值的比例逐年降低。

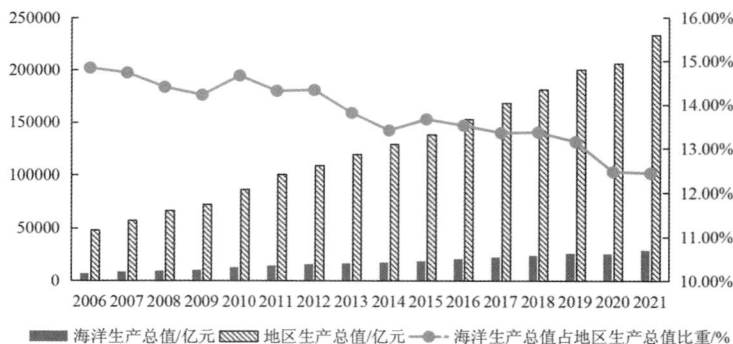

图 3-1-18　东部海洋经济圈海洋经济发展现状

数据来源：《中国海洋统计年鉴》《中国统计年鉴》

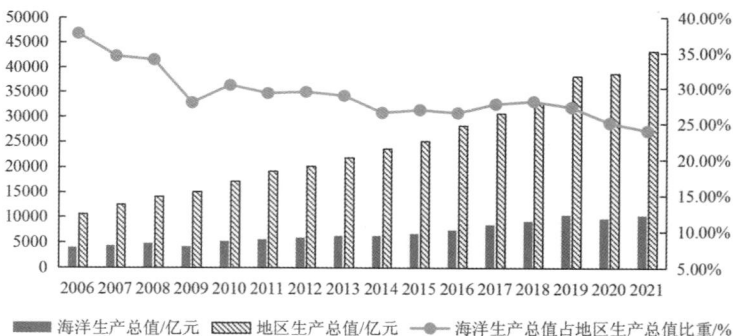

图 3-1-19　上海市海洋经济及其在地区生产总值中的比重

数据来源：《中国海洋统计年鉴》《中国统计年鉴》

（2）江苏省海洋经济对其经济发展规模的贡献

江苏省生产总值从2006年的21 742.0亿元增加到2021年的116 364.2亿元，平均增速达11.94%。江苏省海洋生产总值从2006年的1 287.0亿元增加到2021年的9 248.3亿元，平均增速为14.62%，高于其生产总值增速（图3-1-20）。江苏省海洋生产总值占其地区生产总值比重也由2006年的5.92%增至2021年的7.95%，说明江苏海洋经济正处于高速发展阶段，海洋经济对江苏省经济发展拉动作用越来越大。

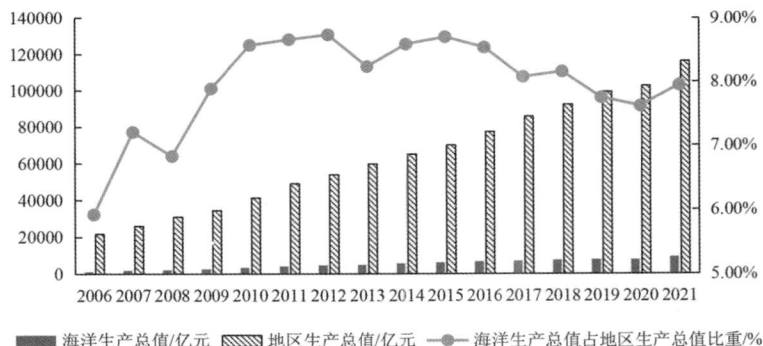

图 3-1-20 江苏省海洋经济及其在地区生产总值中的比重

数据来源：《中国海洋统计年鉴》《中国统计年鉴》

（3）浙江省海洋经济对其经济发展规模的贡献

浙江省生产总值从 2006 年的 15 718.4 亿元增加到 2021 年的 73 516.0 亿元，平均增速为 10.93%。浙江省海洋生产总值从 2006 年的 1 856.5 亿元增加到 2021 年的 9 248.3 亿元，平均增速为 11.51%（图 3-1-21）。浙江省海洋生产总值占其地区生产总值比重先增加后减少，从 2006 年的 11.81%增加到 2009 年的 14.76%，达到最大值，随后便开始持续下跌，2021 年降至 12.58%。浙江省海洋生产总值和地区生产总值均处于高速增长阶段，且海洋经济增长速度明显高于其国民经济增速。

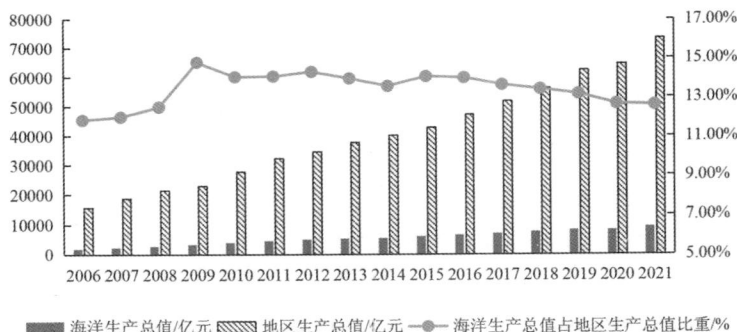

图 3-1-21 浙江省海洋经济及其在地区生产总值中的比重

数据来源：《中国海洋统计年鉴》《中国统计年鉴》

（4）各沿海地区海洋经济直接贡献的比较分析

如图 3-1-22 所示，第一，上海市海洋经济的直接贡献率具有较大波动，最大值为 2006 年的 127.72%，最小值为 2020 年的−128.20%，分别表明相应年份中上海市海洋经济增长量对国民经济增长量的直接贡献为 127.72% 和 −128.20%。2006—2020 年，上海市海洋经济直接贡献率不断波动，并于 2009 年、2014 年、2020 年对国民经济增长产生负面的影响，但在东部海洋经济圈中，上海市海洋经济的直接贡献率仍处于领先地位。第二，江苏省和浙江省海洋经济的直接贡献率比较稳定，均在 10% 上下浮动变化，其中，浙江省海洋经济直接贡献率略高于江苏海洋经济直接贡献率。东部海洋经济圈各沿海地区的海洋经济直接贡献率说明，江浙地区海洋经济在其地区经济增长中始终处于一个重要且稳定的地位。

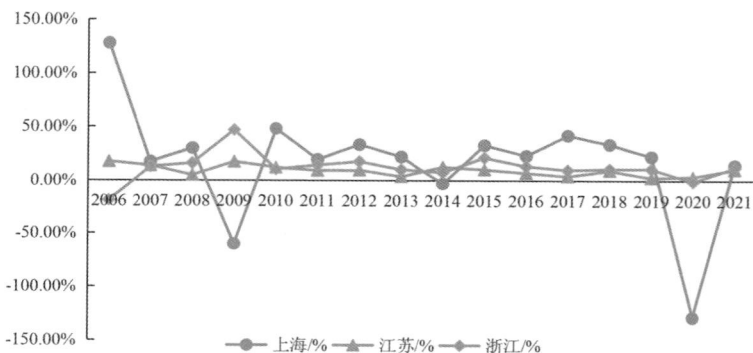

图 3-1-22　东部海洋经济圈各沿海地区海洋经济的直接贡献率

数据来源：《中国海洋统计年鉴》《中国统计年鉴》

（5）各沿海地区海洋经济间接贡献的比较分析

如图 3-1-23 所示，第一，上海市海洋经济间接贡献率波动幅度是三个沿海地区中最大的，最大值与最小值差距超过 10%。上海市在 2009 年、2014 年和 2020 年具有负的间接贡献率。尤其是 2008—2011 年上海市海洋经济的间接贡献率呈现剧烈波动状态，主因是上海作为我国对外开放的重要口岸，受金融危机和全球经济动荡的影响更大。第二，江苏省和浙江省海洋经济的间接贡献率较为稳定，表明浙江省和江苏省海洋经济对其地区经济增长的拉动作用相对稳定。第三，2020 年，受疫情冲击，上海市、江苏省、浙江省海洋经济对经济增长的拉动作用均出现大幅下滑。2021 年，随着疫情防控成果的取得和巩固，海洋经济对经济增长的拉动作用逐步恢复。

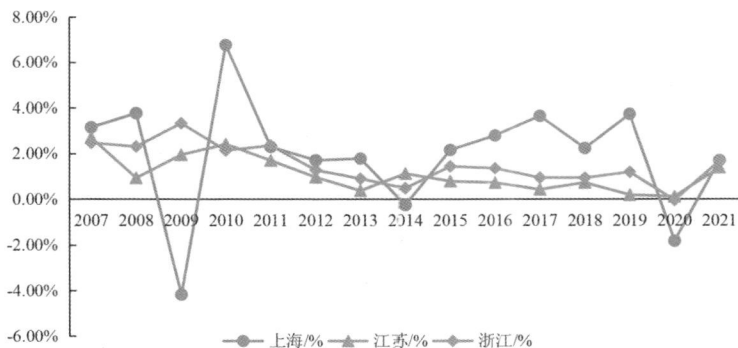

图 3-1-23 东部海洋经济圈各沿海地区海洋经济的间接贡献率

数据来源：《中国海洋统计年鉴》《中国统计年鉴》

总体来看，东部海洋经济圈海洋经济对其国民经济的直接贡献率大致处于10%~15%之间，间接贡献率在1%附近波动，且直接贡献率波动较大，间接贡献率较为稳定。如图 3-1-24 所示，东部海洋经济圈海洋经济的直接贡献率在2019年之前波动平稳；2020年受疫情影响出现了急剧下跌。剔除2020年疫情突发事件影响，东部海洋经济圈海洋经济对其国民经济的直接贡献率于2014年达到最低8.34%，然而在2014—2015年触底反弹至最高点17.22%。在间接贡献率方面，2007—2009年以及2010—2014年，东部海洋经济圈海洋经济对其国民经济的直接贡献率均呈轻微下跌趋势，但始终保持在正值水平；"十三五"期间小幅回升并保持稳定发展。可见，东部海洋经济圈海洋经济对其国民经济增长具有稳定的拉动作用。

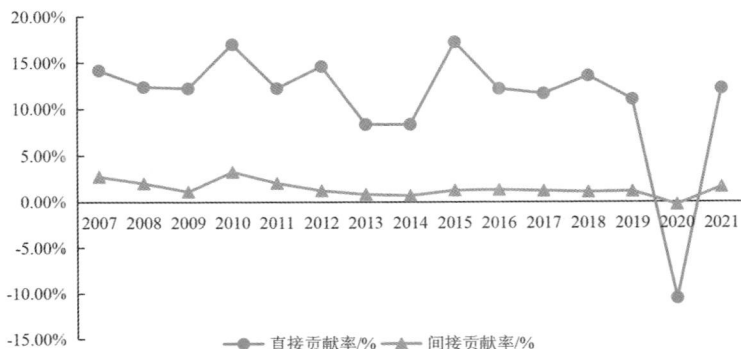

图 3-1-24 东部海洋经济圈海洋经济海的直接贡献与间接贡献

数据来源：《中国海洋统计年鉴》《中国统计年鉴》

3.1.4 南部海洋经济圈的海洋生产总值贡献及趋势

整体来看，南部海洋经济圈海洋经济规模高速增长，但在其地区生产总值的占比为15%~21%。南部海洋经济圈的地区生产总值从2006年的39 962.7亿元增长至2021年的204 396.1亿元，平均增速为11.59%；海洋生产总值从2006年的6 469.3亿元增长至2021年的35 518.0亿元，平均增速为12.27%（图3-1-25）。南部海洋经济圈的海洋生产总值和地区生产总值都处于高速增长状态，且海洋生产总值增速高于其地区生产总值增速。南部海洋经济圈海洋经济呈现蓬勃发展态势，其对地区经济发展的重要性不言而喻。

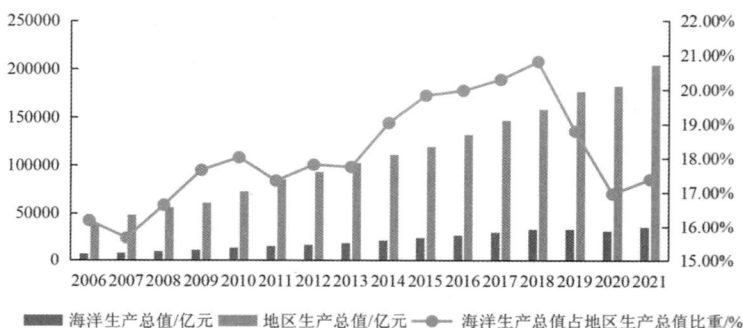

图 3-1-25　南部海洋经济圈海洋经济发展现状

数据来源：《中国海洋统计年鉴》《中国统计年鉴》

（1）福建省海洋经济对其经济发展规模的贡献

福建省生产总值由2006年的7 583.8亿元增加至2021年48 810.3亿元，平均增速为13.32%；福建省海洋生产总值从2006年的1 743.1亿元增加至2021年11 000.0亿元，平均增速为13.40%，略高于其地区生产总值增速（图3-1-26）。福建省海洋生产总值占地区生产总值比重在22%~30%区间内波动，这表明海洋经济贡献了福建省经济总量的四分之一左右。

（2）广东省海洋经济对其经济发展规模的贡献

广东省生产总值由2006年26 587.7亿元稳步增长至2021年124 369.6亿元，平均增速为10.91%。广东省海洋生产总值从2006年4 113.9亿元增加至2021年19 941.0亿元，平均增速为11.44%，明显高于其地区生产总值增长率（图3-1-27）。广东省海洋生产总值占其地区生产总值比重呈上升趋势，由2006年15.47%波动增长至2018年19.87%，虽然随后受疫情影响也有所下降，但仍处于15%以上的水平。

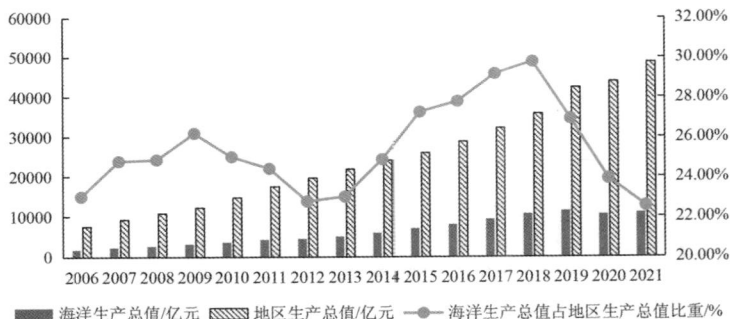

图 3-1-26　福建省海洋经济及其在地区生产总值中的比重

数据来源：《中国海洋统计年鉴》《中国统计年鉴》

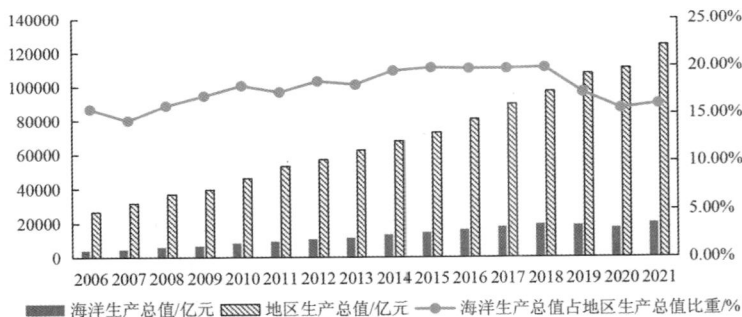

图 3-1-27　广东省海洋经济及其在地区生产总值中的比重

数据来源：《中国海洋统计年鉴》《中国统计年鉴》

（3）广西壮族自治区海洋经济对其经济发展规模的贡献

广西壮族自治区生产总值由 2006 年 4 746.1 亿元增长至 2021 年 24 740.8 亿元，平均增速为 11.85%。广西壮族自治区海洋生产总值由 2006 年 300.7 亿元增长至 2021 年 1 828.2 亿元，平均增速为 12.92%，高于其地区生产总值增速（图 3-1-28）。广西壮族自治区海洋生产总值占其地区生产总值比重在 5%~8% 之间波动。虽然海洋经济对广西壮族自治区经济总量的贡献不高，但海洋经济对经济发展规模的贡献持续保持增加态势，凸显广西壮族自治区向海发展战略的落地成效。

（4）海南省海洋经济对其经济发展规模的贡献

海南省生产总值由 2006 年 1 044.94 亿元增长至 2021 年 6 475.2 亿元，平均增速为 13.14%。海南省海洋生产总值由 2006 年 311.6 亿元增长至 2021 年

1 989.6亿元，平均增速为13.39%，海洋经济增速略低于其地区生产总值增速（图3-1-29）。海南省海洋生产总值占其地区生产总值比重在26%~31%之间浮动，除2020年受疫情冲击外，"十三五"以来总体呈上升趋势。海南省经济总量的近三分之一源于其海洋经济，海洋经济对其国民经济贡献远超过其他沿海地区。

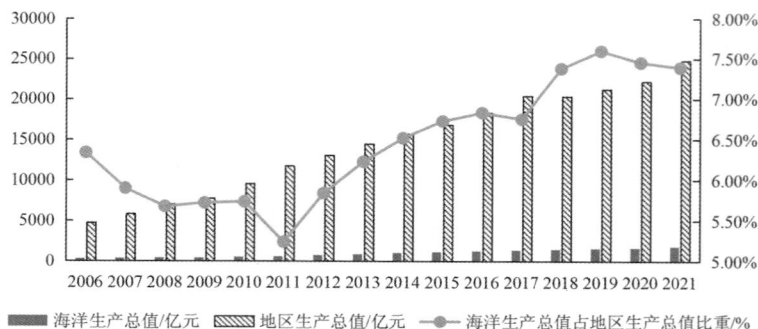

图3-1-28　广西壮族自治区海洋经济对其经济发展的贡献

数据来源：《中国海洋统计年鉴》《中国统计年鉴》

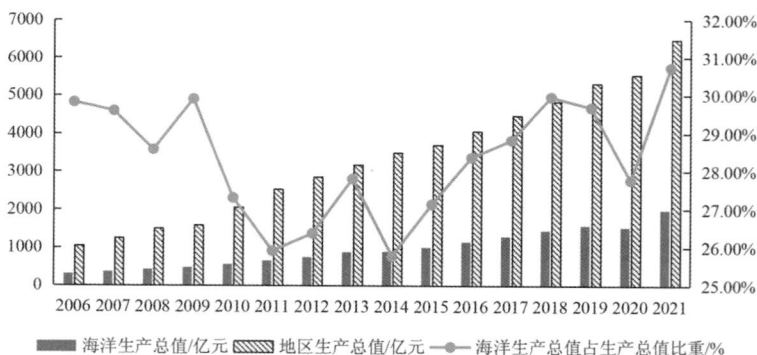

图3-1-29　海南省海洋经济及其在地区生产总值中的比重

数据来源：《中国海洋统计年鉴》《中国统计年鉴》

（5）各沿海地区海洋经济直接贡献的比较分析

如图3-1-30所示，第一，2015年之前，南部海洋经济圈各沿海地区的海洋经济直接贡献率都处于波动上行的趋势，说明海洋经济增长在地区生产总值的增长中越来越具有重要地位。在2018年之后，各沿海地区的海洋经济直接贡献率产生了大幅度下滑。造成这种现象的原因可能是随着我国海洋经济高质量发展战略提出，海洋经济发展处于转型升级的攻坚期，各沿海地区更加注重海洋经济增长质量而不是简单的数量。2020年，受疫情冲击，海洋经济发展受到极大限制而出现负增长的情况。第二，广西壮族自治区海洋经济的直接贡献率相较于其他沿海地区来说较低，但是波动幅度较小。广东省海洋经济的直接贡献率围绕在20%小幅波动。福建省和海南省海洋经济的直接贡献率均在2015年达到最大值，均呈现波动幅度较大、波动频率较高特征。

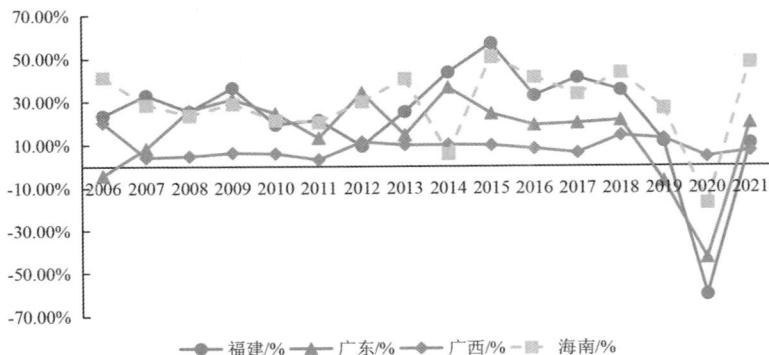

图3-1-30　南部海洋经济圈各沿海地区海洋经济的直接贡献率

数据来源：《中国海洋统计年鉴》《中国统计年鉴》

（6）各沿海地区海洋经济间接贡献的比较分析

如图3-1-31所示，第一，2006—2018年，南部海洋经济圈各沿海地区海洋经济的间接贡献率均在0%~6%之间震荡。表明该时期海洋生产整体上稳步发展，对于地区生产总值增加速度的拉动作用相对稳定。第二，广西壮族自治区海洋经济的间接贡献率最低，海洋经济发展对于地区生产总值的间接拉动作用有待提高。第三，其他三个沿海地区海洋经济的间接贡献率略高，且波动幅度大。2020年，受疫情影响，海洋经济的间接贡献率均大幅下降。其中，福建省海洋经济的间接贡献下降至-2.16%；广东省下降至-1.25%；海南省下降至-0.74%。2021年，随着疫情防控，南部海洋经济圈海洋经济的间接贡献开始大幅回升。

总体来看，南部海洋经济圈海洋经济的直接贡献率在13%~33%，间接贡献率在2%左右，且直接贡献率波动较大，间接贡献率较为稳定。如图3-1-32所示，2006—2018年，南部海洋经济圈海洋经济的直接贡献率呈波动增长态势；2020年出现大幅下跌，由于疫情对于海洋旅游业、海洋交通运输业冲击很大，使得海洋生产总值的增长对于地区生产总值增长的促进作用下降。从间接贡献率来看，南部海洋经济圈海洋经济的间接贡献呈现缓慢下降态势，这是因为海洋经济正处于转型升级攻坚期，海洋经济由高速发展向高质量发展转变，对国民经济增长速度的间接贡献有所下降。

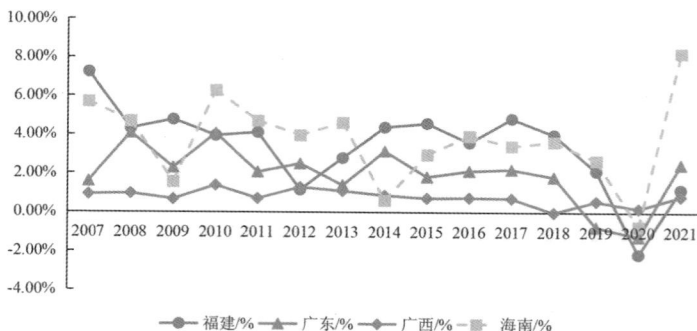

图 3-1-31　南部海洋经济圈各沿海地区海洋经济的间接贡献率

数据来源：《中国海洋统计年鉴》《中国统计年鉴》

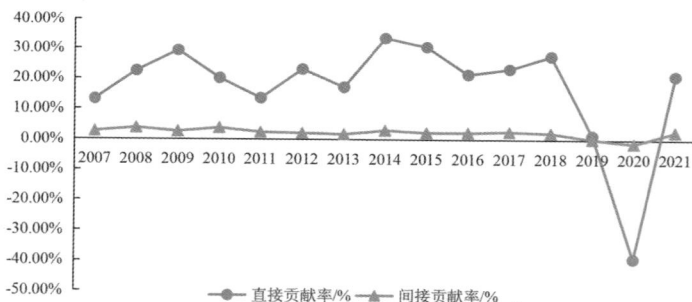

图 3-1-32　南部海洋经济圈海洋经济的直接贡献与间接贡献

数据来源：《中国海洋统计年鉴》《中国统计年鉴》

3.2　主要海洋产业的贡献分析

《中国海洋经济统计公报》显示，2021 年我国主要海洋产业增加值位居前三位的分别是海洋旅游业、海洋交通运输业、海洋渔业，分别占海洋经济生产总值增加值的 44.9%、21.9%、15.6%，总计 82.4%。因此，本书通过分析这三大主要海洋产业对国民经济增长的直接贡献率、间接贡献率，来探析主要海洋产业对国民经济发展的重要作用。主要海洋产业对国民经济的直接贡献率和间接贡献率的测算方法参照海洋经济对国民经济的直接贡献率和间接贡献率的方法，具体如下：

$$主要海洋产业的直接贡献率=\frac{主要海洋产业增量}{国内生产总值增量}\qquad 3\text{-}2\text{-}1$$

$$主要海洋产业的间接贡献率=直接贡献率×国内生产总值增速\qquad 3\text{-}2\text{-}2$$

3.2.1　海洋旅游业的贡献分析

作为主要海洋产业之一，我国海洋旅游业发展迅猛。如图 3-2-1 所示，2001 年以来，海洋旅游业规模不断扩大，其增加值快速增长，到 2019 年达到 17 995.8 亿元，2001—2021 年的平均增长速度达到 15.55%。海洋旅游业增加值占全国海洋生产总值的比重持续上升，从 2001 年 11.26% 一直上升到 2019 年最高值 20.23%。2020 年，受疫情冲击，海洋旅游业增加值大幅下滑。2021 年，随着国内疫情防控成效的稳定，加之科技创新进一步带动海洋智慧旅游升级，有效促进了国内旅游大循环，从而带动海洋旅游消费的增加。随着海洋旅游新业态发展潜力的释放，海洋旅游业有望从全面复工复业走向消费、投资的全面复苏。

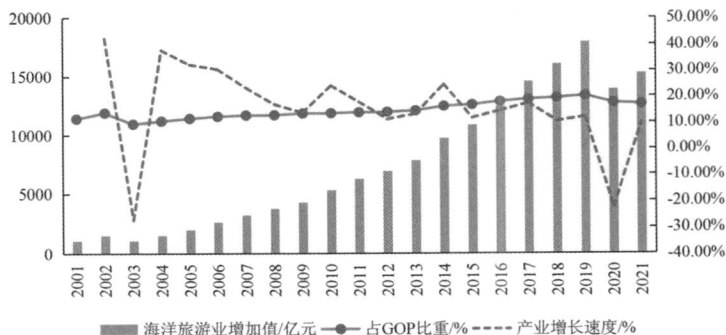

图 3-2-1　2001—2021 年海洋旅游业发展状况

数据来源：《中国海洋经济统计公报》《中国海洋统计年鉴》

（1）海洋旅游产业的直接贡献

2000 年以来，我国海洋旅游业迎来了高速发展时期，海洋旅游业增加值逐年增加，增长速度一直维持在较高水平，对我国国民经济增长的直接贡献呈上升趋势（图 3-2-2）。2003—2011 年，海洋旅游业的直接贡献率从 1.7% 逐渐下降到 1.23%。"十二五"时期、"十三五"时期，"绿水青山就是金山银山"发展理念的提出与"交通强国"发展战略的确定，促使海洋旅游业蓬勃发展，海洋旅游业增加值快速增加，对于国民经济发展的直接贡献率也从 2011 年的 1.23% 一跃上升到 2014 年的最大值 3.78%。"十三五"期间，海洋旅游业的直接贡献率维持在 2% 附近。2020 年，受疫情的影响，海洋旅游业骤然缩减

24.5%，海洋旅游业的直接贡献率出现了短期骤降至-16.57%。2021年，随着疫情常态化与经济逐步复苏，海洋旅游业开始回升，并对我国经济发展做出积极贡献。

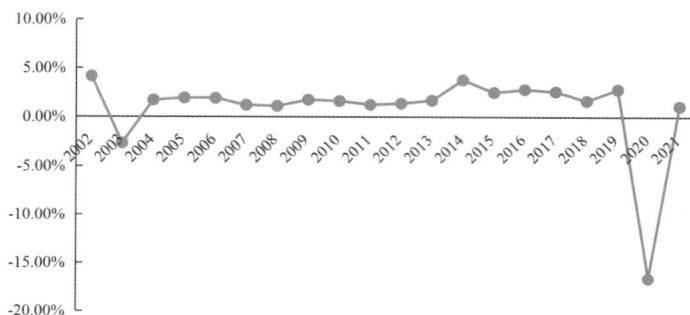

图 3-2-2　海洋旅游业的直接贡献率

数据来源：《中国海洋统计年鉴》《中国统计年鉴》

（2）海洋旅游产业的间接贡献

海洋旅游业对国民经济的间接贡献率大致处于0.1%~0.3%之间（图3-2-3），表明海洋旅游业为我国国民经济增长率贡献了约0.1%~0.3%；其趋势与直接贡献率一致，但波动幅度更大。具体表现在：2003—2006年我国海洋旅游业快速起步，对国民经济间接贡献率从-0.24%一跃增加到0.24%。2011—2019年，我国海洋旅游业对国民经济增长率的间接贡献呈波动上升趋势。在此期间，我国经济发展处于结构化转型中，"三去一降一补"政策稳步推进，海洋旅游业借力我国经济转型期得到了较高质量与较快速度的发展，对国民经济的间接贡献在波动中上升。2020年，由于疫情的冲击，海洋旅游业的间接贡献率降至-0.38%，处于历史最低点。海洋旅游业作为具有发展潜力的主要海洋产业之一，对国民经济增长具有不可小觑的作用。

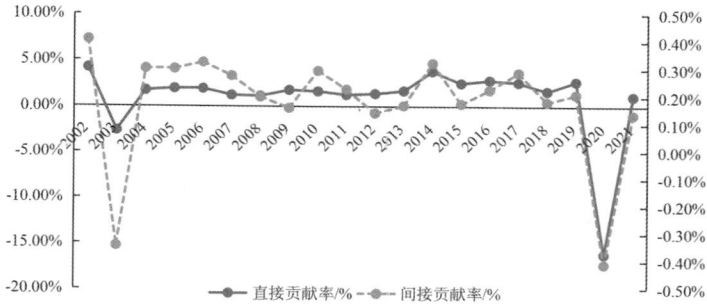

图 3-2-3　海洋旅游业的直接贡献率和间接贡献率

数据来源：《中国海洋统计年鉴》《中国统计年鉴》

3.2.2　海洋交通运输业的贡献分析

我国目前进出口货运总量的 90% 以上都是利用海上运输实现的。2001—2021 年，在"建设海洋强国"战略推动下，我国海洋交通运输业发展取得了辉煌的成绩。21 世纪以来，我国海洋交通运输业持续快速发展，其增加值不断攀升，从 2001 年的 1 316.4 亿元一直增加到 2021 年的 7 466.0 亿元，年均增长率达 9.50%（图 3-2-4）。海洋交通运输业增加值占全国海洋生产总值的比重有轻微下滑趋势。2020 年，受疫情和全球运价攀升的双重影响，海洋交通运输业未现大幅下滑；2021 年，随着全球经济复苏，航运市场繁荣，我国海洋交通运输业大幅增长，实现 7 466.0 亿增加值。随着我国对外开放进一步扩大，加之科技创新的赋能、大数据与互联网等技术与海洋交通运输业的深度耦合，海洋交通运输业绿色低碳发展、数字化智慧转型将成为趋势。

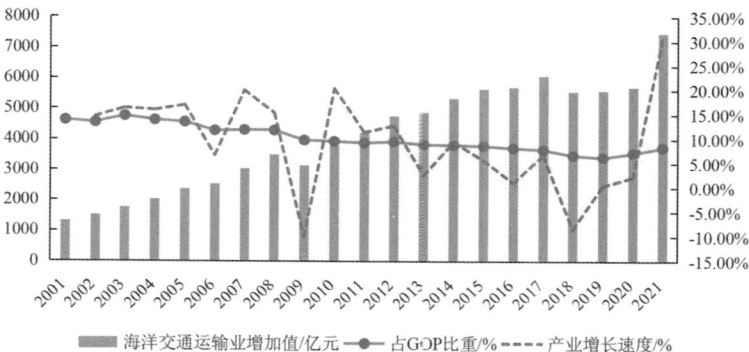

图 3-2-4　2001—2021 年海洋交通运输业发展状况

数据来源：《中国海洋经济统计公报》《中国海洋统计年鉴》

(1) 海洋交通运输业的直接贡献

2002—2021 年，我国海洋交通运输业对国民经济的直接贡献率约为 1%（图 3-2-5）。"十一五"期间，我国为缓解运输对经济增长的制约，大力发展交通运输业，港口基础设施规模明显扩大、生产能力显著增强，海洋交通运输业得到了快速发展。在这一时期，我国海洋交通运输业的直接贡献率快速上升，从 2006 年的 0.49%一跃上升到 2010 年的 1%。"十二五"时期、"十三五"时期，我国海洋交通运输业进行转型发展，伴随全球航运市场低迷，对国民经济发展的直接贡献放缓。2020 年，受疫情冲击，海洋交通运输业未能对我国经济发展带来积极贡献。2021 年，在我国有效疫情防控下，海洋交通运输业绿色转型成效显著，对我国经济发展的直接贡献作用快速恢复。

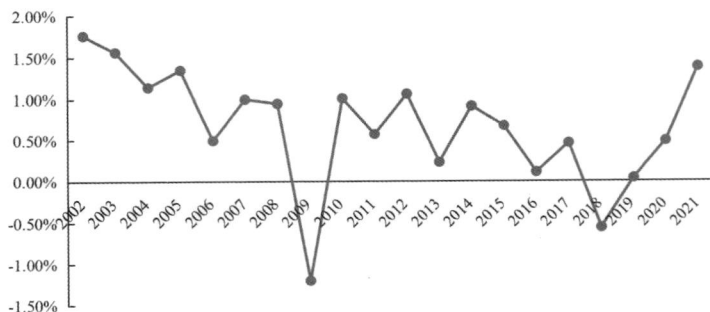

图 3-2-5　海洋交通运输业的直接贡献率

数据来源：《中国海洋统计年鉴》《中国统计年鉴》

(2) 海洋交通运输业的间接贡献

2002—2021 年，我国海洋交通运输业对经济增长率的拉动作用显著，但波动较大。如图 3-2-6 所示，2002—2007 年，我国交通基础设施日益完善推动了国民经济的快速增长，海洋交通运输业的间接贡献从 0.17%波动增加到 0.23%，海洋交通运输业对国民经济间接贡献率呈现出快速增长的趋势。2011—2019 年，受我国经济发展方式转变、产业结构转型升级、国际航运市场低沉等影响，海洋交通运输业增长速度放缓，海洋交通运输业对我国经济增长的拉动作用缓慢下降。2020 年，受疫情的冲击，海洋交通运输业的间接贡献率处于 -0.06%的历史低点。2021 年，随着全球经济复苏，我国海洋交通运输业回暖，对国民经济的间接贡献率上涨至 0.17%。

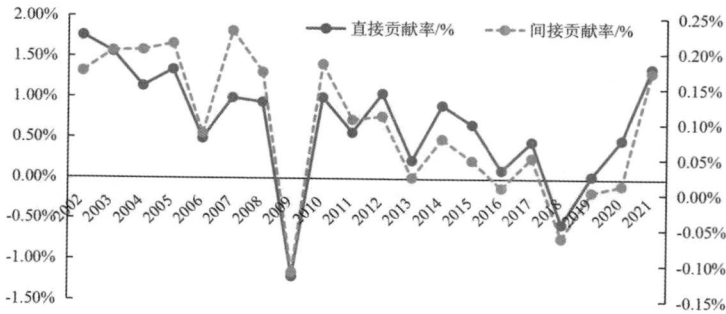

图 3-2-6　海洋交通运输业的直接贡献与间接贡献率

数据来源：《中国海洋统计年鉴》《中国统计年鉴》

3.2.3　海洋渔业的贡献分析

　　海洋渔业是典型的海洋传统产业，在我国发展历史悠久。如图 3-2-7 所示，长期以来，海洋渔业在海洋经济中的比重较为稳定，约为 6%，但有一定的下滑趋势。随着我国海洋经济结构升级，海洋渔业也逐渐向高质量发展过渡，增长速度出现较大波动。特别是 2010 年之前，我国海洋渔业增长速度变化幅度较大。进入"十二五"时期以后，由于此前过度捕捞导致海洋渔业资源受损，我国休渔政策收紧，海洋渔业增长速度逐步放缓。"十三五"时期推进海洋牧场建设，促进海洋渔业转型升级取得成效，海洋渔业增加值于 2019 年开始回升。2020 年，虽然遭受疫情冲击，海洋渔业仍然呈现回升趋势。2021 年随着疫情逐步可控、复工复产有序推进，海洋渔业快速恢复，比 2020 年增长了 12.41%。

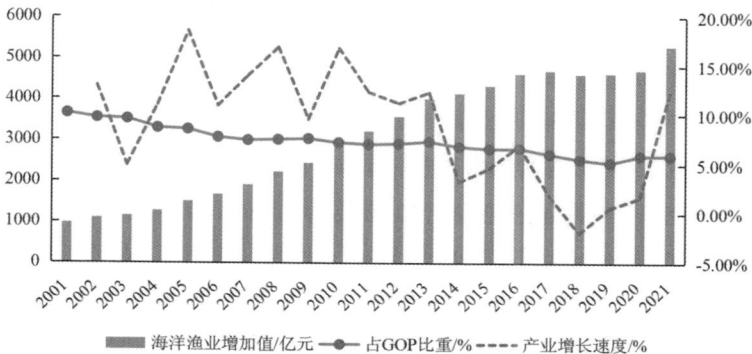

图 3-2-7　2001—2021 年海洋渔业发展状况

数据来源：《中国海洋经济统计公报》《中国海洋统计年鉴》

（1）海洋渔业的直接贡献

如图 3-2-8 所示，2001—2005 年，"十五"时期，我国海洋渔业保持较快发展，成为海洋经济的重要增长点。海洋渔业的直接贡献率快速上升，2005 达到了最大值 0.93%。"十一五"期间是全面建设现代渔业的关键时期，海洋渔业产业结构不断调整，资源养护成果显著。海洋渔业的直接贡献率由 2006 年的 0.51%提升至 2010 年的 0.65%。"十二五"期间，海洋渔业的直接贡献率约为 0.5%。党的十八大提出生态文明建设方略强调保护海洋生态资源，我国海洋资源养护意识进一步加强，海洋渔业进入可持续发展转型期，海洋渔业的直接贡献率仍然呈现出较大波动。"十三五"期间，海洋渔业进入转型升级的关键时期，海洋渔业的直接贡献率在波动中放缓。2020 年，即使受疫情影响，海洋渔业的直接贡献率仍呈上升趋势。2021 年，海洋渔业的直接贡献率快速回升。从海洋渔业的直接贡献率来看，海洋渔业对于国民经济的拉动作用呈现稳定状态；海洋渔业的智能化、可持续化及科学化发展将有助于突破现状，带动我国国民经济进一步发展。

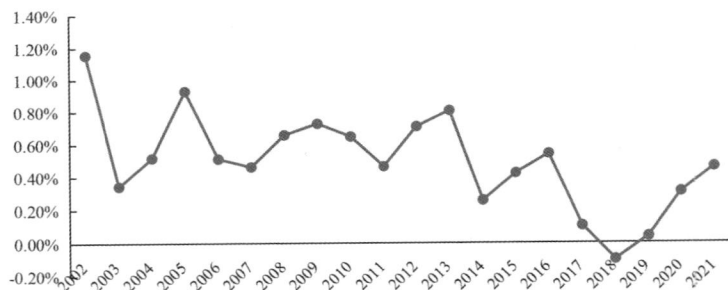

图 3-2-8　海洋渔业的直接贡献率

数据来源：《中国海洋统计年鉴》《中国统计年鉴》

（2）海洋渔业的间接贡献

海洋渔业对国民经济的间接贡献与直接贡献呈现一致趋势。如图 3-2-9 所示，海洋渔业的间接贡献大致分为三个阶段：第一阶段是"十五"期间，海洋渔业对国民经济增长的拉动作用在波动中增长；第二阶段包含"十一五"期间到"十三五"前期，海洋渔业对国民经济增长拉动作用整体呈阶梯形下降趋势；第三阶段包含"十三五"后期至今，从 2018 年至今，海洋渔业的间接贡献率开始反弹并呈现上升趋势。虽然 2020 年受到疫情影响，我国经济发展受到冲击，但海洋渔业的间接贡献率仍比 2019 年略有增加。特别是 2021 年，海洋渔业的间接贡献率与国民经济增长率呈现出显著的回升趋势，上升为 0.06%。

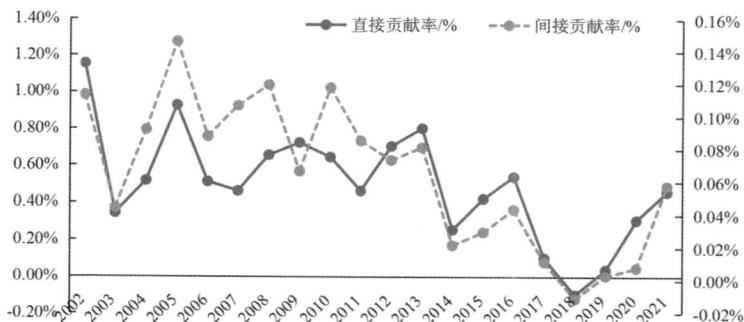

图 3-2-9　海洋渔业的直接贡献与间接贡献率

数据来源：《中国海洋统计年鉴》《中国统计年鉴》

　　综合以上分析可以发现：我国主要海洋产业规模持续稳步扩张，增长速度逐步有放缓并趋于稳定的趋势。海洋旅游业、海洋交通运输业、海洋渔业的直接贡献与间接贡献的趋势均大致一致。其中，"十二五"期间、"十三五"期间，海洋渔业和海洋交通运输业在我国"调结构、转方式"的经济政策与生态文明建设的引导下，进入转型升级巩固期，两者的直接贡献率和间接贡献率均有所下降。2019 年开始，转型升级效果显现并逐步提升。与此同时，海洋渔业与海洋交通运输业对疫情的冲击影响相对较小，表现出一定的韧性。两者的直接贡献率和间接贡献率均呈现上升趋势。相较而言，海洋旅游业对我国经济发展的贡献度相对稳定，但其受疫情影响严重，随着我国疫情防控工作取得重大成效，我国海洋旅游业开始逐步回升。

3.3　对我国经济波动的贡献分析

　　经济波动是指经济变量随着时间推移围绕着长期趋势的起伏运动。长期趋势是指随着时间的推移，经济变量表现出一种稳定增长或者稳定下降的趋势。经济波动是经济学领域的典型问题，它普遍存在于各个生产领域，是各个生产领域的经济波动的综合结果。本书主要探究海洋经济与国民经济之间的协动性，即存在同步波动特征。海洋经济与国民经济之间协动性的内在机制可以从两个方面进行分析：首先，政策因素方面。海洋经济与国民经济是在国家宏观政策引导下发展，尤其是海洋经济深受涉海类宏观政策影响，因此会导致海洋经济周期与国民经济周期存在协动性特征。例如，五年规划、海洋强国、高质量发展等战略规划都深刻影响着国民经济以及海洋经济的发展。其次，环境因素方面。海洋经济作为国民经济系统的一部分，受到经济或者社会大环境的冲击时，往往会出现同步波动的特征。例如，2003年"非典"疫情、2008年金融危机以及2020年疫情的冲击与影响。

本书围绕协动性这一经济波动特征，首先探究海洋产业与国民经济产业的关联性。采用灰色分析法对海洋经济与国民经济的产业关联性进行分析，系统考察海洋经济与国民经济变动的关联程度。其次，进行周期波动协动性分析，挖掘海洋经济对国民经济波动的贡献程度。主要采用BK (Baxter–King) 滤波、图示法、皮尔逊 (Pearson) 相关系数、斯皮尔曼 (Spearman) 相关系数以及TVP–VAR (Time Varying Parameter–Stochastic Volatility–Vector Auto Regression) 模型等方法，考察海洋经济与国民经济间紧密联系程度、波动特征以及二者之间的脉冲响应关系、方差贡献以及动态时变关系。

3.3.1 产业关联度分析

首先，本书使用灰色关联分析法研究海洋经济与国民经济周期的协动性问题。通过灰色关联分析法，量化了海洋经济对于国民经济贡献的发展变化趋势，清晰地反映了二者之间的相互影响。其次，考虑到海洋经济在不同区域存在区域化差异，本书从海洋经济圈层面细化了海洋经济与国民经济协动性的分析。

（1）灰色关联分析法

灰色关联分析法是一种通过分析灰色系统中的某一指标与系统中其他因素的关联程度，从而判断出系统中主要、次要因素的方法，实际上也是对动态过程发展趋势的量化分析。灰色关联分析法将系统因素分为两类：参考数据列和比较数据列。当比较数列接近参考数列时，则证明两者之间的关联程度较强；反之，则较弱。灰色关联分析法的具体步骤如下。

① 制定分析数据列

分析数据列制定主要包含两部分：比较数据列 $Y_j(t)$ 的制定和参考数据列 $X_i(t)$ 的制定。设矩阵 $Y_j(t) = (y_1, y_2, \cdots, y_n)$ 由 n 个比较数据序列组成，其中 t 为指标个数，则比较数据列为

$$(y_1, y_2, \cdots, y_n) = \begin{pmatrix} y_1(1) & y_2(1) & \cdots & y_n(1) \\ y_1(2) & y_2(2) & \cdots & y_n(2) \\ \cdots & \cdots & \cdots & \cdots \\ y_1(t) & y_2(t) & \cdots & y_n(t) \end{pmatrix} \qquad 3\text{-}3\text{-}1$$

设矩阵 $X_i(t)=(x_1, x_2, \cdots, x_m)$ 由 m 个参考数据序列组成，其中 t 为指标个数，则参考数据列为

$$(x_1, x_2, \cdots, x_m) = \begin{pmatrix} x_1(1) & x_2(1) & \cdots & x_m(1) \\ x_1(2) & x_2(2) & \cdots & x_m(2) \\ \cdots & \cdots & \cdots & \cdots \\ x_1(t) & x_2(t) & \cdots & x_m(t) \end{pmatrix} \qquad 3\text{-}3\text{-}2$$

② 对数据进行无量纲化处理

数据无量纲化处理即为数据的规范化处理，目的是消除因量纲数据存在而产生误差和不具有可比性的情况。因此在数据分析之前首先要进行无量纲化的处理。常用的处理方式包括三种，见表 3-3-1。本书采取"极值化"处理方法进行数据无量纲化处理，得到处理后的数据列记为 $Y_j'(t)$。同理，可得数据列 $X_i'(t)$。

表 3-3-1　数据无量纲化处理方法

方法	公式	说明
"中心化"处理	$y_j'(t) = \dfrac{y_j(t) - \bar{y}(t)}{s(t)}$	$\bar{y}(t), s(t)$ 分别为第 t 项指标的均值和方差
"极值化"处理	$y_j'(t) = \dfrac{y_j(t) - \min(t)}{\max(t) - \min(t)}$	$\max(t), \min(t)$ 分别为第 t 项指标的最大值和最小值
"均值化"处理	$y_j'(t) = \dfrac{y_j(t)}{\bar{y}(t)}$	$\bar{y}(t)$ 为第 t 项指标的均值

③ 计算参考数据列与比较数据列的绝对差值

计算 $|X_i'(t) - Y_j'(t)|$ 的值，并由此确定 $\min\limits_{i} \min\limits_{j} |X_i'(t) - Y_j'(t)|$ 与 $\max\limits_{i} \max\limits_{j}$ $|X_i'(t) - Y_j'(t)|$ 的值。

④ 计算灰色关联系数

$$\varepsilon_{ij}(t) = \frac{\min\limits_{i} \min\limits_{j} |X_i'(t) - Y_j'(t)| + \rho \max\limits_{i} \max\limits_{j} |X_i'(t) - Y_j'(t)|}{|X_i'(t) - Y_j'(t)| + \rho \max\limits_{i} \max\limits_{j} |X_i'(t) - Y_j'(t)|} \qquad 3\text{-}3\text{-}3$$

式中，$\varepsilon_{ij}(t)$ 表示第 t 年 Y_j 与 X_i 的灰色关联系数，代表第 t 年 Y_j 对 X_i 的关联程度，系数越大表示关联程度越高。ρ 为分辨系数，通常满足 $\rho \leqslant 0.5$，这里取 $\rho=0.5$。

⑤ 计算关联度

$$\gamma_{ij}(t) = \frac{1}{t} \sum_{t=1}^{t} \varepsilon_{ij}(t) \qquad 3\text{-}3\text{-}4$$

根据关联度 γ_{ij} 的大小来判断参考数据列与比较数据列之间的关联程度大

小。γ_{ij} 数值越大，则证明二者之间的关联程度越大；反之，则越小。在现有参考文献的基础上，对关联程度进行分类，结果如表 3-3-2 所示。

表 3-3-2　关联程度分类

取值范围	关联程度
$0<\gamma_{ij}\leq0.35$	较低关联
$0.35<\gamma_{ij}\leq0.65$	中度关联
$0.65<\gamma_{ij}\leq0.85$	较高关联
$0.85<\gamma_{ij}\leq1$	高度关联

（2）海洋经济与国民经济产业关联度分析

产业关联主要是研究经济部门的投入与产出之间的关系。在国民经济各部门生产过程中，部门之间会通过生产要素投入和生产产品产生相互依存或相互制约的关系被称为产业关联。这种关联效应不仅带动了国民经济的发展，还可以作为工具分析国民经济的产业发展，该分析法被称为产业关联分析法。海洋经济是国民经济的重要组成部分，随着海洋经济的不断快速增长，已成为国民经济增长的"助推器"，二者之间的产业关系密不可分。

根据 1.1.1 节海洋经济的狭义定义，海洋经济活动主要是海洋产业活动的体现。本书采用海洋生产总值作为海洋产业活动的测度变量。同理，采用国内生产总值作为国民经济产业活动的测度变量，数据来源于《中国海洋统计年鉴》《中国统计年鉴》。如图 3-3-1 所示，我国海洋经济与国民经济产业关联程度在不同年份的变动幅度较大，但大部分年份中关联度大于 0.65，处于较高关联状态，说明我国海洋产业对于国民经济发展的贡献程度较高。

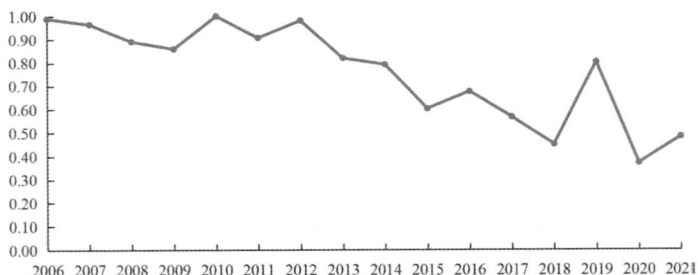

图 3-3-1　海洋经济与国民经济产业关联度

数据来源：《中国海洋统计年鉴》《中国统计年鉴》

在"十二五"期间，海洋经济与国民经济产业关联程度呈下降的趋势。主要原因是《全国海洋经济发展"十二五"规划》指出要改变海洋经济发展方式，推进优势产业集群化发展，加快海洋新兴产业建设，促进海洋产业与海洋生态文明建设协调发展。因此，在"十二五"期间海洋产业发展速度呈现轻微的下降，海洋经济与国民经济的产业关联度也呈现轻微的下降趋势。2018年，受到国际航运市场需求减弱的影响，海洋船舶工业面临着较为严峻的形势。同时，海洋工程建筑业也受到经济周期的影响，下行压力较大。海洋产业对于国民经济的贡献程度下滑。

《2019年中国海洋经济统计公报》显示，2019年的海洋油气增储上产态势良好，扭转了海洋原油生产自2016年增速为负的情况，首次出现正增长，较好地促进了海洋油气业的发展。与此同时，农业农村部公布的《国家级海洋牧场示范区建设规划（2017—2025)》也制定了一系列促进海洋渔业现代化发展的重要举措。因此，在2019年海洋产业对于国民经济的贡献程度出现了较大跃升。2020—2021年，疫情给全球经济发展带来了压力，海洋产业发展也同样受到了较大冲击。因此，海洋经济与国民经济产业关联度出现了断崖式下跌，海洋产业对于国民经济发展的贡献减弱。

（3）海洋经济圈的产业关联度分析

考虑到不同区域的发展方向和特征，本书从三大海洋经济圈的角度对海洋经济与国民经济的产业关联性进行深入分析。如图3-3-2所示，三大海洋经济圈的海洋经济与国民经济的产业关联度测算结果如下。

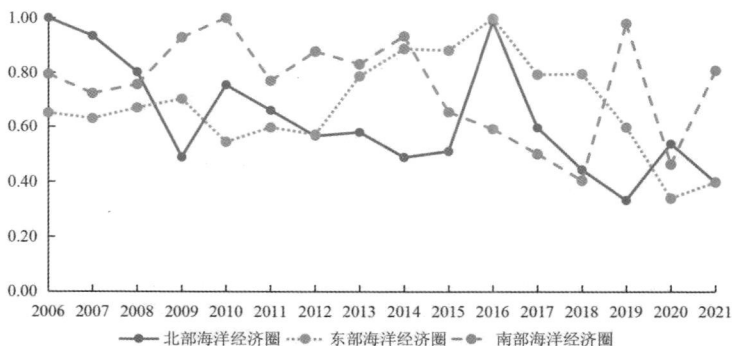

图 3-3-2　三大海洋经济圈的产业关联度

数据来源：《中国海洋经济统计公报》《中国海洋统计年鉴》

　　南部海洋经济圈是我国对外开放的重要区域，同时也是具有全球影响力的制造业基地以及现代服务业基地，是我国维护海洋权益的重要基地。依托于其突出的战略地位，发展成为与东盟等国家合作的前沿阵地。南部经济圈海洋经济与国民经济产业关联度的波动程度较大。2010 年，海洋经济与国民经济的产业关联度出现了一个较高的峰值。主要原因是在《全国海洋经济发展规划纲要》的引领下，广东省于 2007 年印发《海洋经济发展"十一五"规划》，大力发展海洋经济，南部海洋经济圈的海洋产业在"十一五"期间得到快速发展。2014—2018 年，由于国家陆续出台了《全国海洋经济发展"十二五"规划》以及《全国海洋经济发展"十三五"规划》，对于海洋经济发展方式以及海洋产业结构升级转型提出要求，南部海洋经济圈依靠海洋资源优势的发展模式受到了影响。因此，南部海洋经济圈的海洋经济与国民经济的产业关联度呈缓慢下降趋势。然而，2019 年南部海洋经济圈的海洋经济与国民经济的产业关联度实现较高的跃升。主要原因在于广东省海洋经济发展连续 25 年位居全国第一，且在 2019 年广东省海洋灾害的损失低于往年的平均损失；其二，广西壮族自治区出台了全国首个发展向海经济政策文件，福建省出台的《2019 年福建海洋强省重大项目建设实施方案》，保障了一大批重大项目用海需求，极大地促进了南部海洋经济圈的海洋产业发展。

　　东部海洋经济圈拥有完善的航运体系，海洋经济的外向型程度高，是与亚太地区交流合作的国际门户，也是我国参与经济全球化的重要区域。东部海洋经济圈的海洋产业对于国民经济的贡献持续上升，两者产业关联度在 2012—2016 年稳步上升，并于 2016 年达到峰值。主要原因是"十二五"规划提出要充分利用"两个市场""两种资源"的要求，坚持实施"走出去"战略，进一步扩大经贸合作，加快提升海洋经济的对外开放水平。2016 年，东部海洋经济圈对外开放程度进一步扩大，亚太直达海底光缆等多个项目逐步落实，推动海洋产业快速发展，带动国民经济增长。

　　北部海洋经济圈拥有雄厚的海洋经济发展基础且海洋科教优势突出，不仅是我国具有全球影响力的制造业和服务业基地，同时也是全国的科技创新和技术研发基地。北部海洋经济圈的海洋产业对国民经济的贡献程度同样是在 2016 年达到峰值。主要原因为"十二五"规划提出了完善科技创新体系，改革和创新海洋管理体制，增强海洋经济发展的内生动力和竞争能力等要求，极大地促进了北部海洋经济圈海洋科创能力的提升。与此同时，北部海洋经济圈在海洋经济转型过程中取得重大成就，使得北部海洋经济圈的海洋产业贡献呈现缓慢上升，并在 2016 年达到顶峰。

（4）海洋经济圈内各沿海地区的产业关联度分析

考虑到不同沿海地区的海洋经济基础与发展方向不同，海洋产业对于国民经济的贡献不同，海洋经济与国民经济的产业关联度也将有所不同。本书从沿海地区的角度，对各沿海地区海洋经济与国民经济的产业关联度进行了测算，结果如图 3-3-3、图 3-3-4、图 3-3-5 所示。

北部海洋经济圈中，天津市海洋经济与国民经济的产业关联度较为平稳，但在 2015 年后就呈现了断崖式下降趋势。2015 年天津市修正了《天津市海洋保护环境条例》，提出要实现海洋经济的可持续发展要求，使 2016 年天津市海洋产业发展速度放缓。山东省海洋经济与国民经济的产业关联度一直处于较高水平。2018 年，海洋经济与国民经济的产业关联度出现断崖式下降，尔后在 2019 年又出现较大的跃升，其主要原因与前文所提到山东省积极出台海洋产业升级转型以及海洋经济发展方式转换的相关政策有关。河北省海洋经济与国民经济的产业关联度在 2014 年达到顶峰。2018 年河北省出台了《关于大力推进沿海经济带高质量发展的意见》，要求加快发展特色海洋经济，努力打造河北沿海经济新的增长极，2017—2018 年河北省海洋产业对国民经济贡献又出现了一个新的高点。辽宁省海洋经济与国民经济的产业关联度一直处于大波动状态。2014 年、2019 年两次出现了海洋产业对国民经济贡献的极高点。"十二五"时期、"十三五"时期辽宁省秉持创新发展理念发展海洋经济，在期末实现了海洋经济与国民经济的产业关联快速提升。

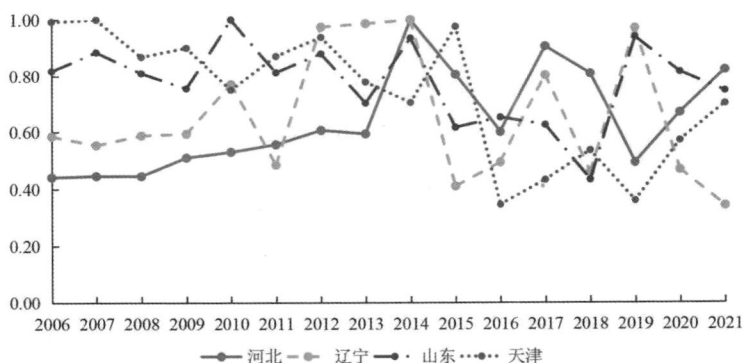

图 3-3-3　北部海洋经济圈各沿海地区的产业关联度

数据来源：《中国海洋经济统计公报》《中国海洋统计年鉴》

　　东部海洋经济圈中，浙江省海岸线长度在全国位居第一，同时拥有中国"四大渔场"之一的舟山渔场。2014 年，浙江省海洋经济与国民经济的产业关联度达到最大值。得益于 2013 年浙江省《浙江海洋经济发展"822"行动计划(2013—2017)》的出台，海洋经济发展示范区建设步伐加快，提高了浙江海洋经济发展的水平，海洋产业对其国民经济的贡献显著提升。江苏省地理位置优势独特，拥有丰富的海洋资源，具有巨大的海洋经济发展潜力。2017 年，江苏省海洋经济与国民经济的产业关联度达到最大值。江苏省于 2014 年获批国家海洋经济创新发展区域示范试点省份，提出三年基本形成"现代海洋产业体系"，推动一批全国领先的产业集群集聚区建设。上海市海洋经济与国民经济的产业关联度在"十二五"期间波动呈稳定状态，在"十一五"时期的 2009 年、"十三五"时期的 2018 年出现了极大值。上海市海洋产业具有规模效应突出、科研基础雄厚等优势。此外，上海市在海洋对外开放度、海洋文化吸引力方面也具有较大的优势。在应对全球性外部环境变化以及国家发展战略调整时，上海市海洋产业表现出良好的韧性。

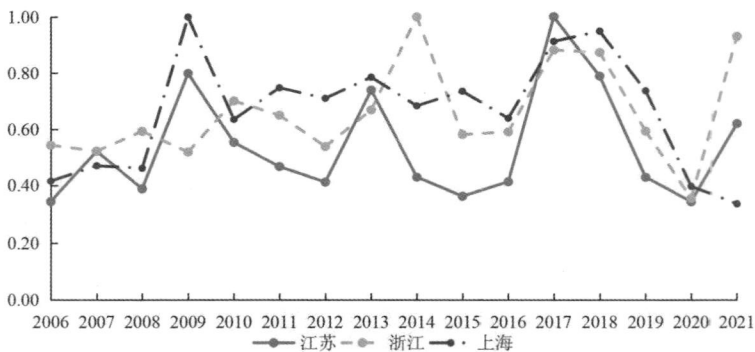

图 3-3-4　东部海洋经济圈各沿海地区的产业关联度

数据来源：《中国海洋经济统计公报》《中国海洋统计年鉴》

　　南部海洋经济圈中，广东省海洋经济与国民经济的产业关联度在"十二五"时期、"十三五"时期呈现整体下降趋势。广东省是我国最早改革开放的省份，有国家较好的政策支持，已形成汽车、石油化工、电子、金融、交通运输等 10 个千亿级产业集群。"十四五"时期将打造万亿级产业群建设。广西壮族自治区和海南省的海洋经济与国民经济产业关联度波动较大，在"十二五"期间有一个较强的跃升，主要原因是其海洋经济发展基础相对薄弱，"海洋强国"战略的提出以及《全国海洋经济发展"十二五"规划》的实施对其海洋经济提振作用显著，海洋产业对国民经济发展的贡献提升。福建省与海南省在 2016 年后海洋产业的贡献呈现较大程度的下降，主要原因是"十三五"是海洋产业结构深度调整期，加速了福建省与海南省传统海洋产业升级步伐，加大在海洋新兴产业领域投入。

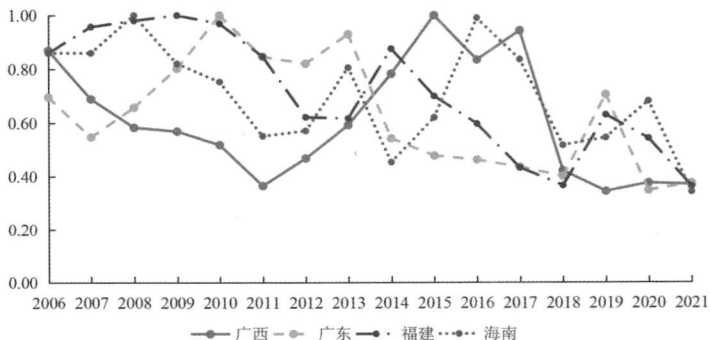

图 3-3-5 南部海洋经济圈各沿海地区的产业关联度

数据来源：《中国海洋经济统计公报》《中国海洋统计年鉴》

3.3.2 周期波动协动性分析

本书通过分析海洋经济与国民经济周期波动的协动性，挖掘海洋经济对国民经济波动的贡献程度。第一，建立 BK 滤波模型，将国民经济序列和海洋经济序列分解为时间趋势成分和周期性波动成分。而后对海洋经济和国民经济周期性波动序列进行平稳性检验和协整检验。第二，运用格兰杰因果检验分析海洋经济与国民经济波动的因果关系。第三，建立 TVP-VAR 模型，对模型的统计特性进行检验；进而运用脉冲响应函数分析海洋经济与国民经济随机扰动对系统的动态冲击。第四，用方差分解法分析结构冲击对内生变量变化的贡献度。

（1）周期波动协动性分析方法

第一，BK 滤波方法。

BK 滤波是 Baxter 和 King（1999）提出，并得到广泛的实践应用。BK 滤波方法是一个对称的固定加权移动平均过程，目标满足以下六个条件：①提取出特定频率的周期成分，且其性质不受影响；②理想滤波不会引起相位漂移；③理想滤波的最佳近似；④提取出的周期成分是一个平稳的时间序列；⑤提取出的周期成分与样本期的长度无关，即系数不依赖样本点；⑥方法具有可操作性。

BK 滤波的方程形式如下式：

$$y^*_t = a(L)y_t = \sum_{k=-K}^{K} a_k L^k \qquad 3\text{-}3\text{-}5$$

式中，y^*_t 是滤波后的经济发展数据，y_t 是原始经济发展数据，L 是滞后算子，即 $a(L) = \sum_{k=-K}^{K} a_k L^k$，$L^k y_t = y_{t-k}$。为了保证滤波之后的数据 y^*_t 是平稳的，令 $a(1) = \sum_{k=-K}^{K} a_k = 0$。此外，为了不引起相位漂移，要求滤子是对称滤子，即 $a_k = a_{-k}$。

Baxter 和 King 利用低通滤波设计出 BK 滤波。设 $\beta(\omega)$ 是理想带通滤波的频率反应函数，则有

$$\beta(\omega) = \begin{cases} 1, & \omega \in (-\omega^*, \omega^*) \\ 0, & \text{其他} \end{cases} \qquad 3\text{-}3\text{-}6$$

设 $b(L) = \sum_{h=-\infty}^{\infty} b_h L^h$ 为该理想的时域表达式，则可以由频率反应函数及傅里叶变换得到权重 b_h，即

$$b_h = \frac{1}{2\pi} \int_{-\pi}^{\pi} \beta(\omega) e^{i\omega h} d\omega \qquad 3\text{-}3\text{-}7$$

计算可得 $b_0 = \dfrac{\omega^*}{\pi}$，当 $h = 1, 2, \cdots$ 时，$b_h = \dfrac{\sin(h\omega)}{h\pi}$，因为上述理想滤波是在无穷样本下进行的，但是实际应用中是用有限样本进行近似的。根据近似原则，将近似滤波和理想滤波的频率反应函数尽可能接近，可得

$$\min \frac{1}{2\pi} \int_{-\pi}^{\pi} |\beta(\omega) - a_k(\omega)|^2 d\omega \qquad 3\text{-}3\text{-}8$$

式中，$a_k(\omega)$ 是截断为 K 的近似低通滤波的频率反应函数，该滤波的时域表达式为 $a(L) = \sum_{h=-K}^{K} a_h L^h$。当 $h = 0, 1, \cdots, K$ 时，$a_h = b_h$；当 $h \geqslant K+1$ 时，$a_h = 0$。在截断点为 K 的条件下，只能利用有限项移动平均过程来近似达到理想滤波效果时的无限阶项。决定理想滤波近似优劣的根本因素是截断点 K 的选择。如果 K 取值过小，将会产生谱泄漏和摆动现象，随着 K 的增加，这些现象明显改善，但是不能取值过大，否则两端会缺失过多数据。

根据低通滤波的原理，类似地得到高通滤滤和带通滤波。当 $h = 0$ 时，理想高通滤波的权重是 $1 - b_0$。同样，如果带通滤波通过的成分是在 ω^* 和 $\bar{\omega}$ 之间，则其权重是相应的两个低通滤波的权重之差。

HP（Hodrick–Prescott）滤波只是将时间序列分成了高频的不规则成分和低频的长期趋势成分两个部分，会遗漏高频的不规则扰动成分。相较而言，BK 滤

波是带通滤波，它将时间序列分为了高频的不规则成分、低频的长期趋势成分和中间频率的周期成分三个部分，在季度、月度等高频序列中具有明显优势。

第二，单位根检验法。

单位根检验（Unit Root Test）是指检验时间序列中是否存在单位根，若存在单位根就是非平稳时间序列，会使回归分析中存在"伪回归"问题。单位根检验的方法有很多种，包括 ADF（Augmented Dickey–Fuller）检验、PP（Phillips Perron）检验等。

对于时间序列 y_t 可用如下自回归模型检验单位根，即

$$y_t = \beta y_{t-1} + \mu_t \qquad\qquad 3\text{-}3\text{-}9$$

零假设和备择假设分别为

$$H_0 : \beta = 1$$
$$H_1 : \beta < 1$$

在零假设成立的条件下，用 DF（Degree of Freedom）统计量进行单位根检验。

$$\mathrm{DF} = \frac{\hat{\beta} - 1}{s(\hat{\beta})} = \frac{\hat{\beta} - 1}{\dfrac{s_{(\mu)}}{\sqrt{\displaystyle\sum_{t=2}^{T} y_{t-1}^2}}} \qquad\qquad 3\text{-}3\text{-}10$$

式中，$s_{(\mu)} = \sqrt{\dfrac{1}{T-1} \displaystyle\sum_{t=2}^{T} \hat{\mu}_t^2}$

通过查临界值表，若用样本计算的 DF>临界值，则接受 H_0，y_t 非平稳；DF<临界值，则拒绝 H_0，y_t 平稳。

当时间序列为 AR（p）形式，或者由以上形式检验得到的残差序列存在自相关时，应采用如下形式检验单位根。

$$\Delta y_t = \hat{\rho} y_{t-1} + \sum_{i=1}^{k} \hat{\gamma}_t \Delta y_{t-i} + \hat{v}_t \qquad\qquad 3\text{-}3\text{-}11$$

因上式中含有 Δy_t 滞后项，所以对 $\rho=0$（y_t 非平稳）的检验称为 ADF 检验。

第三，TVP–VAR 模型。

1980 年，Sims 提出了向量自回归（Vector Auto Regression，VAR）模型。VAR 模型以多方程联立的形式来表达复杂经济关系，该模型可以弥补传统计量模型难以描述各个变量之间动态关系的缺陷，并可以进行预测和分析。VAR 模型的基本结构定义如下：

$$y_t=\varphi_1 y_{t-1}+\cdots+\varphi_p y_{t-p}+Hx_t+\varepsilon_t, t=1, 2, \cdots, T \qquad 3\text{-}3\text{-}12$$

$$\begin{pmatrix} y_t \\ y_{2t} \\ \vdots \\ y_{kt} \end{pmatrix}=\varphi_1 \begin{pmatrix} y_{1t-1} \\ y_{2t-1} \\ \vdots \\ y_{kt-1} \end{pmatrix}+\cdots+\varphi_2 \begin{pmatrix} y_{1t-p} \\ y_{2t-p} \\ \vdots \\ y_{kt-p} \end{pmatrix}+H \begin{pmatrix} x_{1t} \\ x_{2t} \\ \vdots \\ x_{kt} \end{pmatrix}+\begin{pmatrix} \varepsilon_{1t} \\ \varepsilon_{2t} \\ \vdots \\ \varepsilon_{kt} \end{pmatrix} \qquad 3\text{-}3\text{-}13$$

式 3-3-13 是方程式 3-3-12 的具体展开式。式中 x_t 是外生变量的列向量，是被解释变量的当前值，是一个 k 维的内生变量列向量，T 是样本个数，p 是滞后阶数，ε_t 是 k 维的随机扰动项列向量。

由于 VAR 模型在实证分析中获得了较大成功，该模型得到学者的广泛运用。但是该模型也存在一些不足，比如 VAR 模型并不严格遵循经济理论，也就是说该模型没有对变量施加结构性约束，当经济系统发生大的结构性变化时，VAR 作为常参数模型并不稳定，而且也没有考虑各个变量之间的同期相关性。另外，VAR 模型能够处理的经济变量个数有限，一般仅在三个、四个经济变量之间，难以全面反映经济体的真实情况。

2005 年，Primiceri 推导出了时变参数向量自回归（TVP-VAR）模型，这个模型从新的视角拓展了 VAR 模型。在现实世界中，经济数据往往会受到随机波动和漂移系数的冲击，因此使用具有时变系数但具有恒定波动性的模型，会忽视扰动项中存在的变化问题，导致估计出的系数存在着偏误。随后，在 2011 年 Nakajima 在实证研究中运用了该模型，证明了 TVP-VAR 模型的优越性。TVP-VAR 模型因没有同方差的假定，且时变参数假定了随机波动率，使得不同时代背景下各经济变量之间存在的相互作用关系和特征能够更好地被阐述。

TVP-VAR 模型假定系数矩阵与协方差矩阵都具有时变特征，因此可以清晰刻画出变量之间的非线性特征，因冲击强弱造成的改变与因传导渠道发生的改变都可以得到相应解释。因此，本书采用 TVP-VAR 模型检验国民经济周期与海洋经济周期之间的动态时变关系。参考 Nakajima 等（2011）对向量自回归函数的推导与拓展，构建如下 TVP-VAR 模型的基本公式：

$$y_t=X_t\beta_t+A_t^{-1} \sum\nolimits_t \varepsilon_t, t=s+1, \cdots, n, \varepsilon_t\sim N(0, I_k) \qquad 3\text{-}3\text{-}14$$

式中，y_t 是 $k\times1$ 维可观测向量，$X_t=I_k \otimes (y'_{t-1}, \cdots, y'_{t-s})$，$\beta_t$ 为 $k^2s\times1$ 维时变系数向量。参照 Nakajima 等的处理方法，假定 A_t 为下三角矩阵，该假设为 VAR 系统的递归识别提供保障，同时减少了待估参数的个数。A_t 与 $\sum_t$ 分别为 $k\times k$ 维的下三角矩阵与对角矩阵。

$$A_t = \begin{bmatrix} 1 & 0 & \cdots & 0 \\ a_{21,t} & 1 & & \vdots \\ \vdots & & \ddots & 0 \\ a_{k1,t} & \cdots & a_{k(k-1),t} & 1 \end{bmatrix}$$ 　　3-3-15

$$\sum\nolimits_t = \begin{bmatrix} \sigma_{1,t} & 0 & \cdots & 0 \\ 0 & \sigma_{2,t} & & \vdots \\ \vdots & & \ddots & 0 \\ 0 & \cdots & 0 & \sigma_{k,t} \end{bmatrix}$$ 　　3-3-16

式中，系数向量 β_t、矩阵 A_t 和协方差矩阵都具有时变特征，即时变矩阵 A_t 意味着第 i 行变量带来的冲击对第 j 列变量的影响是随着时间的变化而变化的。

TVP-VAR 模型使用马尔科夫链蒙特卡洛模拟（Markov Chain Monte Carlo）进行参数估计，该方法简称 MCMC。将马尔科夫过程引入蒙特卡洛模拟当中，实现了抽样分布随模拟进行而改变的动态模拟，该方法具有如下优越性：①该参数估计方法对先验概率进行了优化选取，从而有效避免了由于偏差而造成的峰值不良影响。②估计中的数据是具有唯一性的，推导公式中的待估参数与似然函数的契合可通过不特定的概率分布实现。③该估计方法有效降低了参数估计过程中存在的困难度，其估计结果中包含了高维参数空间和非参数性质的相关模型。

第四，脉冲响应与方差分解。

脉冲响应函数被广泛应用于探究不同经济变量之间存在的作用关系。例如，当系统内某一内生变量的扰动随机项出现随机冲击时，对其他变量产生影响以及这种影响在未来所产生的变化。这种影响一般是收敛的，即随着时间的拉长，影响会逐渐消失。方差分解是通过分析每一个结构冲击对内生变量变化（通常用方差来度量）的贡献度，进一步评价不同结构冲击的重要性。因此，方差分解能给出对 VAR 模型中的变量产生影响的每个随机扰动的相对重要性信息。将传统的向量自回归模型改写为带滞后算子的形式：

$$(I_n - B_1 L - B_2 L^2 - \cdots - B_k L^k)y_t = c + u_t$$ 　　3-3-17

　　或 $$\varphi(L)y_t = c + u_t$$ 　　3-3-18

式中，$\varphi(L)$ 为滞后算子。如果行列式 det $[\varphi(L)]$ 的根都在单位圆外，则式 3-3-18 满足稳定性条件，可以改写成一个无穷阶的向量移动平均（VMA（∞））形式：

$$y_t = a + u_t + A_1 u_{t-1} + A_2 u_{t-2} + \cdots + A_k u_{t-k} + \cdots = a + \varphi(L)u_t$$ 　　3-3-19

可得 $\varphi(L)=\varphi(L)^{-1}$，即 $(I_n-B_1L-B_2L^2-\cdots-B_kL^k)(I_n+A_1L+A_2L^2+\cdots)=I_n$。假设 $I_n+K_1L+K_2L^2+\cdots=I_n$，其中 $K_1=K_2=\cdots=0$，对于一般的 L^s 有

$$A_1=B_1$$

$$A_2=B_1A_1+B_2$$

$$\cdots\cdots$$ 3-3-20

$$A_s=B_1A_{s-1}+B_2A_{s-2}+\cdots+B_kA_{s-k},s=1,2,\cdots$$

且 $A_0=I_n$，当 $s<0$ 时，$A_s=0$。在 $A_s=B_1A_{s-1}+B_2A_{s-2}+\cdots+B_kA_{s-k},s=1,2,\cdots$ 中，A_s 的第 i 行、第 j 列元素 $\dfrac{\partial y_{i,t+s}}{\partial u_{j,t}}$ 作为 s 的函数，它的含义为在其他变量和误差项都不变的条件下，$y_{i,t+s}$ 对 $y_{i,t}$ 在 t 时刻的一个结构性冲击的反应，也就是脉冲响应函数。本书采用 TVP-VAR 模型，需要重新定义时变脉冲响应函数。

将式 3-3-20 改写为式 3-3-21 和式 3-3-22，即

$$A_s=B_1A_{s-1}+B_2A_{s-2}+\cdots+B_kA_{s-k},s=1,2,\cdots \qquad 3\text{-}3\text{-}21$$

$$A_{s,t+s}=B_1A_{s-1,t+s-1}+B_{2,t+s-1}A_{s-2,t+s-2}+\cdots+B_{s,t+1},s\leqslant k \qquad 3\text{-}3\text{-}22$$

此时，要得到 y_j 在 t 时刻的一个结构性的冲击在 $t+s$ 时刻对 y_j 的影响时，使用传统 VAR 模型不再合适，因此本书采用改写后的式 3-3-22 中 $A_{s,t+s}$ 的第 i 行、第 j 列元素来表示时变脉冲响应函数。

（2）海洋经济与国民经济的时间趋势成分和周期性成分估计

本书选取 2006—2021 年主要海洋产业增加值数据和国内生产总值数据，利用 BK 滤波模型进行估计。如图 3-3-6 所示，实线为国民经济时间序列，短虚线为估计得到的时间趋势成分，长虚线为滤波后得到的周期性成分（对应右侧坐标轴）。

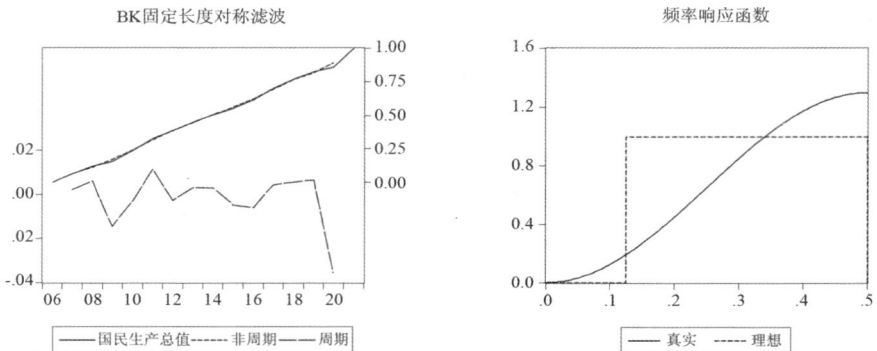

图 3-3-6　国民经济的 BK 滤波模型估计结果

数据来源：《中国海洋统计年鉴》《中国统计年鉴》

如图 3-3-7 所示，我国海洋经济的 BK 滤波模型估计结果如下。其中，实线为海洋经济时间序列，短虚线为估计得到的时间趋势成分，长虚线为滤波后得到的周期性成分（对应右侧坐标轴）。

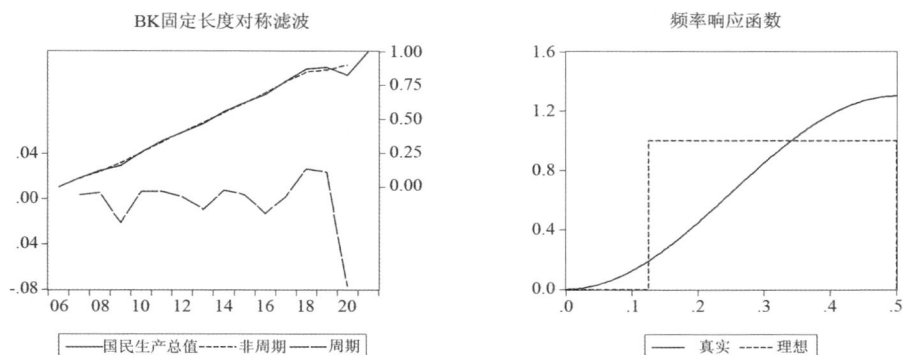

图 3-3-7　海洋经济的 BK 滤波模型估计结果

数据来源：《中国海洋统计年鉴》《中国统计年鉴》

2006—2021 年，利用 BK 滤波模型对我国海洋经济与国民经济分别进行时间趋势成分和周期性成分估计。研究结果表明：在时间趋势成分中，2006—2021 年期间我国国民经济和海洋经济均呈现上升趋势；在周期性成分中，除去2012—2013 年，在其余年份国民经济和海洋经济的周期性变动趋于一致。这表明海洋经济和国民经济总体的协动性较强，有共同的时间趋势和变化。

（3）海洋经济与国民经济的周期性成分检验

首先，使用 ADF 对 BK 滤波法去趋势后的海洋经济和国民经济的周期性成分进行单位根检验。单位根检验结果如表 3-3-3 所示。

表 3-3-3　序列单位根检验结果

ADF 检验		去趋势后的国民经济周期序列		去趋势后的海洋经济周期序列	
		t 统计量	p 值	t 统计量	p 值
		−3.28	0.04	−4.61	0.01
检验临界值	1%显著性水平	−4.12		−4.20	
	5%显著性水平	−3.14		−3.18	
	10%显著性水平	−2.71		−2.73	

由表 3-3-3 可见，在 5% 的显著性水平下，国民经济周期序列拒绝了存在单位根的假设。在 1% 的显著性水平下，海洋经济周期序列也拒绝了存在单位

根的假设，说明国民经济周期序列和海洋经济周期序列都为平稳序列。

　　基于此，对国民经济周期序列和海洋经济周期序列进行协整检验。检验结果如表 3-3-4 所示，t 统计量在 5% 的显著性水平下显著，说明通过了协整性检验，国民经济周期与海洋经济周期两个变量之间具有长期的稳定关系。

表 3-3-4　协整检验结果

协整检验		t 统计量	p 值
		−4.32	0.04
检验临界值	1%显著性水平	−4.06	
	5%显著性水平	−3.12	
	10%显著性水平	−2.70	

　　构建包含国民经济周期和海洋经济周期在内的两变量 VAR 模型，依据 SC、AIC 等准则，确定无约束 VAR 模型的滞后阶数应为 2。从表 3-3-5 中可以看出，不能够拒绝国民经济周期不是海洋经济周期的格兰杰原因的原假设，即国民经济周期不是海洋经济周期的格兰杰原因；相反地，在 5% 的显著性水平下，可以拒绝海洋经济周期不是国民经济周期的格兰杰原因的原假设，即海洋经济周期是国民经济周期的格兰杰原因。

表 3-3-5　格兰杰检验结果

原假设	滞后阶数	$Chi\text{-}sq$	p 值
国民经济周期不是海洋经济周期的格兰杰原因	2	0.845 018	0.655 4
海洋经济周期不是国民经济周期的格兰杰原因	2	6.064 194	0.048 2

　　(4) 海洋经济与国民经济周期的动态时变关系

　　建立 TVP-VAR 模型考察海洋经济周期与国民经济周期之间的动态时变关系。图 3-3-8 给出了 TVP-VAR 模型的样本自相关、路径与后验分布图。其中，自相关系数呈下降趋势并最终趋于 0，样本路径较为平稳且样本分布表现出良好的收敛性，表明该模型结果具有可靠性，即海洋经济周期与国民经济周期存在明显动态关系。

　　如图 3-3-9 所示，海洋经济周期与国民经济周期的脉冲响应结果。当给海洋经济周期一个标准差的正向冲击之后，国民经济周期会呈现曲折上升的过程，在 1~3 期下降，3~5 期上升，5~6 期下降，6~9 期上升，并在最后一期下降。当给国民经济周期一个标准差的正向冲击之后，海洋经济周期在前四期较为平稳，影响基本为 0，在第 5~11 期逐渐保持正向增长。综合来看，我国海洋经济周期对国民经济冲击的响应较大，持续时间也较长；国民经济周期对海洋经济冲击的响应较小，持续时间较短。

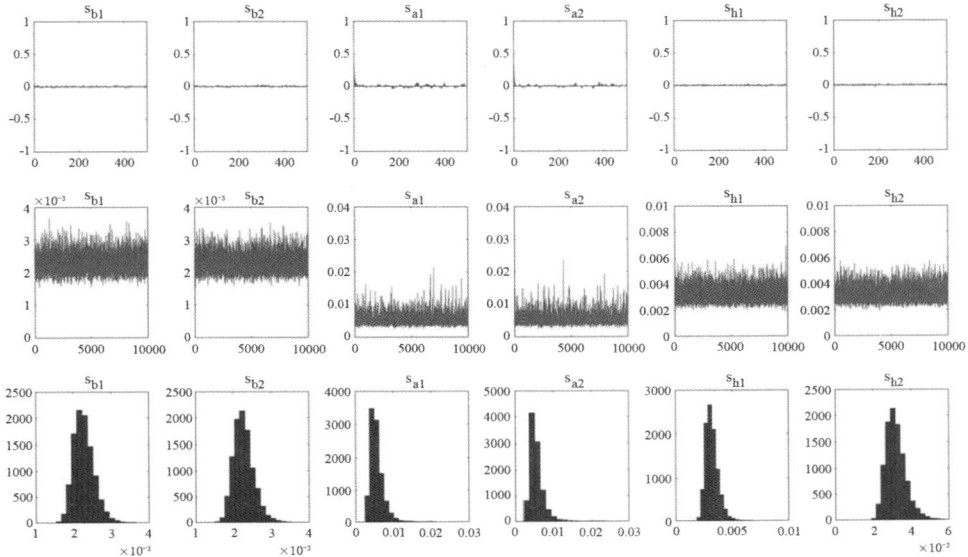

图 3-3-8　参数估计结果图

数据来源：《中国海洋统计年鉴》《中国统计年鉴》

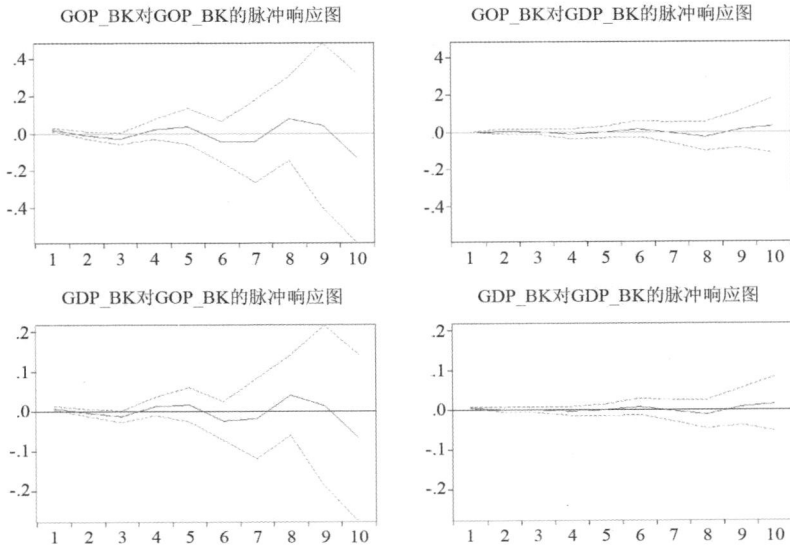

图 3-3-9　国民经济周期与海洋经济周期的脉冲响应结果

数据来源：《中国海洋统计年鉴》《中国统计年鉴》

（5）海洋经济周期对国民经济周期波动的贡献分析

通过方差分解可以得出每个冲击对内生变量的贡献度，以此来衡量不同冲击的重要性。由于 10 期以后方差分解趋于稳定，因此揭示第 1 预测期到第 10 预测期内国民经济周期和海洋经济周期的方差分解结果。方差分解结果如表 3-3-6、表 3-3-7 所示。

表 3-3-6　国民经济周期的方差分解结果

周期	标准差	国民经济（LNGDPC）	海洋经济（LNGOPC）
1	0.009 54	100	0
2	0.010 464	96.374 33	3.625 667
3	0.016 935	77.452 24	22.547 76
4	0.021 318	63.000 52	36.999 48
5	0.026 97	64.019 33	35.980 67
6	0.037 132	50.681 55	49.318 45
7	0.041 15	56.171 06	43.828 94
8	0.059 704	47.597 87	52.402 13
9	0.061 905	51.180 71	48.819 29
10	0.092 276	47.588 67	52.411 33

Cholesky 因子分解顺序:LNGDPC　LNGOPC

由表 3-3-6 可知，国民经济周期主要受自身的影响，第 1 期对自身的贡献率为 100%，后期虽然逐期下降，但在前 9 期国民经济周期对自身的贡献率都超过 50%。而海洋经济周期的贡献率在第 1 期、第 2 期均低于 5%，之后逐期上升，第 10 期达到 52%。海洋经济的周期性波动对国民经济周期性波动有滞后的影响。

由表 3-3-7 可以看出，海洋经济周期主要受国民经济周期的影响，第 1 期国民经济周期对海洋经济周期的贡献率为 66%，后期虽然逐期下降，但在大部分时期国民经济周期对海洋经济周期的贡献率都超过 50%。而海洋经济周期对自身的贡献率在第 1 期为 33%，之后逐期上升，与国民经济周期的贡献率逐步接近。因此，综合来看，国民经济周期对海洋经济周期的影响较大，但海洋经济周期波动对国民经济周期波动的影响不大。

表 3-3-7 海洋经济周期的方差分解结果

周期	标准差	国民经济(LNGDPC)	海洋经济(LNGOPC)
1	0.020 268	66.479 13	33.520 87
2	0.022 232	59.344 34	40.655 66
3	0.036 839	57.935 53	42.064 47
4	0.044 247	47.912 38	52.087 62
5	0.057 902	54.379 19	45.620 81
6	0.075 052	44.956 28	55.043 72
7	0.086 641	52.300 64	47.699 36
8	0.120 13	44.970 25	55.029 75
9	0.127 966	50.340 34	49.659 66
10	0.186 551	46.023 67	53.976 33

Cholesky 因子分解顺序:LNGDPC LNGOPC

综合以上分析可以发现:总体上来看,我国海洋经济和国民经济的总体协动性较强。除个别年份外,我国海洋经济与国民经济周期大体保持同步波动态势,周期上升阶段和下降阶段持续的时间基本重合,波峰和谷底出现的时间也比较接近。从周期互动上来看,国民经济周期波动能够波及海洋经济周期,但海洋经济周期波动对国民经济周期波动的影响不大。这表明海洋经济发展受益于国民经济的增长,我国国民经济的快速发展和我国综合国力的日益增强显著推动了我国海洋经济快速发展;同时,我国国民经济的跌宕起伏也不可避免地对海洋经济产生影响。尽管海洋经济是国民经济的重要部分,并已成为我国国民经济增长的重要引擎,但其波动还不足以引起国民经济的衰退或复苏。从影响效应来看,海洋经济周期波动对国民经济冲击的响应较大且持续时间长;对于国民经济周期波动,贡献主要来自自身,且海洋经济周期性波动对国民经济周期性波动有滞后的影响;对于海洋经济周期波动,国民经济对海洋经济周期波动有一定的贡献,并且贡献持续增大。这说明,稳定的国民经济是海洋经济稳健增长的重要保障。

4　海洋经济对我国社会就业的贡献

　　我国海洋经济发展迅猛，已成为拉动国民经济增长的重要力量。作为我国经济发展的重要引擎，海洋经济发展速度高于陆域产业，对劳动力的知识文化水平和科研技术能力兼容性较强，对我国社会就业有着较大的贡献。本书从涉海就业人员总体情况、海洋经济的就业贡献、海洋经济的财税收入贡献三个方面展开研究。

4.1　涉海就业人员的总体情况

4.1.1　涉海就业人员总体规模

　　我国海洋经济蓬勃发展，2006 年海洋生产总值为 20 958 亿元，至 2021 年海洋生产总值达到了 90 385 亿元，增加了约 3.31 倍。海洋经济良好的发展趋势扩大了海洋产业对劳动力的需求。总体上，我国沿海地区涉海就业人数由 2006 年的 2 943.4 万人增长到了 2019 年的 3 784.7 万人，增加了 28.58%。如图 4-1-1 所示，我国沿海地区涉海就业人数总量呈现出逐年增加的趋势，就其变化趋势大致可分为三个阶段：第一阶段，2006—2015 年涉海就业人数的增速持续放缓；第二阶段，2015—2018 年的增速有所回升；第三阶段，2018 年以后

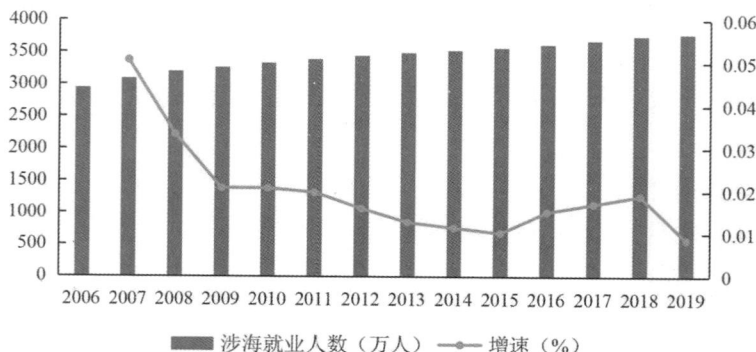

图 4-1-1　2006—2019 年沿海地区涉海就业人数增长趋势

数据来源：《中国海洋统计年鉴》

增速出现下降趋势。尽管沿海地区涉海就业人员数量的增速整体为下降趋势，但涉海就业人员的总量仍在逐年上涨，这表现出了海洋经济在吸纳就业方面的明显优势，也说明了大力发展海洋经济是解决就业问题的有效途径之一。

4.1.2　涉海就业人员发展趋势

在海洋经济持续增长、沿海地区涉海就业人员数量不断增长的背景下，我国沿海地区涉海就业人数占全社会就业人数比重也具有持续提高的趋势。根据图 4-1-1 和表 4-1-1，2006—2019 年，尽管沿海地区涉海就业人员数量的增速呈现放缓趋势，但其占全社会就业人员的比重从 9.43% 提高到了 10.32%，说明了海洋经济增长对涉海就业具有带动作用，也再次体现了海洋经济在吸纳就业方面的优势。与此同时，沿海地区涉海就业人员的人均产值和全社会就业人均产值均具有明显提高的趋势，分别由 2006 年的 6.99 万元/人、3.94 万元/人，增

表 4-1-1　2006—2019 年我国沿海地区涉海就业情况

年份	沿海地区涉海就业人数占全社会就业人数比重(%)	涉海就业人均产值 $Y1$(万元/人)	全社会就业人均产值 $Y2$(万元/人)	$Y1/Y2$
2006	9.43%	6.99	3.94	1.78
2007	9.65%	7.42	4.34	1.71
2008	9.75%	7.97	4.75	1.68
2009	9.72%	8.86	5.15	1.72
2010	9.72%	9.75	5.58	1.75
2011	9.69%	10.70	6.02	1.78
2012	9.73%	11.49	6.51	1.76
2013	9.66%	12.47	6.94	1.80
2014	9.66%	13.44	7.42	1.81
2015	9.70%	14.35	7.92	1.81
2016	9.80%	15.05	8.46	1.78
2017	9.94%	15.33	9.00	1.70
2018	10.18%	15.32	9.67	1.59
2019	10.32%	16.25	10.31	1.58

数据来源：《中国统计年鉴》《中国海洋统计年鉴》

长到了 2019 年的 16.25 万元/人、10.31 万元/人，分别增加了 1.32 倍和 1.62 倍；并且，沿海地区涉海就业人员的人均产值明显高于全社会就业的人均产值。与此同时，沿海地区涉海就业人均产值（Y1）与全社会就业人均产值（Y2）的比值均大于 1.5，表明涉海就业人员的经济贡献作用明显高于全社会平均水平。此外，该比值整体上呈现出逐年下降的趋势，这在一定程度上说明了我国陆海统筹战略成效开始显现，但涉海就业优势依旧明显。

随着我国海洋经济走向"深蓝"，将会催生出海洋经济的"新产业、新业态、新模式"，改变现有海洋经济的产业结构，从而影响涉海就业。同时，行业发展前景、工资收入水平等多重因素也将促使涉海就业人员自发地在海洋产业部门间流动，从而影响海洋经济产业结构的变化。未来，沿海地区涉海就业人数将继续会以较低的增速增长，并将在达到顶峰后很长一段时间内保持大体稳定。同时，生产技术进步、劳动者素质提升、科学管理水平提高等因素也决定涉海就业人员数量不会随海洋经济的增长而同比例增长。此外，虽然涉海就业优势依旧明显，但整体上与总体就业间的差距将持续缩小，我国涉海就业将持续朝着"高端化""专业化""技术化"的方向发展。

4.2 海洋经济的就业贡献分析

4.2.1 海洋经济引致就业弹性分析

经济发展对劳动力的需求是一种引致需求，而劳动力作为推动经济社会发展的重要投入要素，其发展规模应当与相应产业发展规模相一致。我国海洋经济发展取得了巨大的进步，在国民经济中的地位越来越重要。海洋经济具有吸纳就业的巨大潜力，拉动就业人口增长的优势越来越明显。因此，本书采用引致就业弹性这一指标研究海洋经济发展对就业的带动效应。

$$国民经济引致就业弹性（Eg）= \frac{总体就业增长率}{国民生产总值增长率} \qquad 4\text{-}2\text{-}1$$

国民经济引致就业弹性衡量了国民经济增长变化所引起的总体就业增长变化，用总体就业数量的变化率与地区生产总值变化率之比表示，即在某一时期内沿海地区生产总值变化 1% 所能引起的就业变化量。引致就业弹性越大，说明沿海地区经济发展对劳动力的吸纳能力越强，反之，则越弱。

$$海洋经济引致涉海就业弹性（Em）= \frac{涉海就业增长率}{海洋生产总值增长率} \qquad 4\text{-}2\text{-}2$$

海洋经济引致涉海就业弹性是指海洋生产总值每增加 1% 所能带来的涉海

就业增长变化百分比。海洋经济引致涉海就业弹性表示为涉海就业增长率与海洋生产总值增长率的比值，用沿海地区海洋生产总值增长变化率衡量海洋经济发展情况，用沿海地区涉海就业人数增长变化率衡量涉海就业增长情况，更好地度量海洋经济对涉海就业的带动效应。

（1）全国层面的引致就业弹性分析

海洋经济具有明显的资源优势，发展速度快，新兴部门多，产业关联程度高，海洋经济发展带动了海洋产业就业人口的增长。总体来看，2006—2019 年我国海洋经济引致涉海就业弹性为 0.2810，即海洋生产总值每提高 1%，涉海就业人数将会增加 0.2810%。而国民经济引致就业弹性为 0.1186，即沿海地区生产总值每提高 1%，总体就业人数将会增加 0.1186%，低于海洋经济引致涉海就业弹性，说明海洋产业具有较强的就业吸纳能力。

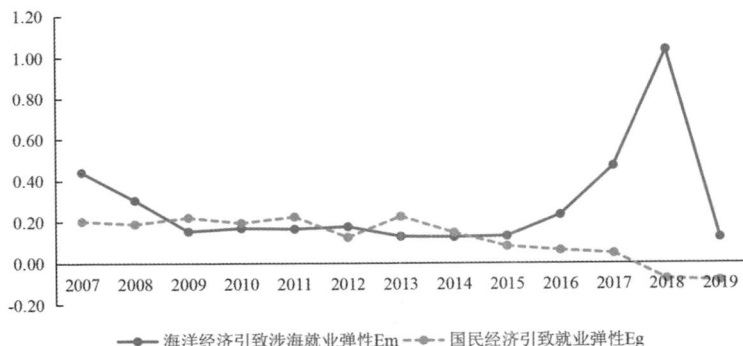

图 4-2-1 我国沿海地区引致就业弹性变化趋势

数据来源：《中国海洋统计年鉴》《中国统计年鉴》

如图 4-2-1 所示，我国海洋经济引致涉海就业弹性整体上可大致分为三阶段。第一阶段，2007—2014 年，海洋经济引致涉海就业弹性呈现下降趋势。这可能是因为 2006 年之后，随着海洋产业规划与相关就业政策的实施，海洋产业规模不断扩张，涉海就业人数持续增加，但由于海洋新兴产业部门多为技术密集型行业，技术门槛高，对涉海就业产生了挤出效应，在一定程度上限制了海洋产业就业吸纳能力。第二阶段，2015—2018 年，海洋经济引致涉海就业弹性持续上升，这是由涉海就业需求上升和海洋产业生产总值增速下降所致。特别是 2018 年海洋生产总值增速较低，以至出现了海洋经济引致涉海就业弹性较高的极端情况。第三阶段，2018 年之后，海洋经济引致涉海就业弹性下降，海洋经济发展对就业的吸纳能力降低。另一方面，我国国民经济引致就业弹性相对平稳。在大多数年份海洋经济引致涉海就业弹性高于同期国民经济引致就业弹性，特别是"十三五"以来，海洋经济引致涉海就业弹性远高于国民经济引致就业弹性。近年来，随着我国人口增长放缓，人口红利收窄，刘易斯拐点出现，2015年起就业总人数见顶回落，到2019年底就业总人数7.54亿人，较2014年底减少902万人。我国沿海地区经济较为发达，就业机会更多，刘易斯拐点出现时间晚于全国层面，大致在2017年沿海地区就业人数达到最高峰。此时，我国海洋产业的就业拉动能力开始突显。未来要继续保持海洋经济的增长势头，扩大海洋经济总体规模，坚持经济发展与就业并重，强化海洋产业的就业吸纳能力。

（2）三大海洋经济圈的引致就业弹性分析

① 北部海洋经济圈

2021年，北部海洋经济圈海洋生产总值为25 867亿元，同比名义增长15.1%，占全国海洋生产总值的比重为28.6%。根据表4-2-1，北部海洋经济圈海洋经济引致涉海就业弹性下降趋势明显，说明海洋经济发展对就业的带动作用在减弱，2014年前后达到了刘易斯拐点，就业的挤出效应显现。海洋经济引致涉海就业弹性变化趋势大致可分为两个阶段。第一阶段，2007—2014年，海洋经济引致涉海就业弹性具有明显的下降趋势，海洋经济发展带动涉海就业能力逐渐减弱，可能原因是海洋产业向高端化发展，涉海就业需求开始减少，涉海就业增速和海洋生产总值的增速均开始下降。第二阶段，2015—2019年，海洋经济引致涉海就业弹性变化复杂，其中，2017年海洋经济引致涉海就业弹性出现异常值，是由海洋生产总值增速较低所致；2018年，北部海洋经济圈的海洋生产总值出现下降，海洋经济引致涉海就业弹性出现负值。

具体地，在北部海洋经济圈四个沿海地区中，天津市经济发展引致就业弹性大致呈现下降趋势，而海洋经济引致涉海就业弹性具有先降后升的特征。2017年，天津市总体就业人数下降，导致其引致就业弹性为负值，2019年总体就业人数增长微小，以至于经济发展引致就业弹性为0。海洋经济引致涉海就业弹性于2015年出现负值，2018年涉海就业需求增加，海洋经济引致涉海就业弹性有所提高，天津市海洋经济的就业吸纳效果良好。河北省经济发展引致就业弹性下降趋势明显，于2016年前后达到了刘易斯拐点；海洋经济引致涉海就业弹性方面，除2008—2010年河北省海洋生产总值出现负增长，导致海洋经济引致涉海就业弹性为负值外，河北省海洋经济引致涉海就业弹性不断提升，并于 2014 年超越并持续高于其经济发展引致就业弹性，这表明河北省海洋经济的就业带动能力强劲。辽宁省经济发展引致就业弹性在 2007—2014年期间具有升高的趋势，表明其经济发展带动了就业，2015 年前后达到刘易斯拐点，引致就业弹性出现负值。而海洋经济引致涉海就业弹性在 2015 年之前较为稳定，2015 年之后海洋生产总值负增长导致海洋经济引致涉海就业弹性为负，海洋经济的就业带动能力不足。山东省经济发展引致就业弹性在 2007—2016 年呈逐年下降的趋势，这表明其经济发展对就业的带动能力逐渐降低。2016 年之后，山东省总就业人数减少，其经济发展引致就业弹性为负，就业挤出效应开始显现。相较而言，除个别年份，山东省海洋经济引致涉海就业弹性总体较为稳定，表明山东省海洋经济一直保持较好发展势头，海洋经济的就业带动效果良好。

表 4-2-1 2007—2019 年我国北部海洋经济圈引致就业弹性

年份	北部海洋经济圈		天津		河北		辽宁		山东	
	E_m	E_g	E_m	E_g	E_m	E_g	E_m	E_g	E_m	E_g
2007	0.477 9	0.198 1	0.461 8	0.653 9	1.621 7	0.157 8	0.494 6	0.194 1	0.394 1	0.176 5
2008	0.381 2	0.173 5	0.260 7	0.411 4	−0.352 ∠	0.241 3	0.280 0	0.071 0	0.305 2	0.167 3
2009	0.169 1	0.213 6	0.099 1	0.305 3	−0.291 0	0.211 5	0.143 4	0.336 7	0.168 0	0.169 0
2010	0.156 5	0.193 4	0.101 9	0.564 4	−0.495 ∠	0.173 8	0.119 0	0.170 0	0.175 5	0.166 6
2011	0.146 8	0.198 4	0.113 7	0.387 9	0.132 9	0.271 0	0.170 0	0.220 1	0.161 4	0.129 5
2012	0.150 2	0.221 9	0.121 3	0.446 1	0.122 4	0.351 1	0.156 2	0.275 6	0.173 2	0.107 3
2013	0.111 3	0.217 1	0.099 8	0.577 5	0.084 4	0.302 4	0.203 1	0.496 6	0.102 6	0.042 5
2014	0.124 9	0.111 5	0.125 3	0.450 2	0.095 2	0.063 8	0.437 3	0.319 6	0.100 8	0.046 2
2015	0.205 1	−0.109 9	−0.532 9	0.361 9	0.194 9	0.038 5	−0.375 9	−2.012 0	0.090 9	0.051 4
2016	0.511 9	−0.085 3	−0.575 5	0.111 7	0.284 6	0.039 0	−0.251 6	−1.810 6	0.190 8	0.034 8
2017	24.701 9	−0.159 8	−1.159 3	−0.179 6	0.803 9	−0.061 1	−0.455 3	−0.214 2	1.187 9	−0.203 0
2018	−1.922 2	−0.487 4	0.266 2	0.059 2	0.571 1	−0.039 4	−0.820 0	−0.199 1	−0.434 3	−0.846 1
2019	0.178 6	−0.302 1	0.345 4	0.000 0	0.058 3	−0.048 5	0.296 9	−0.181 9	0.185 1	−0.588 3

② 东部海洋经济圈

2021 年，东部海洋经济圈海洋生产总值为 29 000 亿元，同比名义增长12.8%，占全国海洋生产总值的比重为 32.1%。根据表 4-2-2，东部海洋经济圈经济发展引致就业弹性总体呈现下降趋势，经济发展对就业的带动作用逐渐变小，但尚未达到就业人数最高峰，经济发展仍可以带动就业。海洋经济引致涉海就业弹性相比前期略有下降，但整体波动稳定，未出现负值情况，并且海洋经济引致涉海就业弹性高于其国民经济引致就业弹性，说明东部海洋经济圈的海洋产业发展具有一定活力，有较强的就业吸纳能力。

表 4-2-2　2007—2019 年我国东部海洋经济圈引致就业弹性

年份	东部海洋经济圈		上海		江苏		浙江	
	E_m	E_g	E_m	E_g	E_m	E_g	E_m	E_g
2007	0.446 4	0.249 2	1.125 0	0.189 2	0.183 3	0.072 6	0.342 6	0.544 8
2008	0.344 3	0.224 6	−3.774 0	1.597 4	0.142 4	0.035 5	0.167 9	0.203 4
2009	0.178 9	0.134 8	0.451 8	0.108 7	0.102 5	0.041 3	0.129 0	0.301 1
2010	0.190 7	0.101 3	0.595 3	0.260 6	0.101 6	0.052 2	0.150 1	0.130 1
2011	0.181 8	0.058 4	0.198 8	0.149 8	0.132 4	0.006 9	0.230 5	0.107 5
2012	0.221 6	0.034 3	0.295 7	0.127 7	0.180 5	0.002 7	0.196 2	0.055 7
2013	0.220 0	0.331 3	0.431 1	3.125 3	0.137 6	0.000 8	0.202 6	0.060 0
2014	0.192 1	0.003 7	0.309 3	−0.032 3	0.139 2	0.002 2	0.171 0	0.018 0
2015	0.150 5	0.016 8	0.243 3	−0.041 9	0.109 8	−0.006 0	0.135 1	0.066 9
2016	0.211 0	0.037 4	0.176 4	0.039 1	0.278 6	−0.006 2	0.209 5	0.092 7
2017	0.261 6	0.063 2	0.189 4	0.077 8	0.346 2	0.004 6	0.337 8	0.130 5
2018	0.306 9	0.052 4	0.194 0	0.033 4	0.428 2	−0.021 2	0.571 6	0.143 5
2019	0.117 8	0.055 0	0.090 6	0.006 5	0.259 8	−0.020 3	0.103 5	0.149 9

具体地，在东部海洋经济圈三个沿海地区中，上海市经济发展引致就业弹性整体上呈下降趋势，且 2014—2015 年因总体就业人数下降，导致其经济发展引致就业弹为负值。相较而言，上海市海洋经济引致涉海就业弹性同样呈现出明显的下降趋势，但仍然高于国民经济引致就业弹性，展现了上海市海洋经济吸纳就业的优势。江苏省经济发展引致就业弹性不高，总体就业人数于 2015 年达到刘易斯拐点；除 2017 年略有上升外，其经济发展引致就业弹性在 2015—2019 年间均为负值，表明江苏省经济发展对就业带动能力较小。相较而言，江苏省海洋经济引致涉海就业弹性则呈现先降后升的趋势，且明显高于其国民经济引致就业弹性，未出现涉海就业的挤出效应，表明江苏省海洋产业发展较好，为涉海就业提供了较多的工作岗位，江苏省海洋经济就业吸纳能力强

劲。浙江省经济发展引致就业弹性变化趋势大致可分为两个阶段，2007—2014年呈下降趋势，2015—2019年呈上升趋势。相较而言，浙江省海洋经济引致涉海就业弹性较为平稳，整体波动不大，且未表现出与其国民经济引致就业弹性的明显差异，表明浙江省经济发展能够带动就业增长，且海洋经济具有持续吸纳涉海就业的能力。

③ 南部海洋经济圈

2021年，南部海洋经济圈海洋生产总值为35 518亿元，同比名义增长13.2%，占全国海洋生产总值的比重为39.3%。根据表4-2-3，南部海洋经济圈国民经济引致就业弹性波动情况较稳定，表明其经济发展带动就业的作用稳健；2019年总体就业人数下降，其国民经济引致就业弹性相应下降。在海洋经济引致涉海就业弹性方面，除2019年海洋生产总值增速较低，导致海洋经济引致涉海弹性较高外，南部海洋经济圈的海洋经济引致涉海就业弹性整体较为稳定，表明南部海洋经济圈海洋经济发展的就业带动能力较为稳定。但是，整体上海洋经济引致涉海就业弹性低于其国民经济引致就业弹性，南部海洋经济圈海洋经济发展的就业带动优势不明显。

表 4-2-3 2007—2019年我国南部海洋经济圈引致就业弹性

年份	南部海洋经济圈		福建		广东		广西		海南	
	E_m	E_g	E_m	E_g	E_m	E_g	E_m	E_g	E_m	E_g
2007	0.306 1	0.172 8	0.261 2	0.226 4	0.491 0	0.227 0	0.878 2	0.028 3	0.404 9	0.151 2
2008	0.138 9	0.179 1	0.194 2	0.234 2	0.225 8	0.199 6	0.383 4	0.089 3	0.300 8	0.219 6
2009	0.134 4	0.303 1	0.161 7	0.333 9	0.105 6	0.362 8	0.168 6	0.155 7	0.212 2	0.311 9
2010	0.098 5	0.263 7	0.179 6	0.268 2	0.151 7	0.304 8	0.209 1	0.170 2	0.214 7	0.271 7
2011	0.151 7	0.375 3	0.283 2	0.785 9	0.146 8	0.325 2	0.137 8	0.099 8	0.205 7	0.352 9
2012	0.133 8	0.077 8	0.193 9	0.378 4	0.174 2	0.230 2	0.103 0	-0.522 0	0.139 7	0.505 1
2013	0.131 4	0.151 1	0.111 5	-0.045 0	0.102 0	0.257 7	0.071 7	0.056 6	0.150 2	0.715 4
2014	0.067 6	0.298 0	0.067 7	0.357 9	0.115 3	0.347 2	0.086 7	0.054 0	0.132 3	0.648 2
2015	0.085 1	0.305 1	0.064 5	0.512 4	0.099 4	0.289 3	0.098 4	0.117 2	0.126 5	0.281 7
2016	0.131 5	0.210 6	0.112 0	0.125 5	0.200 6	0.306 9	0.181 0	0.102 5	0.142 0	0.057 8
2017	0.131 9	0.215 7	0.219 9	0.038 8	0.639 7	0.350 3	0.296 4	0.005 2	0.181 3	0.693 6
2018	0.177 9	0.184 9	0.388 0	-0.063 2	-0.963 7	0.340 5	0.520 2	0.030 8	0.244 6	0.475 2
2019	1.118 7	-0.002 4	0.079 2	-0.048 3	0.113 8	0.039 0	0.096 3	0.030 4	0.111 1	-0.412 9

　　具体地，在南部海洋经济圈三个沿海地区中，福建省经济发展引致就业弹性具有升后降的特征，2018 年前后总体就业人数达到顶峰，刘易斯拐点出现。相较而言，福建省海洋经济引致涉海就业弹性虽有波动但整体较为稳定，且均大于 0，表明福建省海洋经济就业吸纳能力稳健，海洋经济的发展能够带动就业稳健增长。广东省经济发展引致就业弹性整体较为稳定，表明广东省经济发展具有持续带动就业增加的能力。海洋经济引致涉海就业弹性方面，除 2018 年因广东省海洋生产总值有所降低，海洋经济引致涉海就业弹性为负之外，其他年份海洋经济发展对涉海就业均具有正向促进作用。然而，广东省海洋经济引致涉海就业弹性略低于其国民经济引致就业弹性，表明广东省海洋经济的就业吸纳能力未能达到其国民经济发展的就业吸纳水平。广西壮族自治区经济发展引致就业弹性与海洋经济引致涉海就业弹性变化情况较稳定，且海洋经济引致涉海就业弹性明显高于其国民经济引致就业弹性，表明整体上广西壮族自治区的经济发展与海洋经济发展均能够持续带动总体就业人数与涉海就业人数的增长，且海洋经济的就业吸纳效果显著。海南省经济发展引致就业弹性呈现增加趋势，表明其就业情况随着经济发展水平的提高而得到不断改善。不同于此，海南省的海洋经济引致涉海就业弹性整体呈现下降趋势，表明海南省海洋产业创造涉海就业能力较弱。与此同时，海南省海洋经济引致涉海就业弹性小于其经济发展引致就业弹性，经济发展的就业带动优势不明显。

4.2.2　海洋经济对总体就业的贡献度

　　近年来，"稳就业，保民生"等关键词成为政府工作报告的高频词，根据国家统计局数据显示，2019 年全国就业人数为 77 471 万人，比 2018 年略减 115 万人。而 2018 年和 2019 年我国沿海地区涉海就业人数分别为 3 752.85 万人和 3 784.76 万人，分别同比增长 1.89% 和 0.85%。虽然总体就业人数下降，涉海就业人数增速放缓，但产业发展正朝着高端化、科技化发展，这也对劳动力素质提出了更高的要求，就业人员学历层次、专业技能正呈上升态势。这里采用涉海就业直接贡献率来衡量沿海地区海洋产业对总体就业及就业形势的贡献程度，即沿海地区涉海就业增量与总体就业增量之比，该指标能够表明涉海就业对总体就业的贡献程度。

$$涉海就业直接贡献率 = \frac{涉海就业增量}{总体就业增量} \qquad\qquad 4\text{-}2\text{-}3$$

（1）全国涉海就业直接贡献率分析

如图 4-2-2 所示，2007—2019 年我国沿海地区涉海就业直接贡献率大致可分为三个阶段。第一阶段，2007—2011 年，我国沿海地区涉海就业直接贡献率为正，但是呈现下降趋势，表明海洋产业为社会总体就业的贡献程度逐渐减小，这可能是由于我国涉海就业人数增速持续放缓所致。第二阶段，2012—2017 年，我国社会总体就业人数增速放缓，但我国沿海地区涉海就业直接贡献率持续上升，表明该阶段我国涉海就业对社会总体就业的贡献程度持续攀升。第三阶段，2018—2019 年，我国沿海地区涉海就业直接贡献率为负值，这主要是由于 2018 年前后，我国社会总体就业人数已经达到顶峰，刘易斯拐点出现，总体就业人数负增长，海洋产业直接贡献率被拉低。

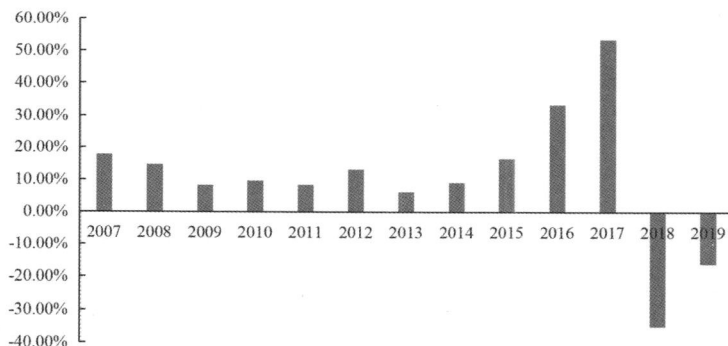

图 4-2-2　2007—2019年沿海地区涉海就业直接贡献率

数据来源：《中国海洋统计年鉴》《中国统计年鉴》

（2）三大海洋经济圈涉海就业直接贡献率分析

根据表 4-2-4，我国三个海洋经济圈涉海就业直接贡献率大致排序为：东部>南部>北部。2007—2014 年，北部海洋经济圈的涉海就业直接贡献率为正，但呈现下降趋势，表明北部海洋经济圈海洋经济发展有效拉动了社会就业，但对总体就业的贡献程度逐渐降低。2015 年以后，北部海洋经济圈的涉海就业直接贡献率为负，这主要是因为北部海洋经济圈的总体就业人数已经达到最高峰，刘易斯拐点出现，总体就业人数开始下降，但其涉海就业依然处于扩张状态。可见，北部海洋经济圈的涉海就业对其社会总体就业有着显著的贡献。东部海洋经济圈的涉海就业直接贡献率为正，且整体处于较高水平。这表明东部海洋经济圈经济发达，海洋产业专业化程度高，吸纳了大量劳动力，为总体就业及就业形势稳定做出了巨大贡献。其中，2014 年异常值是由于当年总体就业人数增长不大，而涉海就业持续扩张，使其涉海就业直接贡献率快速上升。南部海洋经济圈的涉海就业直接贡献率虽有波动，但整体较为稳定。2019 年前的贡献率均大于 0，体现了南部海洋经济圈海洋产业吸纳就业的优势，涉海就业为社会就业稳定做出了贡献。

表 4-2-4　2007—2019 年三大海洋经济圈涉海就业直接贡献率

年份	北部海洋经济圈	东部海洋经济圈	南部海洋经济圈
2007	17.30%	11.66%	26.17%
2008	15.34%	9.89%	19.08%
2009	7.61%	11.11%	7.76%
2010	8.03%	16.38%	9.08%
2011	8.12%	28.38%	6.17%
2012	6.04%	43.69%	26.01%
2013	5.39%	3.85%	11.70%
2014	10.94%	309.45%	5.54%
2015	−12.04%	65.59%	5.21%
2016	−23.50%	46.31%	11.30%
2017	−15.32%	32.68%	13.42%
2018	−5.47%	46.06%	17.01%
2019	−4.53%	22.53%	/

数据来源：《中国海洋统计年鉴》《中国统计年鉴》

注：2019 年，南部海洋经济圈涉海就业人数在持续增长的同时，总体就业规模小幅萎缩，使 2019 年南部海洋经济圈的涉海就业直接贡献率出现异常负值−684.87%。

综合以上分析可知，海洋经济发展提供了广阔的就业空间。2006—2019年，我国沿海地区涉海就业人数由 2 943.4 万人增长到 3 784.76 万人，占全社会就业人员的比重从 9.43%提高到了 10.32%。在此期间，海洋经济引致涉海就业弹性为 0.281 0，即海洋生产总值每增加 1%，涉海就业人数增加 0.281 0%，远高于国民经济引致就业弹性 0.118 6。涉海就业对我国沿海地区总体就业呈现出显著的正向拉动作用，特别是在 2018 年刘易斯拐点出现之后，涉海就业的持续稳步增长对社会总体就业规模的下滑起到了良好的缓冲作用。区域层面，东部海洋经济圈经济发达，海洋产业专业化程度高，吸纳了大量劳动力，就业贡献率较高；南部海洋经济圈海域辽阔、资源丰富，具有海洋经济规模优势，支撑其涉海就业贡献率；北部海洋经济圈海洋经济发展基础雄厚，海洋科研教育优势突出，为涉海就业做出了巨大贡献。总体上，海洋产业对就业的吸纳能力较强，为我国就业提供广阔空间、切实解决我国社会就业这一重大民生问题。

4.3 海洋经济的财税收入贡献分析

近年来，我国海洋经济在一系列政策支持下得到平稳较快发展，并通过产业关联带动内陆腹地经济共同增长，对我国财税收入带来一定贡献。通过引致财政弹性测度法可以有效地发现海洋经济对财政收入的带动效应。与此同时，税收占据我国财政收入的 80% 以上，是我国财政收入的最主要来源；再者，税收政策又是财政政策的三大工具之一，对于政府"看得见的手"起到举足轻重的作用。因此，通过分税种引致税收弹性测度法可以量化海洋经济发展与税收收入之间的关系，从而明确海洋经济发展对我国财税收入的贡献程度，能够为进一步优化经济发展策略提供支持。

4.3.1 引致财政收入弹性分析

本书利用引致财政收入弹性测度海洋经济对地区财政收入增长的间接带动效应，具体公式如下：

$$E_f = \frac{F_r}{F_m} \qquad\qquad 4\text{--}3\text{--}1$$

式中，E_f 为引致财政收入弹性；F_r 为地区财政收入年均增长率；F_m 为地区海洋生产总值年均增长率。

（1）全国引致财政收入弹性分析

利用 2006—2019 年《中国海洋经济统计年鉴》数据测算全国和不同地区海洋经济总产值对财政收入的引致财政收入弹性。从全国层面来看，海洋经济引致财政收入弹性为 1.18，即我国海洋生产总值每增加 1 个百分点，全国财政收入将相应提高 1.18 个百分点，说明沿海地区的海洋经济发展对我国财政收入具有较大的正向带动作用。从各沿海地区来看，天津市、河北省、辽宁省、山东省、上海市、海南省的引致财政收入弹性均高于全国平均值，分别为 1.32、2.10、1.42、1.23、1.61、1.46。具体来看，天津市、山东省、上海市、海南省四个沿海地区的海洋生产总值占地区生产总值的比重均在 23% 以上，其中天津最高达到了 33% 的比重，这些沿海地区的海洋产业已经成为该地区的重点产业。其中，海洋渔业、船舶制造业等海洋产业已成为各沿海地区的支柱产业，为全省财政收入增长做出较大贡献。浙江、广东两省海洋经济引致财政收入弹性与全国总体水平持平，分别为 1.15 和 1.1。江苏省、广西壮族自治区、福建省三个沿海地区的海洋经济引致财政收入弹性分别为 0.93、0.99、0.92，略低于全国总体水平，海洋经济发展对其财政收入提升的贡献相对不高。

(2) 三大经济圈引致财政收入弹性分析

利用式 4-3-1，基于 2006—2019 年各沿海地区海洋生产总值、财政收入，同理可计算出各个海洋经济圈海洋经济对财政收入的带动效应，结果如图4-3-1所示。从区域层面来看，北部海洋经济圈海洋经济引致财政收入弹性显著高于东部及南部海洋经济圈，这是由于北部沿海地区本身的海洋生产总值占本地区生产总值的比重较高，使得地区财政收入对海洋经济增长的敏感度较高，海洋经济微小的增长就会给财政收入带来较大的影响。同时，北部海洋经济圈拥有雄厚的海洋经济实力与海洋科教基础，是京津冀协同发展的承接区。相较于东部海洋经济圈与南部海洋经济圈而言，北部海洋经济圈海洋工业发达，且第三产业占比始终保持在 50% 以上，这使得北部海洋经济圈海洋生产总值增长率一直保持在首位。同时，发达的海洋工业带来了庞大的上下游产业链，使北部海洋经济圈的财政收入较为丰富。相较而言，南部海洋经济圈面向东盟十国，海洋自然资源丰富，战略地位突出，但由于海洋产业以海洋矿业和海洋油气业为主，并且近年来频繁遭受海洋气候灾害以及国际能源市场的影响，导致海洋经济发展对其经济增长的贡献不稳定，对财政收入的拉动效应也不明显。

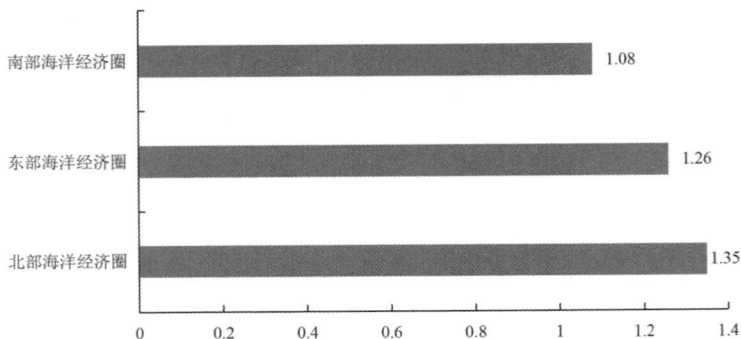

图 4-3-1　三大经济圈海洋经济对财政收入的带动效应

数据来源：《中国海洋统计年鉴》《中国统计年鉴》

（3）不同海洋产业引致财政收入弹性分析

利用式 4-3-1，基于海洋产业增加值、财政收入，同理可计算出各个海洋产业对财政收入的带动效应[①]，如表 4-3-1 所列。从总体上看，海洋传统产业相较于海洋新兴产业来说，对财政收入的带动效应更强，其中海洋化工业、海洋交通运输业、海洋油气业引致财政收入弹性偏高，分别为 9.95、2.07、1.98；海洋矿业的带动效应相比之下则稍弱一些。这是由于海洋化工业、海洋交通运输业作为典型的传统海洋产业发展时间长，已形成了较为完善的上下游产业链，对海洋相关产业及其他产业的辐射能力更强，带动了国民产出总值，从而对财政收入的带动效应也更加强劲。

从海洋新兴产业来看，虽然近年来海洋新兴产业对财政收入的带动效应不断增强，但海洋新兴产业对于财政收入增长的整体带动效用依旧弱于传统产业作用效果。例如，海水利用业、海洋生物医药业、海洋电力业的引致财政收入弹性分别为 1.25、0.62、0.38。这可能是由于海洋新兴产业中大量企业处于生命周期引入期或成长期，集中在科技攻关领域，使得整个产业的产值与产业辐射能力相对较弱。

表 4-3-1　不同海洋产业对财政收入的带动效应

主要海洋产业	引致财政收入弹性
海洋化工业	9.95
海洋交通运输业	2.07
海洋油气业	1.98
海洋渔业	1.60
海洋工程建筑业	1.60
海洋船舶工业	1.35
海水利用业	1.25
海洋旅游业	0.82
海洋生物医药业	0.62
海洋矿业	0.58
海洋电力业	0.38

数据来源：《中国海洋统计年鉴》《中国统计年鉴》

[①] 由于海洋盐业规模较小，且增长十分缓慢，导致引致财政收入弹性系数较高，故在此省略。

4.3.2 引致税收收入弹性分析

(1) 全国引致税收收入弹性分析

利用式 4-3-1，引入海洋生产总值、各项税收收入，同理可计算出海洋经济对各种税收的带动效应，对同税收的引致弹性进行测算，如图 4-3-2 所示，我国海洋经济对税收收入的影响主要是通过消费税、所得税以及增值税三方面起作用，其中海洋生产总值每增加一个百分点，消费税、所得税以及增值税将分别提高 1.45、1.22 和 1.20 个百分点，这与我国海洋经济发展水平以及沿海地区地理位置有着紧密联系。

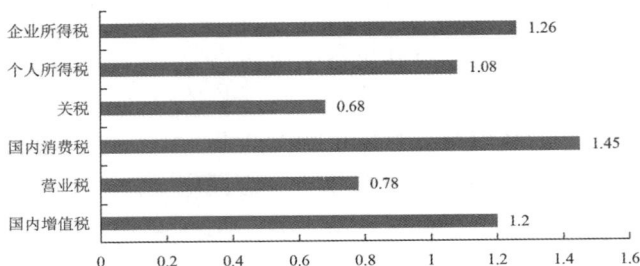

图 4-3-2 分税种全国海洋经济引致税收收入弹性

数据来源：《中国海洋统计年鉴》《中国统计年鉴》

从各海洋产业的体量上来看，当前我国海洋行业以海洋渔业、海洋交通运输业、海洋船舶工业、海洋旅游业以及海洋工程建筑业为主，均突破了千亿产值，而其他行业的产值目前还处于百亿或十亿水平。即便我国为支持海洋经济发展实施了多项减税免税政策，但我国沿海地区海洋经济的蓬勃发展，上述海洋产业的巨大体量，使得增值税、消费税以及所得税依旧增幅明显，从而导致海洋产业对上述税种的带动效应显著。

从区位因素上看，一方面我国自 2001 年加入 WTO 之后关税总体水平一直保持下降态势，并且积极地与各个国家签署自由贸易协定，使得我国整体关税水平在发展中国家中属偏低水平；另一方面由于近年来全球单边主义、保护主义盛行，逆全球化思潮愈演愈烈，对进出口贸易及其相关业务造成了极大冲击，使得关税平均增长率始终处于平稳状态，平均保持在 7 个百分点左右，这也使得海洋经济对于关税的带动效应远低于其他税种。

(2) 三大海洋经济圈引致税收收入弹性分析

利用式 4-3-1，引入各海洋经济圈海洋生产总值、各项税收收入，同理可测算三大海洋经济圈海洋经济引致税收收入弹性，探究各海洋经济圈海洋经济对各种税收的带动效应，结果如图4-3-3所示。

从总体水平上看，东部海洋经济圈海洋经济在各项税收收入的带动效应更强；北部海洋经济圈的营业税、个人所得税和企业所得税三项税种的带动效应较为平均；南部海洋经济圈海洋经济对于税收收入的带动效应整体水平偏低。造成这种现象可能的原因是东部海洋经济圈具有完善的港口航运体系，海洋经济开放水平高，不仅是我国融入全球经济的重要地区，也是亚太经济圈与"一带一路"的重要交汇点，因此东部海洋经济圈各地区海洋经济总量连续多年位居全国前列，也就导致东部海洋经济圈的税收带动效应更加明显。相比之下，南部海洋经济圈虽然海域辽阔、资源丰富、战略地位突出，但是海洋产业主要集中于海洋矿业、海洋油气等产业，因此海洋经济整体水平弱于其他经济圈，相应的海洋企业数量、海洋贸易总额也低于其他经济圈，导致海洋经济对各项税收的影响效果偏低。

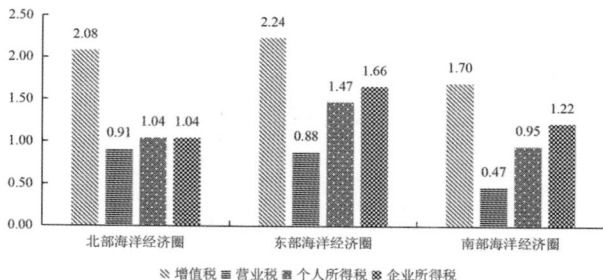

图4-3-3 分税种三大海洋经济圈的引致税收弹性

数据来源：《中国海洋统计年鉴》《中国统计年鉴》

(3) 沿海11地区引致税收收入弹性分析

利用式4-3-1，引入11个沿海地区海洋生产总值、各项税收收入，通过测算各沿海地区不同税收的引致税收收入弹性，探究各沿海地区海洋经济对各种税收的带动效应。

如图4-3-4所示，从税科种类上来看，各沿海地区海洋经济对于增值税收入带动效应最为明显，紧接其后的是企业所得税科目，这比较符合海洋产业产品多需要经过多层流转才会到达最终消费者手中，并且多为企业经营的特点。虽然我国已采取多项免税降税政策支持海洋经济发展，但海洋渔业、交通运输业、海洋旅游业近年来放量发展，为政府增值税和所得税科目创造了巨大收入。同时，又由于海洋产业的性质较少涉及不动产流转，因此海洋经济对于营业税的带动效应偏弱。

从不同沿海地区层面来看，上海市得益于独特的区位优势和现代化城市管理经验，拥有全国数量最多的涉海上市企业，涉海单位数量多，超过半数企业市值超过百亿元，涉海产业经济基础雄厚，使得上海市各项引致税收收入弹性效果远高于其他沿海地区。同时，各海洋经济圈内有着明显的引领城市，如北部海洋经济圈以山东省海洋经济发展为中心，发挥对周边地区的辐射带动作用；东部海洋经济圈以上海市海洋经济为中心，对周边地区形成明显的辐射带动作用；南部海洋经济圈以广东省海洋经济发展为中心，对周边地区形成明显的辐射带动作用。

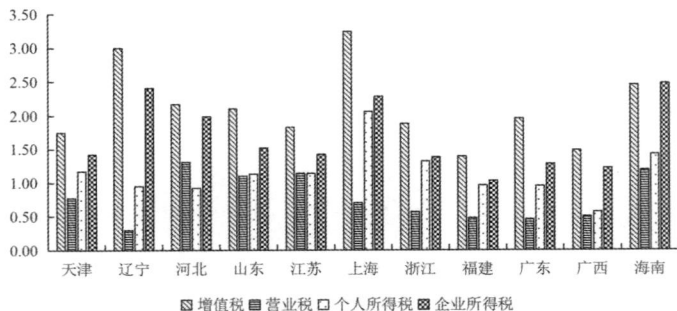

图 4-3-4　分税种沿海地区引致税收收入弹性

数据来源：《中国海洋统计年鉴》《中国统计年鉴》

综合以上分析可知，我国沿海地区海洋经济发展对于全国及地方财政收入具有显著的带动效应。从全国水平来看，海洋生产总值每增加一个百分点，全国财政收入将增加 1.18 个百分点；从区域层面来看，天津市、河北省、辽宁省、海南省、上海市、山东省高于全国平均水平，分别为 1.32、2.1、1.42、1.46、1.61、1.23。从产业部门来看，传统海洋产业的带动效应依然起到主导作用，其中又以海洋化工业、海洋交通运输业、海洋油气业为主力军，新兴海洋产业增势显著，但现有发展水平参差不齐，且由于多为高新技术产业，对科技含量要求高，相关扶持政策也仍处于发展阶段。

我国沿海地区海洋经济对于各项税收收入也存在显著的带动效应。从不同税收来源看，海洋经济的引致税收收入弹性在消费税、所得税以及增值税三方面起显著带动作用。11 个沿海地区的引致税收收入弹性之间存在不均衡的问题。其中，增值税收入带动效应最为明显，紧接其后的是企业所得税；上海市海洋经济引致税收收入弹性最高，而广西壮族自治区海洋经济引致税收收入弹性低于平均水平，这说明沿海地区的海洋经济发展水平存在差异化，需在陆海统筹战略下更好地发挥海洋资源的优势，协同发展区域经济。

5 海洋经济对我国科技进步的贡献

大力发展海洋经济，可拓展国民经济发展空间，有效缓解资源紧缺问题，这是实施海洋强国战略的内在要求。由于海洋空间以及相关海洋资源开发利用的复杂性，海洋的开发利用发展必须依靠科技创新。因此，科技进步对推动海洋经济高质量发展至关重要。

要实现科技兴海的目标，必须打造海洋领域国家战略科技力量，提高科技进步对海洋经济的贡献率。科技进步贡献率是表征科技进步在经济增长中发挥作用程度的指标，是指技术进步对经济增长的贡献份额，即扣除了资本和劳动两要素外的其他因素对经济增长的贡献，反映了科技进步对经济增长的推动作用。党的十九大报告指出，我国经济已从高速增长转入高质量增长。深入挖掘海洋经济与国民经济科技进步贡献率，是进一步推进我国经济高质量发展的关键环节。

基于此，本书通过测算海洋科技进步贡献率和国民经济科技进步贡献率，对海洋经济的科技进步带动效应进行研究，以期正确认识现阶段海洋科技在海洋经济中发挥的作用，为沿海地区海洋经济的高质量发展提供理论依据和实践指导。

5.1 基于参数估计的科技进步贡献率分析

索罗余值法以包含资本、劳动和科技进步三要素的 C–D（Cobb–Douglas）生产函数为基础，将经济增长中劳动和资本两种投入要素对经济增长的影响部分扣除，余值便可归结为科技进步对经济增长的影响，即科技进步贡献率。索罗余值法具有操作简便、结果直观、符合经济理论、服从严格的数学推导等优点，是现阶段我国学术界和政府部门推崇的基于参数估计的科技进步贡献率的主要测算方法。作为测算科技进步率的最常用方法之一，索罗余值法在陆域经济的科技进步贡献率测算上具有普遍性和方法的成熟性。近年来，索罗余值法在海洋经济的科技进步贡献率测算上也有所应用。本书结合海洋经济相关数据的特征，采用索罗余值法准确测度海洋经济科技进步贡献率，并将其与国民经济科技进步贡献率进行对比，得出海洋经济对我国科技进步的边际贡献，本书将采用索罗余值法分别对海洋经济和国民经济增长中的科技进步贡献率进行测算。

5.1.1 海洋经济的科技进步贡献率测度

（1）科技进步贡献率测算方法

C–D 生产函数的一般形式是 $Y_t = A_0 e^{rt} K_t^{\alpha} L_t^{\beta}$，其中，$Y$、$K$、$L$ 分别表示产出量、资本投入量、劳动投入量，α、β 分别表示资本、劳动的产出弹性，A_0 为常数，表示基年的技术水平，r 也是常数，表示科技进步增长速度，t 表示时间，$A_0 e^{rt}$ 表示 t 年的综合科技水平。

以一般的生产函数形式为例，索罗余值法计算科技进步贡献率的基本原理如下。一般的生产函数可表示为 $Y_t = A_t f(K, L)$，其中，Y 为产出，t 为时间变量，A_t 表示技术进步系数。对上述生产函数进行系列变换，对 t 作全微分并除以 Y 得到

$$\frac{\dfrac{\mathrm{d}Y_t}{\mathrm{d}t}}{Y} = \frac{\dfrac{\mathrm{d}A}{\mathrm{d}t}}{A} + \frac{\partial f}{\partial K}\frac{\dfrac{\mathrm{d}K}{\mathrm{d}t}}{Y} + \frac{\partial f}{\partial L}\frac{\dfrac{\mathrm{d}L}{\mathrm{d}t}}{Y} \qquad 5\text{--}1\text{--}1$$

式中，定义 $\alpha = \dfrac{\partial Y}{\partial K}\dfrac{K}{Y}$，$\beta = \dfrac{\partial Y}{\partial L}\dfrac{L}{Y}$，则上式可以变为

$$\frac{\dfrac{\mathrm{d}Y_t}{\mathrm{d}t}}{Y} = \frac{\dfrac{\mathrm{d}A}{\mathrm{d}t}}{A} + \alpha\frac{\dfrac{\mathrm{d}K}{\mathrm{d}t}}{Y} + \beta\frac{\dfrac{\mathrm{d}L}{\mathrm{d}t}}{Y} \qquad 5\text{--}1\text{--}2$$

当时间间隔 t 很小时，可以用差分近似代替微分，即

$$\frac{\dfrac{\Delta Y}{\Delta t}}{Y} = \frac{\dfrac{\Delta A}{\Delta t}}{A} + \alpha\frac{\dfrac{\Delta K}{\Delta t}}{Y} + \beta\frac{\dfrac{\Delta L}{\Delta t}}{Y} \qquad 5\text{--}1\text{--}3$$

若 $\Delta t = 1$，令 $y = \dfrac{\Delta Y}{Y}$，$k = \dfrac{\Delta K}{K}$，$l = \dfrac{\Delta L}{L}$，$a = \dfrac{\Delta A}{A}$，则上式可以写为

$$y = a + \alpha k + \beta l \qquad 5\text{--}1\text{--}4$$

式 5–1–4 被称为增长速度方程。其中，a 表示科技进步速度，y、k、l 分别表示产出量、资本和劳动的年平均增长速度，α、β 分别表示资本、劳动的产出弹性。在实践中，若 $\Delta t > 1$，则令

$$y=\sqrt[t]{\frac{Y_t}{Y_0}}-1 \qquad\qquad 5\text{-}1\text{-}5$$

$$k=\sqrt[t]{\frac{K_t}{K_0}}-1 \qquad\qquad 5\text{-}1\text{-}6$$

$$l=\sqrt[t]{\frac{L_t}{L_0}}-1 \qquad\qquad 5\text{-}1\text{-}7$$

式中，Y_t、K_t、L_t 分别表示 t 期的产出、资本投入量、劳动投入量，t 表示时间间隔，此时，增长速度方程仍近似成立。这样，产出的增长可分解为三个因素：资本投入的增加、劳动投入的增加、科技进步。

得到增长速度方程后，对其进行变形，则科技进步为

$$\alpha=y-\alpha k-\beta l \qquad\qquad 5\text{-}1\text{-}8$$

对式 5-1-8 进行转换，可得

$$\frac{\alpha}{y}=1-\alpha\frac{k}{y}-\beta\frac{l}{y} \qquad\qquad 5\text{-}1\text{-}9$$

因而科技进步对经济增长的贡献率可以表示为

$$E_\alpha=\frac{\alpha}{y}\times100\%=\left(1-\alpha\frac{k}{y}-\beta\frac{l}{y}\right)\times100\% \qquad 5\text{-}1\text{-}10$$

E_α 即为索罗余值法所计算的科技进步贡献率。

(2) 全国海洋经济科技进步贡献率

以 2006—2019 年海洋生产总值为产出量。投入量则包括资本和劳动，其中，对于资本投入量，大多采用区域全社会年固定资产投资总额、当年投资量、永续盘存法计算的资本存量等指标来表示。由于《中国海洋统计年鉴》未对海洋固定资产投资进行统计，这里沿用已有研究对海洋资本存量的计算方式，利用永续盘存法计算国民经济资本存量，并利用海洋经济在国民经济中的占比，对海洋资本存量予以估算。对于劳动力数据，使用的是涉海就业人员数量。另外，为了消除物价因素影响，这里以 2005 年为基期对数据进行了定基化处理。以上数据皆来自《中国海洋统计年鉴》和《中国统计年鉴》。

第一，C-D 生产函数的估计。

基于海洋科技贡献率测算模型，为加强测算结果的可靠性，将采用不同形式的 C-D 生产函数对 α 和 β 进行测算，并加以比较分析，以选取最佳弹性系数。

① $Y=AK^\alpha L^\beta u$

采用 $Y=AK^{\alpha}L^{\beta}u$ 形式，对模型两边取对数，则 $\text{Ln } Y=\text{Ln}A+\alpha \ln K+\beta \ln L$，通过 EVIEWS 11 进行最小二乘回归。求得模型为：

$$\text{Ln } Y=-16.8267+0.4417\ln K+2.7250\ln L$$

$$(-5.89)\quad (4.63)\quad\quad (5.65)$$

$$Ajusted\ R^2=0.9904\quad F=673.73\quad D.W.=0.44$$

由以上结果可以看出，我国海洋经济增长中的资本和劳动的产出弹性系数均为正，符合实际经济意义，但和国家计委、国家统计局给定的弹性系数存在差异。同时，资本和劳动的产出弹性系数也均通过了参数的显著性检验。因此，上述方程理论上可以正确反映海洋经济增长的规律，根据规模报酬不变假定，$\alpha+\beta=1$，故资本产出弹性 $\tilde{\alpha}=\dfrac{\alpha}{\alpha+\beta}=0.139$，劳动产出弹性 $\tilde{\beta}=0.861$。

② $Y=A_0e^{rt}K^{\alpha}L^{\beta}u$

在 C–D 生产函数的基础上，加入时间项，其中 r 表示技术的平均进步速度，经过对数化处理后进行回归，得到如下式：

$$\text{Ln } Y=-39.4614-0.0975t+1.1714 \ln K+4.5361 \ln L$$

$$(-11.27)(-6.92)\quad\quad (10.33)\quad\quad (13.51)$$

$$Ajusted\ R^2=0.9982\quad F=2377.08\quad D.W.=1.486$$

与上一结果相比，方程的拟合优度提高，资本产出弹性 $\tilde{\alpha}=\dfrac{\alpha}{\alpha+\beta}=0.205$，劳动产出弹性 $\tilde{\beta}=0.795$。而且弹性系数估计值和国家计委、国家统计局给定值 $\alpha=0.35$ 和 $\beta=0.65$ 更加接近，符合实际经济意义。

③ $\dfrac{Y}{L}=A\left(\dfrac{K}{L}\right)^{\alpha}u$

为了保证研究的准确性和完整性，将 $\alpha+\beta=1$ 的规模报酬不变假设包含其中，对 C–D 生产函数进行变形，得到 $\dfrac{Y}{L}=A\left(\dfrac{K}{L}\right)^{\alpha}u$。回归结果如下：

$$\ln \frac{Y}{L}=-1.0138+0.9381 \ln \frac{K}{L}$$

$$(-4.53)\quad (15.44)$$

$$Ajusted\ R^2=0.9481\quad F=238.41\quad D.W.=0.3122$$

与前两个结果相比，模型的拟合优度未有提高，因此，此模型不予采用。

综上，选取第二个回归形式，即加入时间项的 C–D 生产函数计算出来的弹性系数较为可靠，与国家计委、国家统计局给定的 α=0.35 和 β=0.65 较为契合，因此取 α=0.205，β=0.795。

第二，我国海洋科技进步贡献率估计。

根据选定的弹性系数值，以海洋生产总值、资本、劳动数据为基础，计算 2006—2019 年我国海洋科技进步贡献率。

海洋生产总值年均增长率为 $y=\sqrt[13]{\dfrac{Y_t}{Y_0}}-1=8.78\%$，

海洋资本增长率为 $k=\sqrt[13]{\dfrac{K_t}{K_0}}-1=8.28\%$，

海洋劳动增长率为 $l=\sqrt[13]{\dfrac{L_t}{L_0}}-1=1.95\%$，

海洋科技进步为 $a=y-\alpha k-\beta l=5.53\%$，

因此，海洋经济增长的科技进步贡献率为 $E_\alpha=\dfrac{\alpha}{y}=62.99\%$，海洋资本贡献率为 $E_k=\dfrac{\alpha k}{y}=19.33\%$，海洋劳动贡献率为 $E_k=\dfrac{\beta k}{y}=17.68\%$。

为了研究不同阶段海洋科技进步贡献率的发展趋势，计算出"十一五"时期、"十二五"时期、2016—2019 年以及 2006—2019 年的海洋科技进步贡献率，并绘制柱状图（图 5-1-1）。

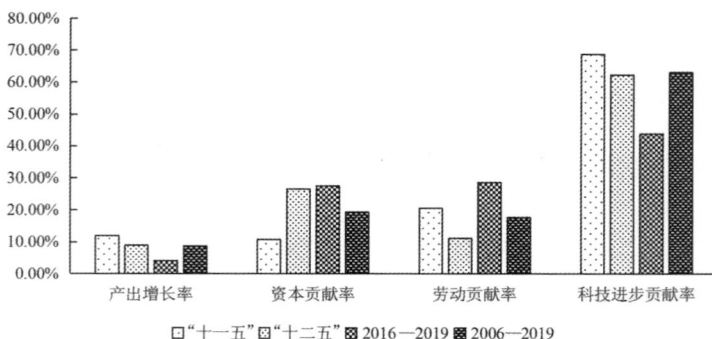

图 5-1-1 不同时期海洋经济资本、劳动、科技进步贡献率

如图 5-1-1 所示，2006—2019 年我国海洋科技进步贡献率的整体水平为 62.99%，基本达到了《全国科技兴海规划（2016—2020)》提出的要求，即海洋科技进步对海洋经济增长贡献率超过 60%，但仍低于发达国家平均水平（70%~80%）。同时，2006—2019 年劳动和资本对产出增长的贡献率均接近

20%，表明我国海洋经济的产出增长较高程度地依赖劳动和资本投入。为更好地发挥和利用科技进步对海洋经济高质量发展的拉动作用，需要加快海洋经济发展模式转换和海洋产业升级转型。

不同时期海洋科技进步贡献率不同，"十一五"期间的海洋科技进步贡献率为68.65%，处于2006—2019年的最高水平。这是由于在《国家"十一五"海洋科学和技术发展规划纲要》的指导下，我国沿海地区对海洋科技的引领作用日益重视，并适时切实地转变了海洋经济增长方式，竭力提高海洋经济增长质量，"科技兴海"等一系列工作取得了较好进展。"十二五"时期海洋科技进步贡献率相较"十一五"时期稍有缩小，下降为62.24%，这主要是由于"十二五"时期的资本贡献率相较"十一五"时期增加了两倍多，大量的资本投入尚未及时转化为科技成果。而2016—2019年我国科技进步贡献率下降更为明显，这主要是由于劳动贡献率的明显增加，海洋产业为社会提供的就业机会逐年增多，涉海就业人员逐年增长，但提供的主要是基础性职位，《中国海洋统计年鉴（2017）》显示，2016年底全国涉海就业人员达3 622.5万人，其中从事涉海科技活动的人员仅有2.9万人，涉海劳动力结构中研发人员占比较少。同时，资本贡献率也呈逐年递增态势，说明我国在海洋产业中的资本投入较多，但资本利用效率并不高，未能及时将大量的资本投入转化为海洋科技成果，从而导致了海洋科技进步的边际贡献率递减。因此未来我国应加强对海洋科技成果转化的重视，使海洋科技成果更快更好地转化为现实生产力，进一步提高海洋科技进步贡献率，以科技创新带动海洋资源开发，推动海洋经济持续高质量发展。

(3) 三大海洋经济圈海洋经济科技进步贡献率

利用上述方法测算我国三大海洋经济圈2006—2019年的海洋科技进步贡献率，如图5-1-2所示。

我国三大海洋经济圈的科技进步贡献率存在较大差距。东部海洋经济圈的科技进步贡献率高达71.57%，达到了发达国家的平均水平（70%~80%），南部海洋经济圈的科技进步贡献率为66.97%，与发达国家平均水平仅存在细微差距，而北部海洋经济圈的科技进步贡献率为56.93%，与发达国家平均水平存在一定差距。造成三大海洋经济圈科技进步贡献率存在差异的原因可能有以下几点。第一，已有研究表明东部海洋经济圈的海洋产业金融支持效率最高，且经济基础较好，能为海洋经济发展提供较为充足的资金和技术资源支持，海洋新兴产业发展较快，而北部海洋经济圈陆域经济主要依托重工业发展，海洋产业对资金需求规模大、周期长，且海洋科技成果转化周期长。第二，在 2018 年国家发展改革委和自然资源部联合下发的《建设 14 个海洋经济发展示范区》中，东部、南部海洋经济圈所包含的每个沿海地区中均设有海洋经济发展示范区，且东部海洋经济圈的省平均示范区个数最多，而北部海洋经济圈中的示范区并未覆盖所有沿海地区，由于示范区具有大量的政策支持和科研投入，对区域海洋科技的发展具有较好的带动效应，此效应在北部海洋经济圈中并未凸显。

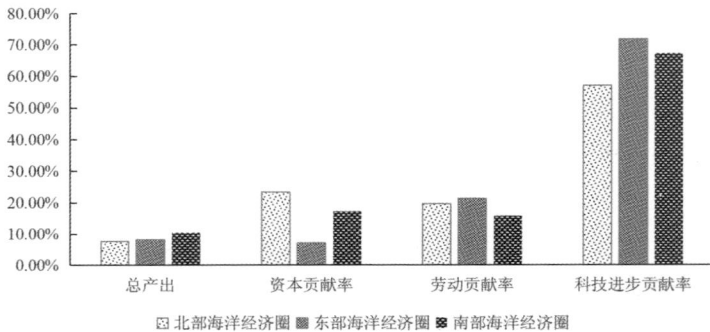

图 5-1-2　三大海洋经济圈海洋科技进步贡献率

5.1.2　国民经济的科技进步贡献率测度

为了比较科技进步在海洋经济与国民经济中贡献率的差别，沿用 C-D 生产函数的索罗余值法分别从全国、11 个沿海地区、三大海洋经济圈进行了国民经济科技进步贡献率的测度。以 2006—2019 年国内生产总值（GDP）为产出量。投入量则包括资本和劳动。其中，对于资本投入量，利用永续盘存法进行计量。对于劳动力数据，使用的是就业人员数量。另外，为了消除物价因素影响，对于国内生产总值和资本存量均进行了定基化处理，基期为 2005 年。以上数据皆来自《中国统计年鉴》。

（1）全国国民经济科技进步贡献率

为了研究不同阶段科技进步对国民经济贡献率的发展趋势，计算出"十一五"时期、"十二五"时期，2016—2019 年、2006—2019 年我国国民经济的科技进步贡献率，并绘制柱状图。

如图 5-1-3 所示，2006—2019 年，国民经济的产出增长率呈现下降趋势，但是国民经济的科技进步贡献率却在 2016—2019 年时段呈现出明显的上升趋势，这与我国经济从高速增长阶段转向高质量增长阶段的现实情况相符。虽然产出增速下降，但是实现了国民产出更多地依靠科技进步带动，科技进步已成为 GDP 增长的主要引擎。2006—2019 年我国国民经济的科技进步贡献率高达71.16%，达到了发达国家科技对经济增长贡献率的平均水平。随着我国科研投入的不断加大，2016—2019 年国民经济的科技进步贡献率增长尤为迅猛，高达79.20%，相较于"十二五"时期同比增长 23.42%，表明科技进步不断为我国国民经济的高质量发展增添新动力。值得注意的是，从"十二五"时期到 2016—2019 年时段，资本贡献率维持不变，劳动贡献率由正转负，科技进步贡献率大幅增长，劳动贡献率的降低主要是因为我国人口红利日渐消退，劳动力出现了由过剩走向短缺的"刘易斯拐点"，同时我国在 2016—2019 年大力推进人工智能的发展，技术进步使机器替代了大部分的劳动力需求，使得我国国民经济的科技进步贡献率大幅增长。

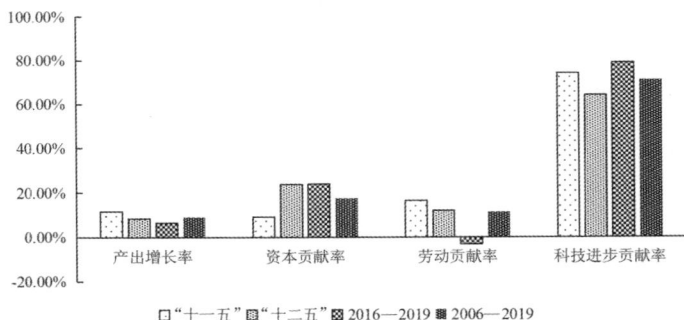

图 5-1-3　不同时期国民经济的科技进步贡献率

（2）三大海洋经济圈国民经济科技进步贡献率

2006—2019 年，三大海洋经济圈的国民经济科技进步贡献率，如图 5-1-4所示。从国民经济的科技进步贡献率来看，东部海洋经济圈处于最高水平，为79.21%，南部海洋经济圈次之，为 74.14%。东部、南部两大海洋经济圈的国民经济科技进步贡献率均达到了发达国家科技对经济增长贡献率的平均水平，而北部海洋经济圈的国民经济科技进步贡献率为 41.96%，较东部、南部海洋经济圈的差距超过 30%。

从国民经济的资本和劳动贡献率来看，东部海洋经济圈的资本贡献率（10.55%）和劳动贡献率（10.24%）大致相等，表明东部地区的资本和劳动投入较为均衡，这与东部沿海地区对资金和人才吸引力均较强的现实情况相符；

南部海洋经济圈的劳动贡献率（20.58%）高于资本贡献率（5.28%），这与南部沿海地区为我国人口提供了大量就业岗位的实际一致；北部海洋经济圈的资本贡献率（54.41%）远高于劳动贡献率（3.63%），这与北部沿海地区经济主要依托需要大量资金投入的重工业发展、且存在大量人口流出的实际情况相符，同时也反映出北部海洋经济圈存在资本转化效率不高、资本投入未能大幅推动科技进步等问题。

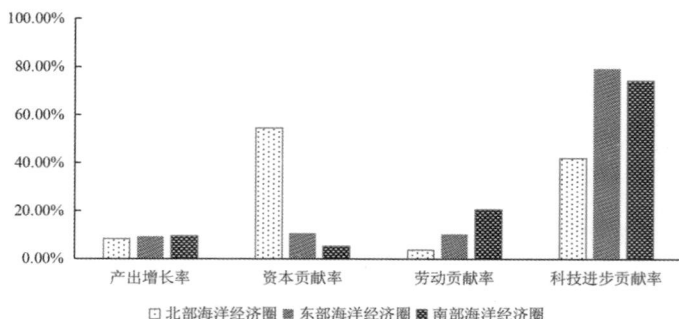

图 5-1-4　三大海洋经济圈国民经济科技进步贡献率

5.1.3　海洋经济与国民经济科技进步贡献率比较分析

（1）海洋经济与国民经济资本贡献率对比

如图 5-1-5 所示，从资本贡献率来看，我国"十一五"时期、"十二五"时期、2016—2019 年时段各期海洋经济的资本贡献率逐期上升，并超过同期国民经济的资本贡献率，这表明资本投入的增加对我国海洋经济的发展发挥了重要作用。其原因可能在于，相对于国民经济发展而言，海洋资源开发利用更加需要不断突破新技术、创造新方法、开拓新领域。海洋经济的发展依赖于海洋资源的开发必须向纵深发展，海洋领域的资本投入保持稳定增长。当然，这也与我国提倡大力发展海洋经济，加强海洋产业基础设施建设密不可分。但由于生态环境的约束以及海洋开发利用活动范围及海洋技术的限制，这一态势无法一直呈现持续状态，如海水养殖面积等不可能保持持续高速的增加。因此，北部和南部海洋经济圈在 2016—2019 年的资本贡献率相对于"十二五"时期均有减小，表明在一定的技术水平下，当资本投入达到一定的阶段时，就会出现边际报酬递减的倾向。

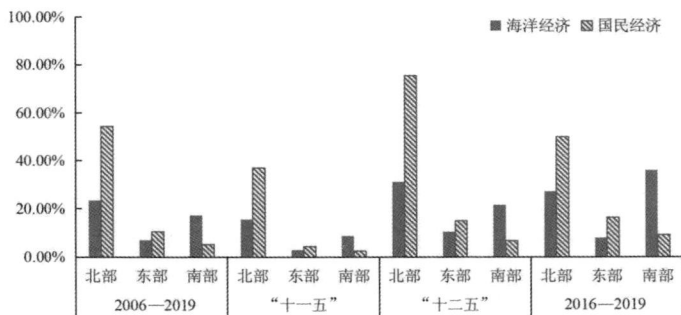

图 5-1-5　不同时期三大海洋经济圈的资本贡献率

（2）海洋经济与国民经济劳动贡献率对比

如图 5-1-6 所示，从劳动贡献率来看，海洋劳动要素投入增长对沿海地区海洋经济增长的贡献率偏低，并且各沿海地区的差距不大，集中在 11.77%～30.95%之间。相较于资本贡献率，海洋劳动力的增长对海洋经济增长的贡献偏小，这在一定程度上表明我国海洋经济的发展已逐渐摆脱对劳动力的依赖，目前我国海洋经济增长主要依靠资本、技术进步，劳动力增长对海洋经济贡献率的提高将依赖于劳动力素质提升、专业技能加强和单位劳动产量提高来实现。

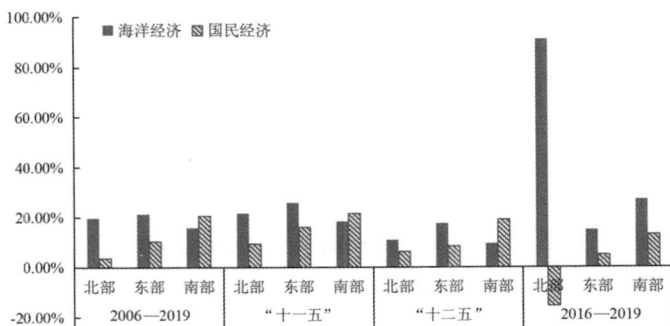

图 5-1-6　不同时期三大海洋经济圈的劳动贡献率

（3）海洋经济与国民经济科技进步贡献率对比

如图 5-1-7 所示，从科技进步贡献率来看，我国"十一五"时期、"十二五"时期、2016—2019 年时段海洋经济的科技进步贡献率逐期下降，并低于同期国民经济的科技进步贡献率，这表明我国科技进步对于海洋经济增长的促进作用还存在较大的提升空间。从各沿海地区的科技进步贡献率来看，由图 5-1-2 可以清楚地看出一方面科技进步贡献率对沿海地区海洋经济增长的作用普遍比较明显，除河北省之外，其他沿海地区的海洋科技进步贡献率均超过了海洋资本和海洋劳动力贡献之和，其中，上海市最高，为82.11%，表明我国海洋经济的增长主要是依靠海洋科技投入拉动的科技创新驱动型增长模式。另一方面，部分沿海地区科技进步贡献率对国民经济的促进作用不明显。由于国民经济产出差异过大，国民经济科技进步年均增长率与产出年均增长率相差较小的地区，在相同单位的科技投入下国民经济科技进步贡献率变化相较于海洋经济不显著，会呈现出科技进步贡献率低于资本和劳动力贡献之和的变化态势。

2006—2019年，北部海洋经济圈科技进步贡献率呈现波动较大，并在2016—2019年时段下降为–18.52%，这说明北部海洋经济圈各沿海地区的海洋科技成果转化还需要加快，使其转化为现实的海洋生产力。不过东部海洋经济圈的科技进步贡献率逐期上升，这与东部海洋经济圈上海的科技带动力量分不开的。在《国家"十二五"海洋科学和技术发展规划纲要》《上海市海洋"十三五"规划》《浙江省海洋新兴产业发展规划（2010—2015)》等规划的指导下，东部沿海地区以提升海洋科技支撑能力为目标，切实转变了海洋经济增长方式，提高了海洋经济增长质量，"科技兴海"等一系列工作取得了较好进展。基于此，东部海洋经济圈海洋科技进步贡献率也呈现持续增长的态势。

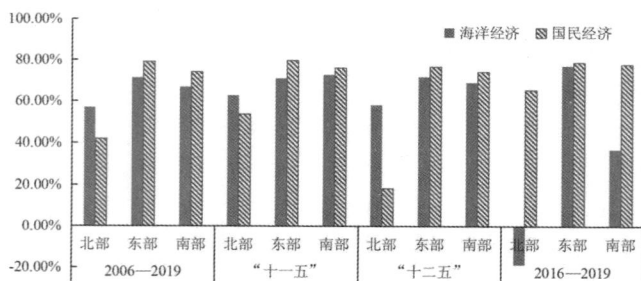

图 5-1-7　不同时期三大海洋经济圈的科技进步贡献率

综合以上分析可知：从整体来看，资本、劳动力和科技进步对海洋经济增长的影响波动性较大，沿海地区经济增长动力主要源于资本投入与科技投入，海洋经济增长中的劳动贡献率大多为11.77%~30.95%，国民经济增长中的劳动贡献率相对更低。随着科技发展规划政策的实施，科技投入对于经济增长的正向影响正日益显现。由于陆海间经济总量、产出及科技进步速率存在差异，部分沿海地区的国民经济与海洋经济的科技进步贡献率变化呈现不同步的特征，天津市、山东省、浙江省、福建省、海南省、广西壮族自治区的海洋经济科技进步贡献率均高于国民经济。

5.2　基于非参数估计的科技进步分析

5.2.1　海洋经济的科技进步水平测度

经济增长中的技术进步可以通过参数方法和非参数方法两种手段进行测算。考虑到参数法多用于评价决策单元数量较少，且需要提前预测生产函数形式，而非参数法不需提前设定函数形式，运用线性规划技术来确定生产前沿面，能够有效避免主观设定生产函数和分布形式造成的误差。基于此，为准确把握我国海洋经济发展的技术进步水平，本书选择非参数方法对其进行测算和分析。

（1）基于非参数估计的技术进步测算方法

本书使用基于方向距离函数的 DEA 模型来测算我国海洋经济全要素生产率（TFP），通过对指数的分解，得出由效率变化和技术进步分别导致的增长率改变。随后，将技术变化进一步分解得到产出偏向型技术变化（OBTC）、投入偏向型技术变化（IBTC）以及技术规模变化（MATC）指数。其中，MATC 为中性技术进步，衡量在去除技术进步中存在偏向的成分后，在两个时期间技术进步的幅度；IBTC 和 OBTC 分别为投入偏向性技术进步和产出偏向性技术进步，当 IBTC 大于 1 时，则说明技术进步在不同投入要素间的偏向促进了全要素生产率的提高，IBTC 小于 1 则说明技术在投入要素间的偏向未能推动技术水平的提升，反而导致了技术退步，进而对全要素生产率的提高起到了抑制作用；OBTC 则是对产出端偏向性技术进步程度的衡量，若大于 1 则说明技术在各产出间的偏向推动了生产率的提高，反之则起到抑制作用。具体测度方法如下。

将每一个沿海地区作为一个决策单元构造最佳生产前沿。假定经济中存在 $k(k=1, \cdots, K)$ 个决策单元，第 k 个决策单元在时期 $t(t=1, \cdots, T)$ 中，使用了 N 种投入记为 $x_k^t = (x_{1k}^t, \cdots, x_{nk}^t, \cdots, x_{Nk}^t)$，产生 P 种期望产出 $y_k^t = (y_{1k}^t, \cdots, y_{pk}^t, \cdots, y_{Pk}^t)$，以 Chung 等（1997）的研究为基础，弱可处置方向性距离函数（DDF）为

$$\boldsymbol{D}_0^t(x^t, y^t; y^t) = \max \beta$$

$$s.t. \begin{cases} \sum_{k=1}^{K} z_k^t x_{nk}^t \leq x_{nk}^t, \quad n=1,2,\cdots,N \\ \sum_{k=1}^{K} z_k^t y_{pk}^t \geq (1+\beta)y_{pk}^t, p=1,2,\cdots,P \\ z_k^t \geq 0, k=1,2,\cdots,K \end{cases} \qquad 5\text{-}2\text{-}1$$

式中，z_k^t 为第 k 个沿海地区在时期 t 的生产前沿上的权重。β 衡量决策单元在方向向量 (y^t) 下与生产前沿面的距离。$\beta=0$ 即该沿海地区位于生产前沿面上，其生产是有效率的；$\beta>0$ 则表明地区海洋经济处于无效率阶段。

基于弱可处置的 DDF 模型刻画了区域海洋经济的生产行为，将其与 Malmquist 生产率指数方法相结合，可用于分析我国海洋经济全要素生产率变化，M 指数计算为：

$$M=\sqrt{\frac{1+D_0^t(x^t,y^t;y^t)}{1+D_0^t(x^{t+1},y^{t+1};y^{t+1})} \times \frac{1+D_0^{t+1}(x^t,y^t;y^t)}{1+D_0^{t+1}(x^{t+1},y^{t+1};y^{t+1})}} \qquad 5\text{-}2\text{-}2$$

M 指数刻画了从 t 到 $t+1$ 过程中技术效率的变化，M 大于 1 表明在这一阶段全要素生产率获得了提高，沿海区域海洋经济的发展状况获得了提升，反之则代表海洋经济全要素生产率的降低。M 指数通过进一步分解可获得技术效率变化指数（EC）与技术进步指数（TC）：

$$M=EC \times TC \qquad 5\text{-}2\text{-}3$$

$$EC=\frac{1+D_0^t(x^t,y^t;y^t)}{1+D_0^{t+1}(x^{t+1},y^{t+1};y^{t+1})} \qquad 5\text{-}2\text{-}4$$

$$TC=\sqrt{\frac{1+D_0^{t+1}(x^t,y^t;y^t)}{1+D_0^t(x^t,y^t;y^t)} \times \frac{1+D_0^{t+1}(x^{t+1},y^{t+1};y^{t+1})}{1+D_0^t(x^{t+1},y^{t+1};y^{t+1})}} \qquad 5\text{-}2\text{-}5$$

式中，EC 度量了决策单元的技术效率变化，衡量了沿海区域间海洋经济的追赶效应，EC 大于 1 表明效率水平的提高；TC 测度了从 t 到 $t+1$ 时期技术水平的变化，TC 大于 1 则说明存在技术进步，反之为技术退步。为进一步分析技术进步是否存在偏向性，仿照 Fare 等（1997）的研究，对 TC 指数进行进一步分解，将其分解为中性技术进步、投入偏向性技术进步以及产出偏向性技术进步：

$$TC=\frac{1+D_0^{t+1}(x^t,y^t;y^t)}{1+D_0^t(x^t,y^t;y^t)} \times \sqrt{\frac{1+D_0^t(x^t,y^t;y^t)}{1+D_0^{t+1}(x^t,y^t;y^t)} \times \frac{1+D_0^{t+1}(x^{t+1},y^t;y^t)}{1+D_0^t(x^{t+1},y^t;y^t)}} \times$$
$$\sqrt{\frac{1+D_0^{t+1}(x^{t+1},y^{t+1};y^{t+1})}{1+D_0^t(x^{t+1},y^{t+1};y^{t+1})} \times \frac{1+D_0^t(x^{t+1},y^t;y^t)}{1+D_0^{t+1}(x^{t+1},y^t;y^t)}} \qquad 5\text{-}2\text{-}6$$

$$=\text{OBTC}\times\text{IBTC}\times\text{MATC}$$

$$\text{MATC}=\frac{1+D_0^{t+1}(x^t,y^t;y^t)}{1+D_0^t(x^t,y^t;y^t)} \qquad 5\text{-}2\text{-}7$$

$$\text{IBTC}=\sqrt{\frac{1+D_0^t(x^t,y^t;y^t)}{1+D_0^{t+1}(x^t,y^t;y^t)}\times\frac{1+D_0^{t+1}(x^{t+1},y^t;y^t)}{1+D_0^t(x^{t+1},y^t;y^t)}} \qquad 5\text{-}2\text{-}8$$

$$\text{OBTC}=\sqrt{\frac{1+D_0^{t+1}(x^{t+1},y^{t+1};y^{t+1})}{1+D_0^t(x^{t+1},y^{t+1};y^{t+1})}\times\frac{1+D_0^t(x^{t+1},y^t;y^t)}{1+D_0^{t+1}(x^{t+1},y^t;y^t)}} \qquad 5\text{-}2\text{-}9$$

基于数据的可得性选取 2006—2019 年为时间跨度，对 11 个沿海地区的投入产出数据进行处理分析，所涉及的投入产出指标具体如下。

投入指标。投入要素主要涉及资本（K）、劳动（L）。将海洋经济资本存量作为指标衡量各沿海地区的资本投入，估算该指标时则借鉴张军等（2004）采用的永续盘存法，计算公式为 $K_{it}=K_{it-1}(1-\delta_{it})+I_{it}$。其中，以 2005 年为基年，基年资本存量由该年的固定资本形成总额除以 10% 表示。折旧率 δ_{it} 则用 10.96% 固定处理；考虑到价格变化因素，投资 I_{it} 则用固定资产投资指数对固定资本形成总额进行 2005 年不变价折算。此外，将所得资本存量按 GOP 在 GDP 中的比重进行折算，得到海洋经济资本存量。劳动投入则选用涉海就业人员数作为投入指标进行衡量。

产出指标（Y）。选用海洋生产总值（GOP）来衡量，GOP 体现了各沿海地区当年海洋经济活动的最终生产成果，并将其以 2005 年的不变价进行折算。

以上指标数据均来源于《中国统计年鉴》《中国海洋统计年鉴》、中国环境统计年鉴》以及各沿海地区的统计年鉴，并采用多重插补法对个别缺失数据进行填补。投入产出变量的描述性统计见表 5-2-1。

表 5-2-1　投入产出指标变量的描述性统计

投入产出指标		符号	单位	均值	最小值	最大值	标准差
投入	资本存量	K	亿元	13 068.65	1 118.718	49 877.97	9 857.168
	劳动力	L	万人	312.325 9	81.5	912.61	215.454 4
产出	GOP	Y	亿元	3 756.822	282.980 7	13 485.86	2 956.205

（2）全国层面海洋经济技术进步分析

根据所选取的投入产出指标，对我国 2006—2019 年海洋经济的全要素生产率（TFP）、技术进步指数（TC）、技术效率变化指数（EC）进行测算。尔后，测算了我国 2006—2019 年海洋经济的投入偏向性技术进步指数（IBTC）、产出偏向性技术进步（OBTC）和中性技术进步指数（MATC）。

如图 5-2-1 所示，2006—2019 年我国海洋经济全要素生产率（TFP）、技术进步指数（TC）和技术效率变化指数（EC）的相关趋势。总体上，我国海洋经济全要素生产率为 1.162，技术进步指数和技术效率变化指数为 1.151 与 1.01。与此同时，我国海洋经济全要素生产率波动较为稳定，技术效率变化指数的变动趋势与海洋经济全要素生产率基本一致，海洋经济技术进步指数稳中有降，但其数值均大于 1。这意味着我国海洋经济的发展主要依赖于正向的技术进步。

海洋经济全要素生产率在 2011 年有较为明显的上升趋势，可能的原因是，2011 年国务院加大了对中小微企业税收优惠政策和扶持力度，缓解了中小微企业资金短缺等问题，涉海企业也趁此时机积极引进新设备、新技术并调整生产结构，提高了全要素生产率。2012 年我国经济增速回落，由此导致了全要素生产率的下降。2013—2015 年，涉海企业注重转变生产结构，促使海洋经济全要素生产率略有所上升。但 2015 年后出现轻微下降。"十二五"期间我国加快结构调整步伐，加快动力转换，对海洋经济发展质量提出更高要求。许多涉海企业紧跟国家发展要求，积极引进新设备、新技术并调整生产结构，使得技术效率有所提升。很多涉海企业虽然加大了投资、引入了新技术和新设备，但由于涉海投资存在周期长、风险大等特征，反而出现了技术进步下滑的情况，从而导致海洋经济全要素生产率的下滑。

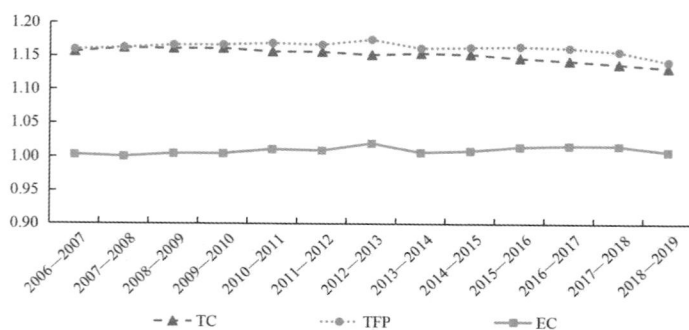

图 5-2-1　我国海洋经济 TC、TFP、EC

如图 5-2-2 所示，根据我国海洋经济的技术进步指数（TC）分解结果来看，其海洋经济投入偏向性技术进步（IBTC）和产出偏向性技术进步（OBTC）两者差别不大，且均在 1.15 附近小幅波动；中性技术进步（MATC）低于 1.00，波动幅度也较小。综合作用下，海洋经济技术进步约为1.15，其趋势较为稳定。这表明我国海洋经济技术进步主要源于投入偏向性技术进步和产出偏向性技术进步。

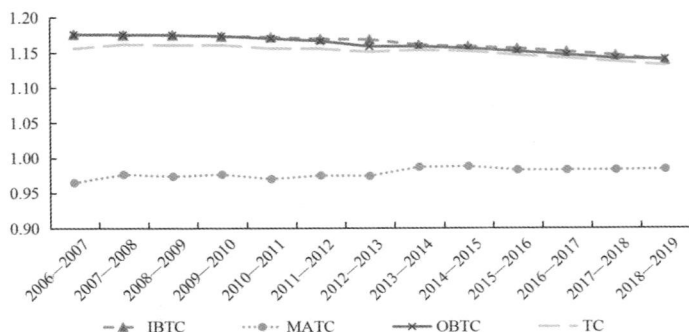

图 5-2-2　我国海洋经济 IBTC、MATC、OBTC、TC

（3）北部海洋经济圈海洋经济技术进步分析

如图 5-2-3 所示，2006—2019 年北部海洋经济圈的海洋经济全要素生产率（TFP）年均值为 1.153，技术进步指数（TC）和技术效率变化指数（EC）年平均值分别为 1.143 与 1.01。与此同时，北部海洋经济圈海洋经济全要素生产率波动较为稳定，技术效率变化指数的变动趋势与海洋经济全要素生产率基本一致，技术进步指数稳中有降，但其数值均大于 1。这表明北部海洋经济圈海洋经济的发展主要依赖于正向的技术进步，技术效率变化对海洋经济发展也有强化作用。

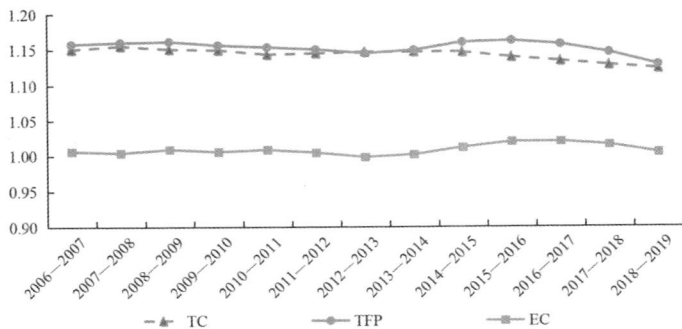

图 5-2-3　北部海洋经济圈海洋经济 TC、TFP、EC

2014 年，北部海洋经济圈的海洋经济全要素生产率有明显上升趋势。可能的原因是 2013 年"一带一路"倡议提出，北部海洋经济圈作为"一带一路"

与黄河生态带交会的枢纽地区，其地理位置优越，海洋资源丰富，加上政策利好，使得其全要素生产率在 2014 年左右提升较快。值得注意的是，虽然此时的海洋经济技术效率变化指数也在提升，但技术进步呈下降趋势，这抑制了全要素生产率的上升幅度。

如图 5-2-4 所示，根据北部海洋经济圈海洋经济的技术进步指数（TC）分解结果来看，其 TC 与投入偏向性技术进步指数（IBTC）、产出偏向性技术进步指数（OBTC）走势基本契合。与此同时，IBTC 和 OBTC 始终高于 1.10，而 MATC 始终低于 1.00。特别是"十三五"以来，MATC 有上升趋势，而 IBTC 和 OBTC 呈现轻微下降趋势。综合作用下，北部海洋经济圈的海洋经济技术进步呈稳中有降趋势。这表明北部海洋经济圈的海洋经济技术进步主要取决于投入偏向性技术进步和产出偏向性技术进步。但技术进步对海洋经济全要素生产率的提升作用在逐步放缓。

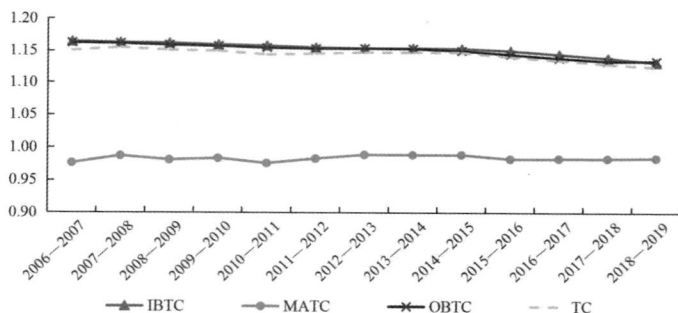

图 5-2-4　北部海洋经济圈海洋经济 IBTC、MATC、OBTC、TC

（4）东部海洋经济圈海洋经济技术进步分析

如图 5-2-5 所示，2006—2019 年东部海洋经济圈的海洋经济全要素生产率（TFP）年平均值为 1.181，技术进步指数（TC）和技术效率变化指数（EC）分别为 1.178 与 1.00。与此同时，东部海洋经济圈的海洋经济全要素生产率呈缓慢且波动上升态势，技术效率变化指数的变动趋势与海洋经济全要素生产率基本一致。但"十三五"以来，海洋经济全要素生产率增速放缓，甚至有下降趋势，与之相对应的技术进步指数也在下降，而技术效率变化指数仍处在上升趋势。这一结果进一步凸显了技术进步对海洋经济全要素生产率的关键作用。可见，东部海洋经济圈的海洋经济发展主要依赖于正向的技术进步。

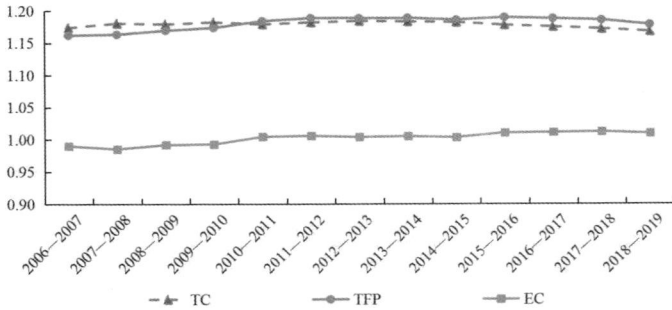

图 5-2-5　东部海洋经济圈海洋经济 TC、TFP、EC

如图 5-2-6 所示，根据东部海洋经济圈海洋经济的技术进步指数 TC 分解结果来看，其 TC 与投入偏向性技术进步指数（IBTC）、产出偏向性技术进步指数（OBTC）走势基本契合。与此同时，IBTC 与 OBTC 始终高于 1.15，波动平缓，而 MATC 始终低于 1.00，波动也较为平缓。这表明东部海洋经济圈的海洋经济增长的技术进步主要源于投入偏向性技术进步和产出偏向性技术进步，东部海洋经济圈应继续改善其技术进步环境，增强区域间协同创新。

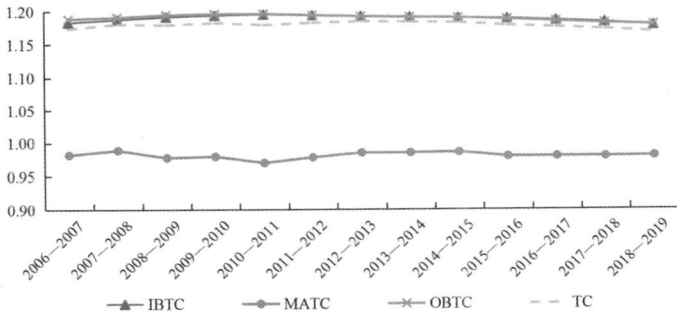

图 5-2-6　东部海洋经济圈海洋经济 IBTC、MATC、OBTC、TC

（5）南部海洋经济圈海洋经济技术进步分析

如图 5-2-7 所示，2006—2019 年南部海洋经济圈的海洋经济全要素生产率（TFP）年平均值为 1.158，技术进步指数（TC）和技术效率变化指数（EC）分别为 1.140 与 1.02。与此同时，南部海洋经济圈的技术进步指数的趋势稳定，在 1.15 附近小幅波动；相较而言，技术效率变化指数波动较为明显，同时决定了其全要素生产率波动性。这主要是由于南部海洋经济圈是海洋灾害的高发区域，海洋灾害会对海洋资源系统造成重大破坏，使其资源环境不稳定。这表明南部海洋经济圈海洋经济的发展主要依赖于正向的技术进步。

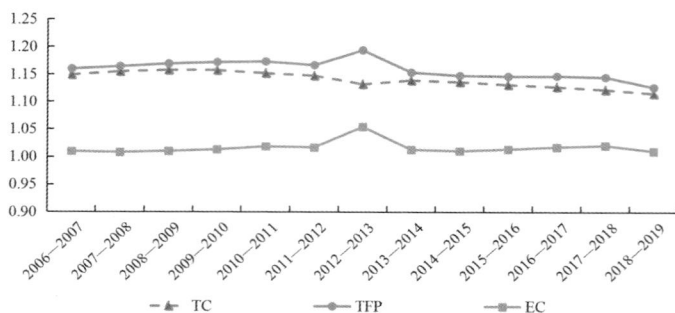

图 5-2-7　南部海洋经济圈海洋经济 TC、TFP、EC

如图 5-2-8 所示，根据南部海洋经济圈的技术进步指数 TC 分解结果来看，其海洋经济投入偏向性技术进步（IBTC）和产出偏向性技术进步（OBTC）两者差别不大，且均在 1.15 附近小幅波动；中性技术进步 MATC 低于 1 且波动幅度相对较大。综合作用下，南部海洋经济圈的海洋经济技术进步整体呈下降趋势。这表明南部海洋经济圈 IBTC 和 OBTC 对其技术进步有拉升作用；但投入偏向性技术进步和产出偏向性技术进步的下降也导致了其海洋经济总体技术进步的下滑。

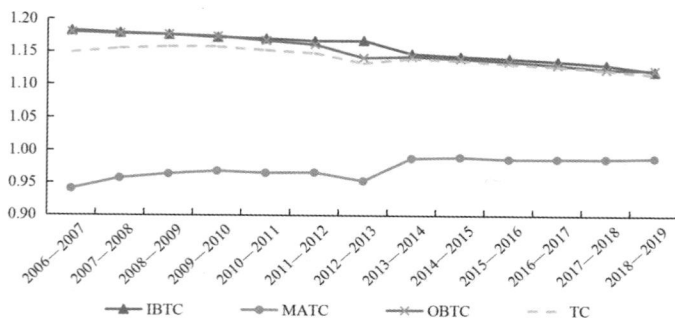

图 5-2-8　南部海洋经济圈海洋经济 IBTC、MATC、OBTC、TC

综合以上分析可知：全国层面与三大海洋经济圈的海洋经济发展主要依赖于技术进步，特别是投入偏向性技术进步和产出偏向性技术进步。三大海洋经济圈海洋经济技术进步情况各有所不同，应依据自身特征进行相应调整。北部海洋经济圈技术进步对其海洋经济全要素生产率的提升作用在逐步放缓，海洋经济发展的持续性有待增强，应持续改善技术创新环境。东部海洋经济圈技术进步对海洋经济全要素生产率的提升作用较为稳定，应继续加强区域协同技术创新。相比较，南部海洋经济圈技术进步对其海洋经济全要素生产率的提升作用偏低，同样需要持续改善技术创新环境，加快海洋创新能力提升。

5.2.2 国民经济的科技进步水平测度

对我国 11 个沿海地区的国民经济发展科技进步进行分析，数据主要源于《中国统计年鉴》《中国能源统计年鉴》以及国家统计局。具体的投入产出指标如下。

投入指标。本书选取资本（K）、劳动（L）两种投入要素。其中，以固定资本存量表示资本投入，并采用永续盘存法对 2006 年至 2019 年沿海地区的资本存量进行估算，即：$K_{it}=K_{it-1}(1-\delta_{it})+I_{it}$。其中，$K_{it}$ 和 K_{it-1} 分别表示第 i 个沿海地区在 t 期以及 $t-1$ 期的资本存量，I_{it} 为第 i 个沿海地区在 t 期的固定资本投资，δ_{it} 为资本折旧率，本书以张军等（2004）的研究为基础，将 δ_{it} 设为 10.96%，并以 2005 年为基期，以基期固定资本投资除以 10% 作为各沿海地区的初始资本存量，并采用固定资产投资价格指数对固定资本投资数据做不变价格处理。劳动投入方面，以各沿海地区年末从业人数作为劳动投入的代理变量。

产出指标（Y）。选取国内生产总值（GDP），并以 2005 年为基期折算为实际 GDP。与此同时，为刻画技术进步在海洋经济与陆域经济之间的偏向，进一步将国内生产总值细化为海洋经济生产总值和陆域经济生产总值。相关变量的描述性统计如表 5-2-2 所列。

表 5-2-2　投入产出指标变量的描述性统计

投入产出指标		符号	单位	均值	最小值	最大值	标准差
投入	资本存量	K	亿元	79 259.76	3 688.97	261 689.63	57 245.91
	劳动力	L	万人	3 190.84	389.03	7 150.25	1 954.82
产出	GDP	Y	亿元	22 194.87	978.70	78 346.04	17 264.2

2006—2019 年，根据所选取的投入产出指标，对 11 个沿海地区国民经济全要素生产率（TFP）、技术进步指数（TC）、技术效率变化指数（EC）进行测度。尔后，对 2006—2019 年投入偏向性技术进步指数（IBTC）、产出偏向性技术进步（OBTC）和中性技术进步指数（MATC）进行测度。

（1）沿海地区国民经济技术进步分析

如图 5-2-9 所示，2006—2019 年，沿海地区的国民经济全要素生产率（TFP）平均值为 1.160，技术进步指数（TC）和技术效率变化指数（EC）年平均值分别为 1.148 与 1.01。这表明沿海地区国民经济全要素生产率主要依赖于正向的技术进步，技术效率变化对其也有一定程度的正向作用。与此同时，沿海地区国民经济全要素生产率指数呈缓慢且波动下降趋势，技术效率变化指数变动趋势与全要素生产率指数基本相同，呈现稳中有降的趋势。这表明我国国民经济全要素生产率的波动主要源于其技术效率，而技术进步则能够在一定程度上缓释其波动性。

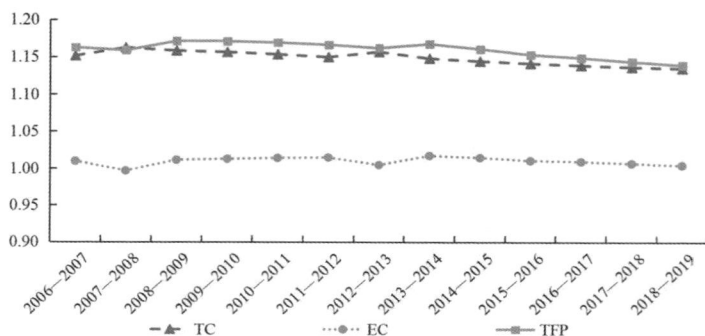

图 5-2-9　沿海地区国民经济TC、EC、TFP

如图 5-2-10 所示，根据技术进步指数 TC 分解结果来看，TC 与中性技术进步指数（MATC）走势相似，且波动相较于投入偏向性技术进步指数（IBTC）和产出偏向性技术进步指数（OBTC）更大，表明沿海地区国民经济的技术进步波动性主要源于中性技术进步。沿海地区国民经济 IBTC 和 OBTC 两者差别不大且均高于 1.15，而 MATC 均低于 1.00，表明沿海地区国民经济增长主要源于投入偏向性技术进步，即科技进步是推动沿海地区国民经济发展的主因。

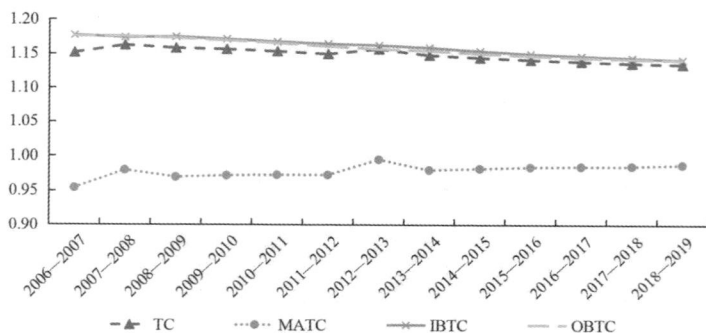

图 5-2-10　沿海地区国民经济的 TC、MATC、IBTC、OBTC

（2）北部海洋经济圈国民经济技术进步分析

如图 5-2-11 所示，2006—2019 年北部海洋经济圈的国民经济全要素生产率（TFP）年平均值为 1.140，技术进步指数（TC）和技术效率变化指数（EC）分别为 1.131 与 1.01。这意味着北部海洋经济圈国民经济的发展主要依赖于正向的技术进步。其中，北部海洋经济圈国民经济全要素生产率在 2013 年有较为明显的上升趋势。2013 年是"十二五"规划第三年，政策效果开始显现，各企业积极引进新设备、新技术并调整生产结构，由此带来全要素生产率的提升。并且，2013 年"一带一路"倡议提出，北部海洋经济圈链接东北亚和冰上丝路，是中国北方地区对外开放的重要平台，也是中国参与经济全球化的重要区域，因此全要素生产率得到提升。此后受经济新常态的影响，投资驱动和低价劳动力等要素驱动力减弱，经济下行压力较大，不可避免地出现国民经济全要素生产率的下降。

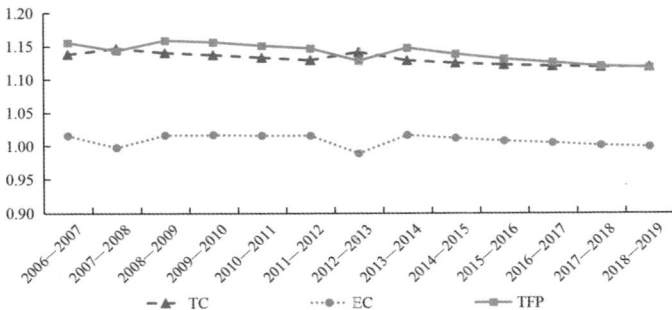

图 5-2-11　北部海洋经济圈国民经济 TC、EC、TFP

如图 5-2-12 所示，根据北部海洋经济圈国民经济技术进步指数（TC）分解结果来看，其 TC 与 MATC 走势基本契合，且波动相较于 IBTC 和 OBTC 更加明显，表明北部海洋经济圈国民经济技术进步的波动主要源于中性技术进步。与此同时，IBTC、OBTC 数值均大于 1.10，而 MATC 数值绝大多数情况下小于 1.00，说明北部海洋经济圈国民经济技术进步主要依赖于产出偏向性技术进步和投入偏向性技术进步。其中，2012 年 TC 有较大提升，2012 年国务院发布《关于促进企业技术改造的指导意见》，对企业技术进步提出了新的要求，企业积极引进新技术、新设备，促进了技术进步，但由于技术、资本投入存在投资滞后效应，后期 TC 出现了波动下降的趋势。

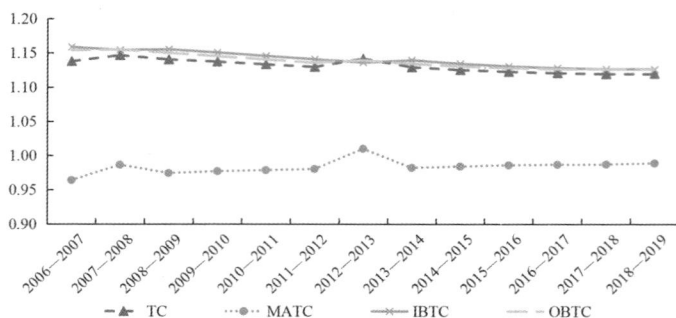

图 5-2-12　北部海洋经济圈的国民经济 TC、MATC、IBTC、OBTC

（3）东部海洋经济圈国民经济技术进步分析

如图 5-2-13 所示，2006—2019 年东部海洋经济圈的国民经济全要素生产率（TFP）年平均值为 1.180，技术进步指数（TC）和技术效率变化指数（EC）年平均值分别为 1.177 与 1.002，表明东部海洋经济圈国民经济的发展主要依赖于正向的技术进步。与沿海地区国民经济全要素生产率一致，东部海洋经济圈国民经济全要素生产率在 2013 年有较为明显的上升趋势。2013 年我国提出共建"一带一路"倡议，东部海洋经济圈处于"一带一路"与长江经济带的交汇区域，其地理位置优越，拥有具备全球影响力的先进制造业基地和现代服务业基地，政策支持力度大，技术创新劲头强劲，促使其国民经济全要素生产率的提升。此后东部海洋经济圈的国民经济全要素生产率及技术进步指数有下降势头，但下降趋势并不明显，表明东部海洋经济圈在现有基础上继续提升科技创新质量，创造更好的创新环境。

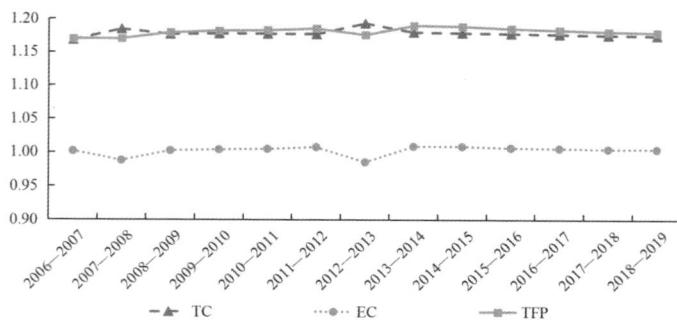

图 5-2-13　东部海洋经济圈国民经济 TC、EC、TFP

如图 5-2-14 所示，根据东部海洋经济圈国民经济技术进步指数（TC）分解结果来看，TC 与 MATC 走势基本契合，且波动相较于 IBTC 和 OBTC 更加明显，表明国民经济技术进步波动主要源于中性技术进步。此外，IBTC、OBTC 数值均大于 1.15，MATC 数值绝大多数情况下小于 1.00，说明国民经济技术进步主要依靠于产出偏向性技术进步和投入偏向性技术进步的拉升作用。2012—2013 年，为适应"十二五"发展新常态和国务院《关于促进企业技术改造的指导意见》的新要求，东部海洋经济圈积极对技术进行改进和创新，拉升了其 TC 与 MATC 水平。此后各指数未见显著波动，表明技术进步对国民经济全要素生产率的提升作用较为稳定，东部海洋经济圈应继续优化其技术进步环境，推动东部海洋经济圈的国民经济全要素生产率再上一个新台阶。

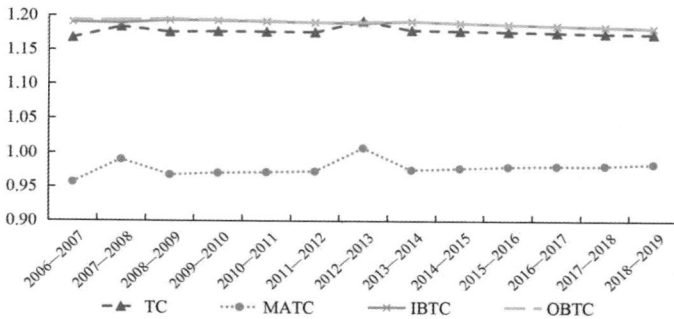

图 5-2-14 东部海洋经济圈国民经济 TC、MATC、IBTC、OBTC

（4）南部海洋经济圈国民经济技术进步分析

如图 5-2-15 所示，2006—2019 年南部海洋经济圈的国民经济全要素生产率（TFP）年平均值为 1.162，技术进步指数（TC）和技术效率变化指数（EC）为 1.144 与 1.016，这意味着南部海洋经济圈国民经济的发展主要依赖于正向的技术进步，其技术效率能够强化技术进步对经济发展的推动效果。南部海洋经济圈的国民经济全要素生产率在 2012 年有较为明显的上升趋势。2012 年是"十二五"规划第二年，此时政策效果开始显现，由此带来全要素生产率的提升。此后受经济新常态的影响，且全球经济下行压力较大，南部海洋经济圈全要素生产率呈缓慢下降趋势。

如图 5-2-16 所示，根据南部海洋经济圈国民经济技术进步指数（TC）分解结果来看，其国民经济投入偏向性技术进步（IBTC）和产出偏向性技术进步（OBTC）两者差别不大，且整体呈波动下降趋势。中性技术进步 MATC 低于 1.00，且整体呈波动上升趋势。综合作用下，南部海洋经济圈的国民经济技术进步整体呈下降趋势。这表明南部海洋经济圈投入偏向性技术进步（IBTC）和产出偏向性技术进步（OBTC）对其技术进步有拉升作用，但其拉升效果不显著。南部海洋经济圈的三个沿海地区经济发达程度存在较大的差异，使得投入偏向性技术进步（IBTC）和产出偏向性技术进步（OBTC）作用效果不明显。因此，南部海洋经济圈需要在陆海统筹战略下更加关注区域协调发展。

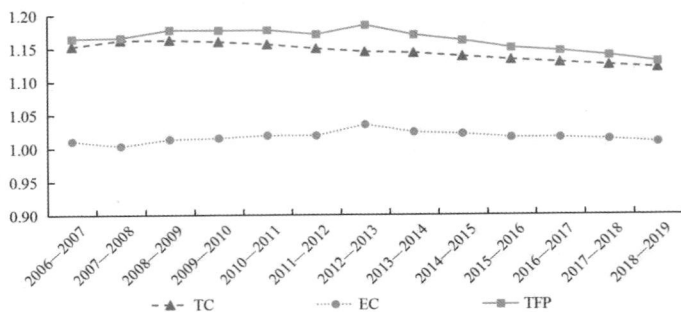

图 5-2-15　南部海洋经济圈国民经济 TC、EC 、TFP

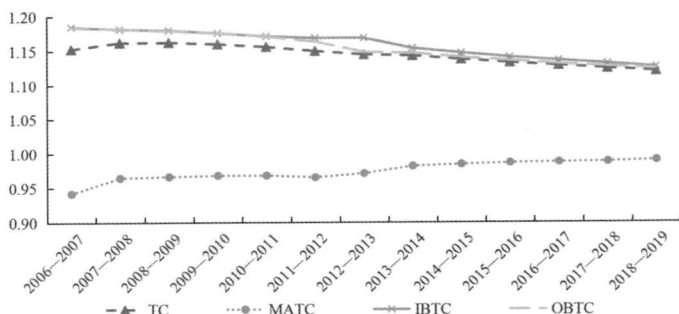

图 5-2-16　南部海洋经济圈国民经济 TC、MATC、IBTC、OBTC

综合以上分析可知：沿海地区国民经济的发展主要依赖于正向的技术进步。技术进步主要源于中性技术进步；产出偏向性技术进步、投入偏向性技术进步对国民经济全要素生产率的作用是正向的。北部海洋经济圈国民经济的发展主要依赖于正向的中性技术进步；产出偏向性技术进步、投入偏向性技术进步对国民经济全要素生产率的作用是提高。东部海洋经济圈的国民经济的发展主要依赖于正向的中性技术进步；产出偏向性技术进步、投入偏向性技术进步对国民经济全要素生产率的作用是提高；技术进步对国民全要素生产率的提升作用较为稳定，东部海洋经济圈可继续维持其技术进步环境稳定。南部海洋经济圈的国民经济发展主要依赖于正向的产出偏向性技术进步；产出偏向性技术进步、投入偏向性技术进步对国民经济全要素生产率的作用是提高；技术进步呈现平稳下降趋势，表明南部海洋经济圈需要在陆海统筹战略下更加关注区域协调发展。

5.2.3 海洋经济对我国科技进步的贡献分析

为准确定位海洋经济对我国科技进步的贡献，本书对海洋经济与国民经济的技术进步进行了比较分析。分别测度了全域层面①以及北部海洋经济圈、东部海洋经济圈、南部海洋经济圈的海洋经济与国民经济技术进步指数（TC）、投入偏向性技术进步指数（IBTC）、产出偏向性技术进步指数（OBTC）、中性技术进步指数（MATC）。

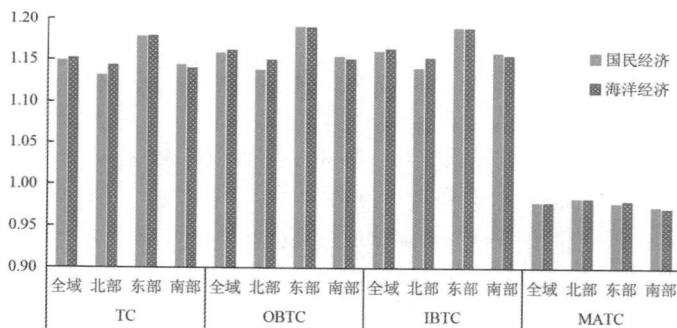

图 5-2-17　国民经济与海洋经济 TC、OBTC、IBTC、MATC

如图 5-2-17 所示，第一，全域及三大海洋经济圈的海洋经济技术进步排序为东部海洋经济圈>全域>北部海洋经济圈>南部海洋经济圈。沿海地区国民经济技术进步排序为东部海洋经济圈>全域>南部海洋经济圈>北部海洋经济圈。这表明东部海洋经济圈的国民经济技术进步与海洋经济技术进步均为领先水平。第二，从 11 个沿海地区整体来看，海洋经济技术进步略高于国民经济技术进步，并且海洋经济的产出偏向性技术进步、投入偏向性技术进步和中性技术进步都高于国民经济。这表明海洋经济技术进步带动了国民经济技术进步，海洋经济的发展对我国科技进步具有积极推动作用。第三，三大海洋经济圈中，除南部海洋经济圈外，东部海洋经济圈和北部海洋经济圈的海洋经济技术进步均超越其国民经济技术进步。具体来看，北部海洋经济圈的海洋经济技术

---

① 全域层面在这里是指 11 个沿海地区，即包含了北部海洋经济圈、东部海洋经济圈和南部海洋经济圈。

进步明显高于其国民经济技术进步，且海洋经济的产出偏向性技术进步、投入偏向性技术进步和中性技术进步同样明显高于其国民经济，表明北部海洋经济圈的海洋经济对其科技进步具有显著的带动作用。东部海洋经济圈的海洋经济中性技术进步高于国民经济，但其海洋经济投入偏向性技术进步和产出偏向性技术进步均低于国民经济，而总体海洋经济技术进步仍然高于国民经济技术进步，这表明中性技术进步是东部海洋经济圈科技进步的重要来源，其海洋经济技术进步对该区域科技进步具有积极的推动作用。南部海洋经济圈的海洋经济技术进步低于其国民经济技术进步，且海洋经济的产出偏向性技术进步、投入偏向性技术进步和中性技术进步也均低于国民经济，表明南部海洋经济圈海洋经济的技术进步略滞后于其国民经济技术进步。

综合以上分析可知：海洋经济技术进步与国民经济技术进步对我国经济发展具有相同的正向作用，且海洋经济技术进步的作用要略高于国民经济技术进步，同时，海洋经济的产出偏向性技术进步、投入偏向性技术进步和中性技术进步也略高于国民经济。北部海洋经济圈的科研投入较多以及对海洋新兴产业发展的重视，促使了海洋经济的技术进步，进一步带动了国民经济技术进步的发展。东部海洋经济圈加大推动创新要素集聚，不断提升海洋科技创新能力，在大力发展海洋经济的同时，重视陆海的统筹协调发展，促使海洋经济成为国民经济发展的新增长极。而南部海洋经济圈一方面作为全国改革开放的先行区，是对外贸易的主阵地，另一方面也是我国保护开发南海资源、维护国家海洋权益的重要基地，造成海洋经济技术进步略显逊色于其国民经济技术进步的局面。

5.3 基于绿色发展视角的科技进步分析

"海洋强国"战略的提出，迫切要求我国海洋经济要从过去的"速度"发展转变为"质量"发展。以往在海洋经济中采取的是投入高、消耗高的粗放发展模式，现在向海洋经济高质量发展模式转变。但沿海地区的资源禀赋和比较优势不同，呈现出海洋资源与环境发展不平衡的特征。因此，在海洋经济增长效率评估过程中，不仅需要关注海洋资源和环境对经济增长的影响作用，还要考虑沿海地区经济发展对资源环境的影响以及地区发展的包容性。因此，本书基于绿色发展视角，深入分析海洋经济与国民经济绿色全要素生产率，以期为进一步推进我国经济高质量发展提供一定的理论支持。

5.3.1 海洋经济绿色发展的科技进步水平测度

（1）绿色发展视角下科技进步水平测算方法

本书使用基于方向距离函数（DDF）的 DEA 模型进行绿色发展视角下的科技进步水平的测度。不同于 5.2.1 节中的测度方法，我们将非期望产出引入到基于方向距离函数的 DEA 模型中。假定经济系统中存在 $k(k=1,\cdots,K)$ 个决策单元，第 k 个决策单元在时期 $t=(t=1,\cdots,T)$ 中，使用了 N 种投入记为 $x_k^t=(x_{1k}^t,\cdots,x_{nk}^t,\cdots,x_{Nk}^t)$，产生 P 种期望产出 $y_k^t=(y_{1k}^t,\cdots,y_{pk}^t,\cdots,y_{Pk}^t)$，同时产生 Q 种非期望产出记为 $b_k^t=(b_{1k}^t,\cdots,b_{qk}^t,\cdots,b_{Qk}^t)$。本书基于 Chung 等（1997）研究，给出如下弱可处置方向性距离函数（DDF）：

$$D_0^t(x^t,y^t,b^t;y^t,-b^t)=\max\beta$$

$$s.t.\begin{cases}\sum_{k=1}^K z_k^t x_{nk}^t\leq x_{nk}^t,\ n=1,2,\cdots,N\\\sum_{k=1}^K z_k^t y_{pk}^t\geq(1+\beta)y_{pk}^t,p=1,2,\cdots,P\\\sum_{k=1}^K z_k^t b_{qk}^t\geq(1-\beta)b_{qk}^t,q=1,2,\cdots,Q\\z^t\geq0,k=1,2,\cdots,K\end{cases}$$
$$5\text{-}3\text{-}1$$

式中，z_k^t 为第 k 个地区在时期 t 的生产前沿上的权重。β 衡量决策单元在方向向量 $(y^t,-b^t)$ 下与生产前沿面的距离。$\beta=0$ 即该省份位于生产前沿面上，其生产是有效率的；$\beta>0$ 则表明地区经济处于无效率阶段。这里弱可处置性假定，是指在式 5-3-1 中对非期望产出的等式约束。这表明非期望产出的减少必须以同时降低期望产出为代价，而对期望产出施加不等式约束，表明在生产范围内可自主选择减少期望产出而不会对其他要素产生影响。

基于弱可处置的 DDF 模型刻画了碳排放约束下区域经济的生产行为，将其与 Malmquist-Luenberger（ML）生产率指数方法相结合，可用于区域经济的绿色全要素生产率测度，具体如下：

$$ML=\sqrt{\frac{1+D_0^t(x^t,y^t,b^t;y^t,-b^t)}{1+D_0^t(x^{t+1},y^{t+1},b^{t+1};y^{t+1},-b^{t+1})}\times\frac{1+D_0^{t+1}(x^t,y^t,b^t;y^t,-b^t)}{1+D_0^{t+1}(x^{t+1},y^{t+1},b^{t+1};y^{t+1},-b^{t+1})}}$$
$$5\text{-}3\text{-}2$$

ML 指数刻画了从 t 到 $t+1$ 过程中技术效率的变化，ML 大于 1 表明在这一阶段绿色全要素生产率获得了提高，区域经济绿色发展状况获得了提升，反之则代表绿色全要素生产率的降低。ML 指数通过进一步分解可获得绿色效率变化指数（GEC）与绿色技术进步指数（GTC）：

$$ML = GEC \times GTC \qquad 5\text{-}3\text{-}3$$

$$GEC = \frac{1 + D_0^t(x^t, y^t, b^t; y^t, -b^t)}{1 + D_0^{t+1}(x^{t+1}, y^{t+1}, b^{t+1}; y^{t+1}, -b^{t+1})} \qquad 5\text{-}3\text{-}4$$

$$GTC = \sqrt{\frac{1 + D_0^{t+1}(x^t, y^t, b^t; y^t, -b^t)}{1 + D_0^t(x^t, y^t, b^t; y^t, -b^t)} \times \frac{1 + D_0^{t+1}(x^{t+1}, y^{t+1}, b^{t+1}; y^{t+1}, -b^{t+1})}{1 + D_0^t(x^{t+1}, y^{t+1}, b^{t+1}; y^{t+1}, -b^{t+1})}} \qquad 5\text{-}3\text{-}5$$

式中，GEC 度量了决策单元的绿色效率变化，衡量了区域经济间的追赶效应，GEC 大于 1 表明绿色效率水平的提高；GTC 测度了从 t 到 $t+1$ 时期绿色技术水平的变化，GTC 大于 1 则说明存在绿色技术进步，反之为绿色技术退步。

为进一步分析绿色技术进步是否存在偏向性，仿照 Fare 等（1997）的研究，对 GTC 指数进行进一步分解，将其分解为中性绿色技术进步、投入偏向性绿色技术进步以及产出偏向性绿色技术进步：

$$GTC = \frac{1 + D_0^{t+1}(x^t, y^t, b^t; y^t, -b^t)}{1 + D_0^t(x^t, y^t, b^t; y^t, -b^t)} \times$$

$$\sqrt{\frac{1 + D_0^t(x^t, y^t, b^t; y^t, -b^t)}{1 + D_0^{t+1}(x^t, y^t, b^t; y^t, -b^t)} \times \frac{1 + D_0^{t+1}(x^{t+1}, y^t, b^t; y^t, -b^t)}{1 + D_0^t(x^{t+1}, y^t, b^t; y^t, -b^t)}} \times$$

$$\sqrt{\frac{1 + D_0^{t+1}(x^{t+1}, y^{t+1}, b^{t+1}; y^{t+1}, -b^{t+1})}{1 + D_0^t(x^{t+1}, y^{t+1}, b^{t+1}; y^{t+1}, -b^{t+1})} \times \frac{1 + D_0^t(x^{t+1}, y^t, b^t; y^t, -b^t)}{1 + D_0^{t+1}(x^{t+1}, y^t, b^t; y^t, -b^t)}} \qquad 5\text{-}3\text{-}6$$

$$= GOBTC \times GIBIC \times GMATC$$

$$GMATC = \frac{1 + D_0^{t+1}(x^t, y^t, b^t; y^t, -b^t)}{1 + D_0^t(x^t, y^t, b^t; y^t, -b^t)} \qquad 5\text{-}3\text{-}7$$

$$GIBTC = \sqrt{\frac{1 + D_0^t(x^t, y^t, b^t; y^t, -b^t)}{1 + D_0^{t+1}(x^t, y^t, b^t; y^t, -b^t)} \times \frac{1 + D_0^{t+1}(x^{t+1}, y^t, b^t; y^t, -b^t)}{1 + D_0^t(x^{t+1}, y^t, b^t; y^t, -b^t)}} \qquad 5\text{-}3\text{-}8$$

$$GOBTC = \sqrt{\frac{1 + D_0^{t+1}(x^{t+1}, y^{t+1}, b^{t+1}; y^{t+1}, -b^{t+1})}{1 + D_0^t(x^{t+1}, y^{t+1}, b^{t+1}; y^{t+1}, -b^{t+1})} \times \frac{1 + D_0^t(x^{t+1}, y^t, b^t; y^t, -b^t)}{1 + D_0^{t+1}(x^{t+1}, y^t, b^t; y^t, -b^t)}} \qquad 5\text{-}3\text{-}9$$

基于数据的可得性选取 2006—2019 年为时间跨度，对 11 个沿海地区投入产出数据进行处理分析，所涉及的投入产出指标具体如下。

投入指标。投入要素主要涉及资本（K）、劳动（L）和海洋资源投入（G）。将海洋经济资本存量作为指标衡量各沿海地区的资本投入，估算该指标时则借鉴张军等（2004）采用的永续盘存法，计算公式为 $K_{it} = K_{it-1}(1-\delta_{it}) + I_{it}$。其中，以 2005 年为基年，基年资本存量由该年的固定资本形成总额除以 10% 表示。折旧率 δ_{it} 则用 10.96% 固定处理；考虑到价格变化因素，投资 I_{it} 则用固定资产投资指数对固定资本形成总额进行 2005 年不变价折算。此外，将所得资本存量按照 GOP 在 GDP 中的比重进行折算，得到海洋经济资本存量。劳动投入则选用涉海就业人员数进行衡量。海洋环境治理投入则以海洋环境治理投资额来衡量与海洋经济相关的环境治理投入。

期望产出指标。期望产出（Y）选用海洋生产总值（GOP）来衡量，GOP 体现了各沿海地区当年海洋经济活动的最终生产成果，并将其以 2005 年的不变价进行折算。

非期望产出指标。非期望产出（B）以熵值法构建的海洋环境污染指数作为衡量指标，体现经过政府环境治理努力后，环境受污染物影响的负面程度。在数据可得的情况下，由工业废水排放量、工业废气排放量和工业固体废物处置量，这三项二级指标构成环境污染指标，并经过海洋经济折算后得到海洋环境污染指数。具体折算过程如下。首先，对"三废"进行无量纲处理。原始指标矩阵为 $X_{ij}=(x_{ij})_{m \times n}$，式中 X_{ij} 为第 i 个决策单元的第 j 个指标，因此指标比重为 $X_{ij}=\dfrac{X_{ij}}{\sum_{i=1}^{m} X_{ij}}$。原始矩阵转化为无量纲矩阵 $X_{ij}=(X_{ij})_{m \times n}$。其次，计算指标 j 的熵值 e_j。$e_j=\dfrac{-1}{\ln m \sum_{i=1}^{m} X_{ij} \ln x_{ij}}$，$e_j \geqslant 0$。再次，确定指标 j 的差异性系数e_j。对于指标 j，各样本的 X_{ij} 差异性越小，其对应的熵值就越大，指标在综合评价中的作用就越小，因此我们定义 $e_j=1-e_j$。接着计算指标 j 的客观权重，即 $w_j=\dfrac{e_j}{\sum_{j=1}^{n} e_j}=\dfrac{(1-e_j)}{\sum_{j=1}^{n}(1-e_j)}$。最后，计算海洋环境污染指数$\sum_{j=1}^{n} X_{ij} W_j$。海洋环境污染指数越大，表明海洋产业对环境的污染程度越高。

受限于数据的可得性，这里选用我国 11 个沿海地区 2006—2019 年的数据。相关投入产出数据来源于历年《中国海洋统计年鉴》《中国统计年鉴》，各沿海地区统计年鉴以及国家统计局。为保证数据的可比性，将全部数据以 2005 年为基年进行换算。相关变量的描述性统计如表 5-3-1 所列。

表 5-3-1 投入产出变量描述性统计

投入产出指标	符号	单位	均值	最小值	最大值	标准差
资本存量	K	亿元	13 068.65	1 118.718	49 877.97	9 857.168
涉海就业人员	L	万人	312.325 9	81.5	912.61	215.454 4
海洋环境治理投资额	G	亿元	424.808 1	9.180 617	2 223.709	403.557
海洋生产总值	GOP	亿元	3 756.822	282.980 7	13 485.86	2 956.205
海洋环境污染指数	B	—	0.046 521 9	0.001 033 3	0.139 533	0.032 655

基于绿色发展视角，根据所选取的投入产出指标，对 11 个沿海地区 2006—2019 年海洋经济绿色技术进步指数（GTC）、绿色效率指数（GEC）、绿色全要素生产率（GTFP）以及海洋经济投入偏向性绿色技术进步指数（GIBTC）、产出偏向性绿色技术进步（GOBTC）和中性绿色技术进步指数（GMATC）进行测度。

（2）全国层面海洋经济绿色技术进步分析

如图 5-3-1 所示，2006—2019 年我国海洋经济绿色全要素生产率（GTFP）为 1.129，绿色技术进步指数（GTC）和绿色效率指数（GEC）分别为 1.139 与 0.992。与此同时，我国海洋经济绿色全要素生产率呈缓慢且波动上升态势，海洋经济绿色效率指数的变动趋势与绿色全要素生产率基本一致，绿色技术进步指数则稳中有升。可见，在海洋资源和环境的约束下，我国海洋经济的发展主要依赖于正向的绿色技术进步。

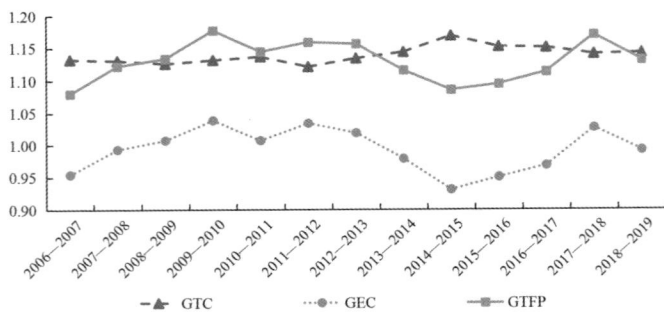

图 5-3-1 我国海洋经济 GTC、GEC、GTFP

如图 5-3-2 所示，根据我国海洋经济的绿色技术进步指数（GTC）分解结果来看，GTC 与中性绿色技术进步指数（GMATC）走势基本契合，且波动相较于投入偏向性绿色技术进步指数（GIBTC）和产出偏向性绿色技术进步指数（GOBTC）更大，表明绿色技术进步的波动主要源于中性绿色技术进步。"十三五"以来，GMATC 低于 1 且持续下滑；而 GIBTC 和 GOBTC 始终大于 1，且均有明显上升态势。GIBTC 和 GOBTC 抵消了 GMATC 的滑坡而对 GTC 有一定拉升作用，使得 GTC 维持稳定。这表明，海洋经济发展的绿色技术进步提升和改善主要源于其投入偏向性绿色技术进步和产出偏向性绿色技术进步，需从这两个方面对海洋经济绿色技术进步的提升进行努力。在绿色发展视角下，优化海洋经济发展的投入与产出要素，对于提升海洋经济发展中绿色科技进步有着重要意义。

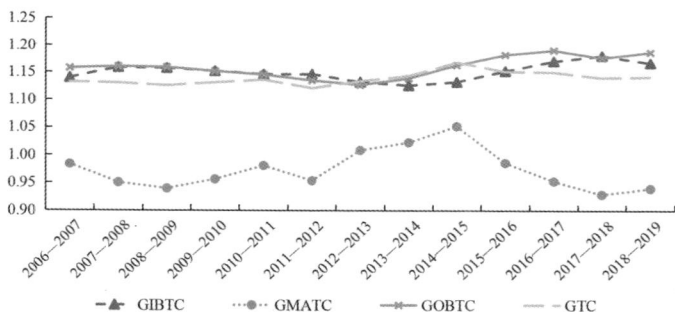

图 5-3-2　我国海洋经济的 GIBTC、GMATC、GOBTC、GTC

（3）北部海洋经济圈海洋经济绿色技术进步分析

如图 5-3-3 所示，2006—2019 年我国北部海洋经济圈的海洋经济绿色全要素生产率（GTFP）为 1.12，绿色技术进步指数（GTC）和绿色效率指数（GEC）分别为 1.115 和 0.997。与此同时，北部海洋经济圈海洋经济绿色全要素生产率呈上升态势，海洋经济绿色效率指数的变动趋势与绿色全要素生产率基本一致，绿色技术进步指数始终保持在较高水平。可见，在海洋资源和环境的约束下，北部海洋经济圈的海洋经济绿色技术进步是其海洋经济全要素生产率提升的关键驱动因素；北部海洋经济圈海洋经济的绿色发展为科技进步提供了阵地。

如图 5-3-4 所示，根据我国北部海洋经济圈海洋经济的绿色技术进步指数（GTC）分解结果来看，GTC 与中性绿色技术进步指数（GMATC）走势基本契合；投入偏向性绿色技术进步指数（GIBTC）和产出偏向性绿色技术进步指数（GOBTC）走势与 GMATC 相反，且波动相较于 GMATC 更小，表明北部海洋经济圈海洋经济的绿色技术进步波动主要源于中性绿色技术进步。与此同时，GIBTC 与 GOBTC 始终高于 1.10，而 GMATC 在多数情况下低于 1。特别是"十三五"以来，GMATC 明显下滑，而 GIBTC 和 GOBTC 则稳步上升。综合作用下，北部海洋经济圈的海洋经济绿色技术进步呈稳步上升的趋势。这表明，北部海洋经济圈的海洋经济绿色技术进步提升和改善主要源于投入偏向性绿色技术进步和产出偏向性绿色技术进步，需从这两个方面对海洋经济绿色技术进步的提升进行努力。在绿色发展视角下，北部海洋经济圈海洋经济扮演着科技进步载体的角色，及时调整投入与产出结构可有效推动可持续科技进步。

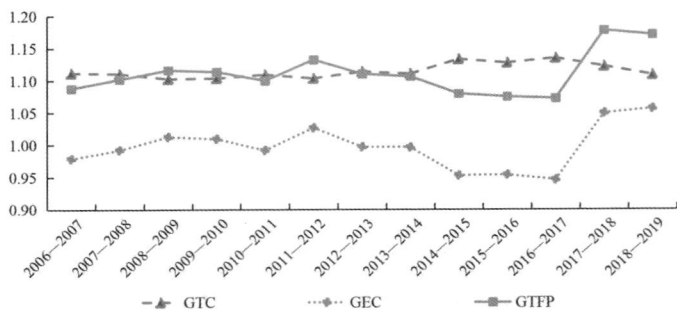

图 5-3-3　北部海洋经济圈海洋经济 GTC、GEC、GTFP

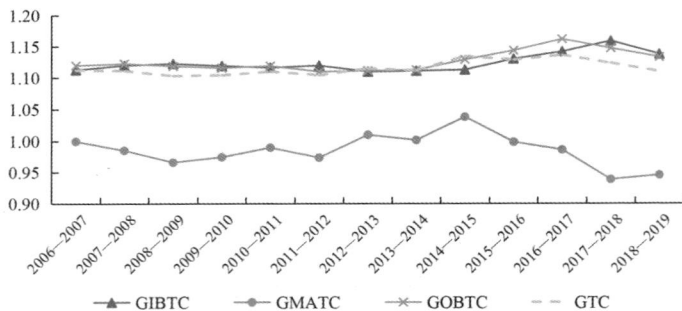

图 5-3-4　北部海洋经济圈的 GIBTC、GMATC、GOBTC、GTC

（4）东部海洋经济圈海洋经济绿色技术进步分析

如图 5-3-5 所示，2006—2019 年我国东部海洋经济圈的海洋经济绿色全要素生产率（GTFP）为 1.156，绿色技术进步指数（GTC）和绿色效率指数（GEC）分别为 1.171 与 0.988。与此同时，东部海洋经济圈的海洋经济绿色全要素生产率呈缓慢且波动上升态势，海洋经济绿色效率指数的变动趋势与绿色全要素生产率基本一致，绿色技术进步指数则在波动中上升。可见，在海洋资源和环境的约束下，东部海洋经济圈的海洋经济的发展主要依赖于正向的绿色技术进步。

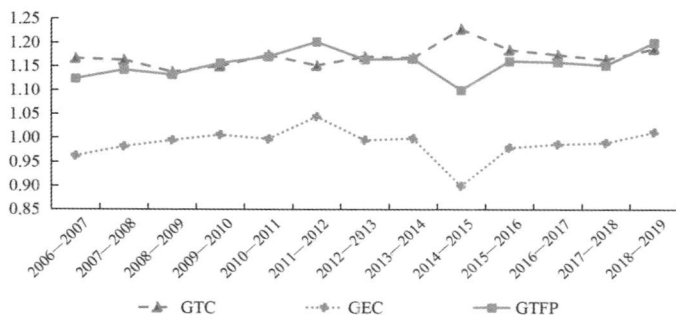

图 5-3-5　东部海洋经济圈海洋经济的 GTC、GEC、GTFP

如图 5-3-6 所示，根据我国东部海洋经济圈海洋经济的绿色技术进步指数（GTC）分解结果来看，GTC 与中性绿色技术进步指数（GMATC）走势基本契合，且波动相较于投入偏向性绿色技术进步指数（GIBTC）和产出偏向性绿色技术进步指数（GOBTC）更大，表明东部海洋经济圈海洋经济的绿色技术进步波动主要来源于中性绿色技术进步。总体来看，GIBTC 和 GOBTC 始终大于 1，且均有明显上升态势；而 GMATC 在多数年份低于 1。综合作用下，东部海洋经济圈的绿色技术进步指数在波动中不断提升。这表明，东部海洋经济圈海洋经济发展的绿色技术进步提升和改善主要源于其投入偏向性绿色技术进步和产出偏向性绿色技术进步。东部海洋经济圈需从这两个方面对海洋经济绿色技术进步的提升进行努力。在绿色发展视角下，优化海洋经济发展的投入与产出要

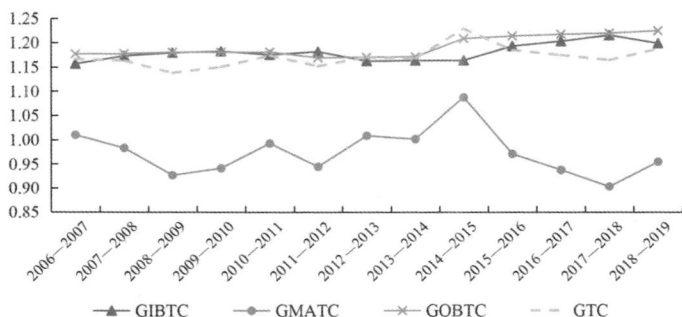

图 5-3-6　东部海洋经济圈海洋经济的 GIBTC、GMATC、GOBTC、GTC

素，对于提升东部海洋经济圈海洋经济发展中绿色科技进步有着重要意义。

（5）南部海洋经济圈海洋经济绿色技术进步分析

如图 5-3-7 所示，2006—2019 年我国南部海洋经济圈的海洋经济绿色全要素生产率（GTFP）为 1.127，绿色技术进步指数（GTC）和绿色效率指数（GEC）分别为 1.157 与 0.99。与此同时，南部海洋经济圈绿色技术进步指数的波动趋势较为稳定，在 1.15 附近小幅波动。相较而言，南部海洋经济圈的海洋经济绿色效率指数波动剧烈，同时决定了其绿色全要素生产率的波动性。可见，在海洋资源和环境的约束下，南部海洋经济圈的海洋经济绿色发展主要依赖于正向的绿色技术进步。

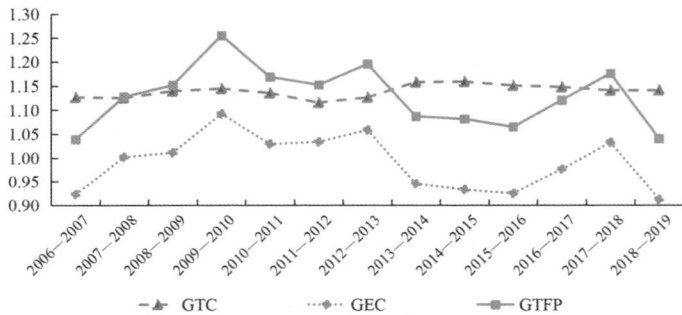

图 5-3-7　南部海洋经济圈海洋经济 GTC、GEC、GTFP

如图 5-3-8 所示，根据我国南部海洋经济圈海洋经济的绿色技术进步指数（GTC）分解结果来看，中性绿色技术进步指数（GMATC）波动较大，且多数年份低于 1；与此不同，其投入偏向性绿色技术进步指数（GIBTC）和产出偏向性绿色技术进步指数（GOBTC）均高于 1.10，且趋势较为平稳。"十三五"以来，GMATC 快速下滑，而 GIBTC 和 GOBTC 呈明显上升趋势，其中 GOBTC 的上升趋势更显著。这表明，投入偏向性绿色技术进步和产出偏向性绿色技术进步的稳步发展抵消了中性绿色技术进步的不稳定性，并有效拉升了南部海洋经济圈海洋经济的绿色发展。在绿色发展视角下，南部海洋经济圈的海洋经济绿色发展带来了科技进步产出。

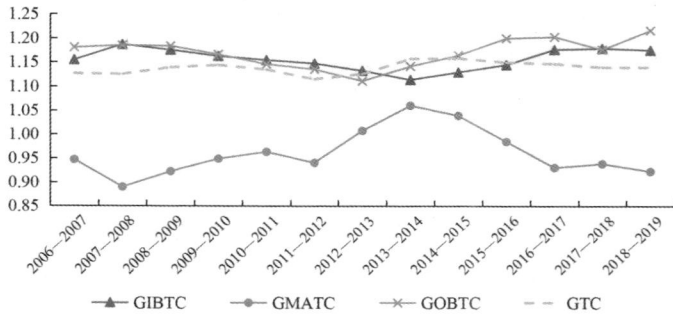

图 5-3-8　南部海洋经济圈海洋经济的 GIBTC、GMATC、GOBTC、GTC

综合以上分析可知：全国层面与三大海洋经济圈的结果表明，海洋经济的绿色发展主要依赖于绿色技术进步，特别是投入偏向性绿色技术进步和产出偏向性绿色技术进步。同时，产出偏向性绿色技术进步略高于投入偏向性技术进步，表明海洋经济的绿色发展能够带来产出更多的科技进步，而及时调整投入结构能够有效促进海洋经济的绿色化发展转型。三大海洋经济圈应依据自身特征，适时调整海洋经济绿色发展思路，北部海洋经济圈的绿色技术进步水平开始受到了海洋资源环境的制约，使得绿色技术进步对海洋经济绿色全要素生产率的提升作用在逐步放缓，未来应注重海洋资源环境保护与海洋经济发展的协调统一。东部海洋经济圈的绿色技术进步对海洋经济绿色全要素生产率的提升作用逐渐增大，未来要继续保持海洋资源环境保护与海洋经济发展相协调的良好态势。南部海洋经济圈的绿色技术进步环境较为稳定，未来要善于利用此优势，适当调整投入产出结构，促进海洋经济绿色技术的更大进步。

5.3.2　国民经济绿色发展的科技进步水平测度

基于我国 11 个沿海地区数据，对 11 个沿海地区国民经济发展的绿色科技进步进行分析，数据主要源于《中国统计年鉴》《中国能源统计年鉴》以及国家统计局。具体的投入产出指标如下。

投入指标。本书选取资本、劳动、能源三种投入要素。其中，以固定资本存量表示资本投入，并采用永续盘存法对 2006 年至 2019 年各沿海地区的资本存量进行估算，即：$K_{it}=K_{it-1}（1-\delta_{it}）+I_{it}$。其中，$K_{it}$ 和 K_{it-1} 分别表示第 i 个沿海地区在 t 期以及 $t-1$ 期的资本存量，I_{it} 为第 i 个地区在 t 期的固定资本投资，δ_{it} 为资本折旧率，本书以张军等（2004）的研究为基础，将 δ_{it} 设为 10.96%，并以 2005 年为基期，以基期固定资本投资除以 10%作为各沿海地区的初始资本存量，并采用固定资产投资价格指数对固定资本投资数据做不变价格处理。劳动投入方面，以各沿海地区年末从业人数作为劳动投入的代理变量。本书以绿色发展为背景，考虑了能源投入作为非期望产出的主要来源，并折算为标准煤的能源消耗总量予以量化。

期望产出指标（Y）。选取国内生产总值（GDP），并以 2005 年为基期，采用 GDP 平减指数折算为实际 GDP 从而去除价格因素的影响。

非期望产出指标（B）。以熵值法构建的环境污染指数作为衡量指标，体现经过政府环境治理努力后，环境受污染物影响的负面程度。在数据可得的情况下，由工业废水排放量、工业废气排放量和工业固体废物处置量，这三项二级指标构成环境污染指数。该指数越大，说明污染废弃物这一非期望产出越多。相关变量的描述性统计如表 5-3-2 所列。

表 5-3-2　投入产出变量描述性统计

投入产出指标	符号	单位	均值	最小值	最大值	标准差
劳动	L	万人	3 190.841	389.03	7 150.250	1 954.815
资本存量	K	亿元	79 259.760	3 688.97	261 689.627	57 245.908
能源投入	G	万吨标准煤	17 290.159	920.45	41 390	10 576.750
GDP	Y	亿元	22 194.869	978.699 4	78 346.036	17 320.528
环境污染指数	B	—	0.246	0.003 4	0.733	0.141

基于绿色发展视角，对我国 11 沿海地区 2006—2019 年国民经济绿色技术进步指数（GTC）、绿色全要素生产率（GTFP）、绿色效率指数（GEC）以及国民经济投入偏向性绿色技术进步指数（GIBTC）、产出偏向性绿色技术进步指数（GOBTC）和中性绿色技术进步指数（GMATC）进行测度。

（1）沿海地区国民经济绿色技术进步分析

如图 5-3-9 所示，2006—2019 年我国国民经济绿色全要素生产率（GTFP）为 1.131，绿色技术进步指数（GTC）和绿色效率指数（GEC）分别为 1.125 与 1.01。与此同时，国民经济绿色全要素生产率呈缓慢且波动下降趋势，国民经济绿色效率指数变动趋势与绿色全要素生产率基本一致，绿色技术进步指数则呈稳中有降的趋势。可见，在资源和环境的约束下，我国国民经济绿色全要素生产率的波动主要源于其经济效率，而绿色技术进步能够在一定程度上缓释其波动性。

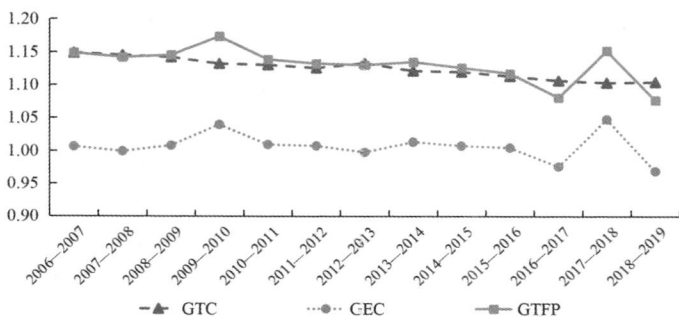

图 5-3-9　沿海地区国民经济 GTC、GEC、GTFP

如图 5-3-10 所示，根据我国国民经济的绿色技术进步指数（GTC）分解结果来看，GTC 与中性绿色技术进步指数（GMATC）走势基本契合，且波动相较于投入偏向性绿色技术进步指数（GIBTC）和产出偏向性绿色技术进步指数（GOBTC）更大，表明绿色技术进步的波动主要源于中性绿色技术进步。沿海地区国民经济 GIBTC 和 GOBTC 两者差别不大且均高于 1.1，而 GMATC 均低于1。这表明，沿海地区国民经济绿色增长主要源于投入偏向性绿色技术进步，同时沿海地区国民经济绿色发展能够带来更多的科技进步产出。

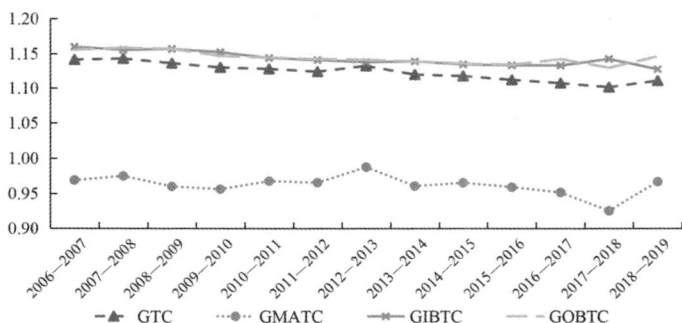

图 5-3-10　沿海地区国民经济的 GTC、GMATC、GIBTC、GOBTC

（2）北部海洋经济圈国民经济绿色技术进步分析

如图 5-3-11 所示，2006—2019 年我国北部海洋经济圈的国民经济绿色全要素生产率（GTFP）为 1.096，绿色技术进步指数（GTC）和绿色效率指数（GEC）分别为 1.095 与 1.002。与此同时，北部海洋经济圈的国民经济绿色技术进步指数较为稳健，但国民经济绿色全要素生产率指数随绿色效率指数波动较大。可见，在资源和环境的约束下，北部海洋经济圈的国民经济发展主要依赖于正向的绿色技术进步。

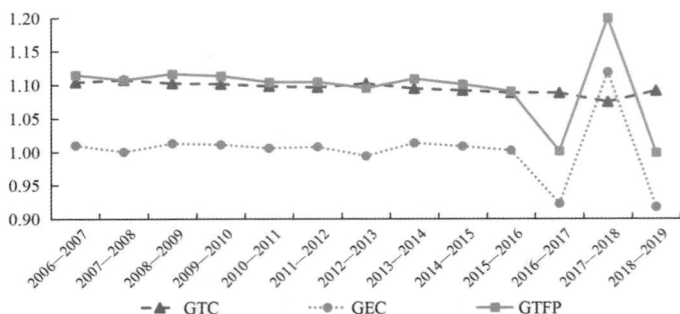

图 5-3-11　北部海洋经济圈国民经济 GTC、GEC、GTFP

如图 5-3-12 所示，根据北部海洋经济圈国民经济绿色技术进步指数
（GTC）分解结果来看，GTC 与中性绿色技术进步指数（GMATC）走势基本契
合，但波动幅度较 GMATC 更小；国民经济投入偏向性绿色技术进步指数
（GIBTC）和产出偏向性绿色技术进步指数（GOBTC）两者均高于 1.0，且波动
幅度不大；而中性绿色技术进步指数（GMATC）均低于 1，且伴随着较大的波
动。这表明，GIBTC 和 GOBTC 能够拉升和维持北部海洋经济圈国民经济发展
GTC 水平，并能够在一定程度上平抑因其 GMATC 造成的波动性。在绿色发展
视角下，北部海洋经济圈国民经济绿色增长主要源于投入偏向性绿色技术进
步，同时国民经济绿色发展能够带来科技进步产出。

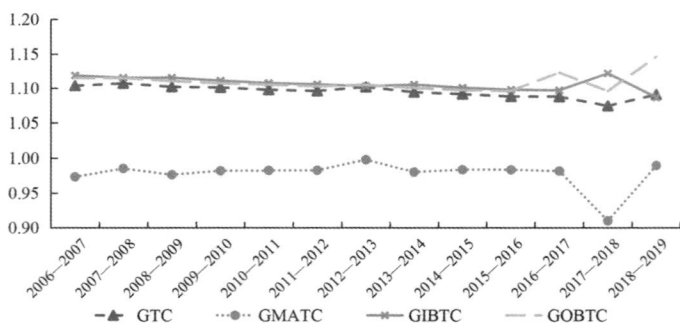

图 5-3-12　北部海洋经济圈国民经济的 GTC、GMATC、GIBTC、GOBTC

（3）东部海洋经济圈国民经济绿色技术进步分析

如图 5-3-13 所示，2006—2019 年我国东部海洋经济圈的国民经济绿色全
要素生产率（GTFP）为 1.159，绿色技术进步指数（GTC）和绿色效率指数

（GEC）分别为 1.155 与 1.004。与此同时，东部海洋经济圈国民经济绿色全要素生产率的变动趋势与绿色技术进步指数基本一致，绿色效率指数波动较为平稳。可见，在资源和环境的约束下，东部海洋经济圈的国民经济发展主要依赖于正向的绿色技术进步。

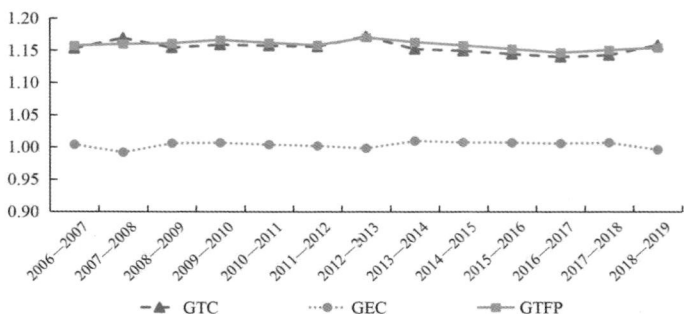

图 5-3-13　东部海洋经济圈国民经济 GTC、GEC、GTFP

如图 5-3-14 所示，根据我国东部海洋经济圈国民经济绿色技术进步指数（GTC）分解结果来看，其国民经济投入偏向性绿色技术进步指数（GIBTC）和产出偏向性绿色技术进步指数（GOBTC）两者均高于 1.15；其中性绿色技术进步指数（GMATC）低于 1 且波动幅度相对较大；综合作用下，东部海洋经济圈的国民经济绿色技术进步指数在 1.15 附近小幅波动。这表明，GIBTC 和GOBTC 能够拉升和维持东部海洋经济圈国民经济发展 GTC 水平，并能够在一定程度上平抑因其 GMATC 造成的波动性。可见，在绿色发展视角下，东部海洋经济圈国民经济绿色增长主要源于投入偏向性绿色技术进步，同时国民经济绿色发展推动了该区域内的科技进步产出。

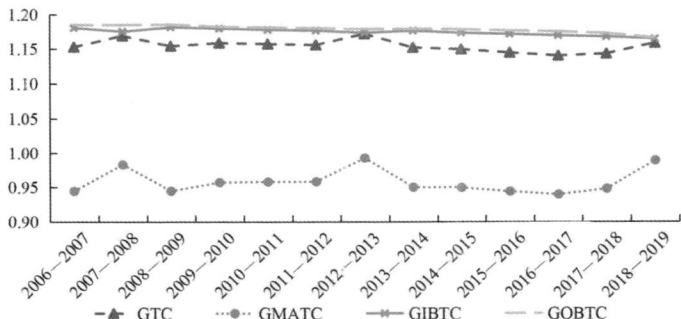

图 5-3-14　东部海洋经济圈国民经济的 GTC、GMATC、GIBTC、GOBTC

（4）南部海洋经济圈国民经济绿色技术进步分析

如图 5-3-15 所示，2006—2019 年我国南部海洋经济圈的国民经济绿色全要素生产率（GTFP）为 1.145，绿色技术进步指数（GTC）和绿色效率指数（GEC）分别为 1.129 与 1.015。与此同时，南部海洋经济圈国民经济绿色全要素生产率的变动趋势与国民经济绿色效率指数基本一致，绿色技术进步指数变动则较为平稳。可见，在资源和环境的约束下，南部海洋经济圈国民经济的发展主要依赖于正向的绿色技术进步，并且其绿色经济效率强化了绿色技术进步对绿色全要素生产率的驱动。

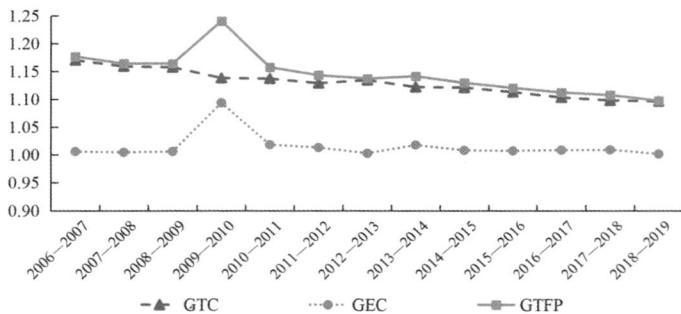

图 5-3-15　南部海洋经济圈国民经济 GTC、GEC、GTFP

如图 5-3-16 所示，根据南部海洋经济圈国民经济绿色技术进步指数（GTC）分解结果来看，其国民经济投入偏向性绿色技术进步指数（GIBTC）和产出偏向性绿色技术进步指数（GOBTC）两者差别不大，且均在 1.15 附近小幅波动；中性绿色技术进步指数（GMATC）低于 1 且波动幅度相对较大。综合作用下，南部海洋经济圈的国民经济绿色技术进步整体呈下降趋势。这表明南部海洋经济圈投入偏向性绿色技术进步和产出偏向性绿色技术进步对其绿色技术

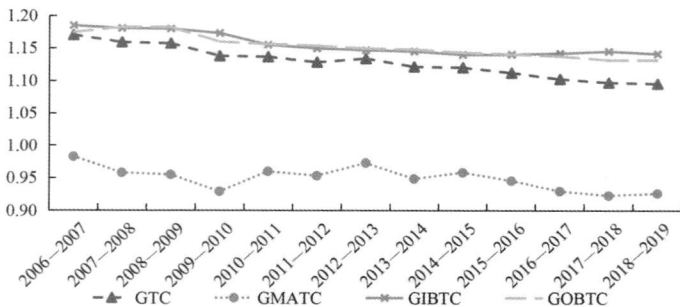

图 5-3-16　南部海洋经济圈国民经济的 GTC、GMATC、GIBTC、GOBTC

进步有拉升作用，但其拉升效果不显著。

综合以上分析可知：11 个沿海地区和三大海洋经济圈的国民经济绿色发展均依赖于绿色技术进步，投入偏向性绿色技术进步和产出偏向性绿色技术进步均有积极贡献，对绿色全要素生产率作用均是提高。三大海洋经济圈因其自身经济发展特征、资源禀赋等差异，其绿色技术进步也有所不同。北部海洋经济圈国民经济绿色技术进步稳中有降，北部海洋经济圈要加大对投入产出结构的调整力度，提升科技进步对经济发展的贡献。东部海洋经济圈国民经济绿色技术进步稳中有升，东部海洋经济圈要继续保持发展优势，促进经济的可持续发展。南部海洋经济圈国民经济绿色技术进步呈下降的趋势，南部海洋经济圈要深化对绿色技术进步的政策支持，提升资金和人才的投入。

5.3.3 绿色发展视角下海洋经济对我国科技进步的贡献分析

为进一步分析在绿色发展视角下海洋经济发展对我国科技进步的贡献，本书将绿色发展视角下海洋经济与国民经济的绿色技术进步进行比较分析。

（1）海洋经济绿色技术进步与国民经济绿色技术进步

为准确定位海洋经济对我国绿色科技进步的贡献，本书对海洋经济与国民经济的绿色技术进步进行了比较分析，分别测度了全域层面[①]以及北部海洋经济圈、东部海洋经济圈、南部海洋经济圈的海洋经济与国民经济绿色技术进步指数（GTC）、投入偏向性绿色技术进步指数（GIBTC）、产出偏向性绿色技术进步指数（GOBTC）、中性绿色技术进步指数（GMATC），结果如图 5-3-17 所示。

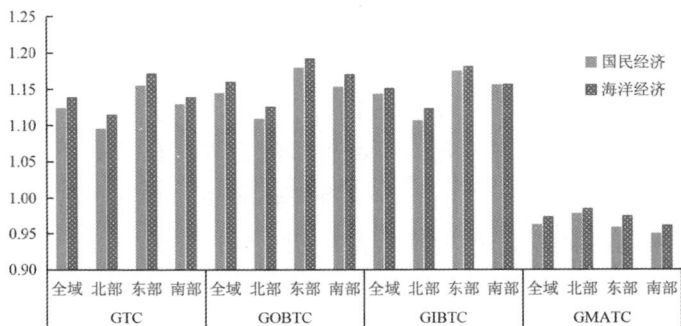

图 5-3-17　国民经济与海洋经济 GTC、GOBTC、GIBTC、GMATC

---

① 全域层面在这里是指 11 个沿海地区，即包含了北部海洋经济圈、东部海洋经济圈和南部海洋经济圈。

如图 5-3-17 所示，第一，全域及三大海洋经济圈的海洋经济绿色技术进步及其各项分解指数均高于其国民经济绿色技术进步指数及其各项分解指数。这表明在资源环境约束下，海洋经济发展所带来的技术进步高于国民经济发展所带来的技术进步。绿色发展视角下，海洋经济发展对我国科技进步有显著的积极贡献。第二，全域及三大海洋经济圈的海洋经济绿色技术进步排序为东部海洋经济圈>全域>南部海洋经济圈>北部海洋经济圈。国民经济绿色技术进步排序为东部海洋经济圈>南部海洋经济圈>全域>北部海洋经济圈。可见，东部海洋经济圈的国民经济绿色技术进步与海洋经济绿色技术进步领跑全国，而北部海洋经济圈的表现则相对落后。

具体地，东部海洋经济圈的陆域和海洋经济实力均较强，并且还重视对资源环境的保护。上海市是首批对外开放城市，其经济基础雄厚，海洋新兴产业发展较为迅速，并且还实施了"环保三年行动"，重视对陆域和海洋生态环境的保护，江苏省和浙江省是陆海协调发展示范区、海洋生态文明示范区。三个沿海地区持续推进海洋经济的可持续发展，在资源环境约束下，海洋经济绿色技术进步带动了国民经济的绿色技术进步。南部海洋经济圈仍需打造陆海科技进步协同发展格局，国民经济绿色技术进步水平高于全国平均值，但海洋经济绿色技术水平低于全国平均值。这说明在资源环境约束下，南部海洋经济圈在促进国民经济绿色技术发展的同时，需要协同带动海洋经济绿色技术的发展。北部海洋经济圈是京津冀协同发展重要地区和服务"一带一路"建设的航运枢纽，其海洋创新资源较为丰富，但是由于过去对重工业发展的依赖，导致其国民经济技术进步与海洋经济技术进步水平均不高，海洋经济的科技进步贡献相较于其他海洋经济圈偏低。

(2) 绿色技术进步与非绿色技术进步

为进一步探明海洋经济对我国科技进步的贡献，比较分析了全域层面、北部海洋经济圈、东部海洋经济圈、南部海洋经济圈的海洋经济与国民经济技术进步 (TC)、绿色技术进步 (GTC)，结果如图 5-3-18 所示。

如图 5-3-18 所示，第一，不论是从全域层面，还是从三大海洋经济圈层面，海洋经济和国民经济非绿色技术进步均大于绿色技术进步。这表明受资源环境约束，我国海洋经济和国民经济发展的绿色技术进步仍有所受限。第二，海洋经济非绿色技术进步与海洋经济绿色技术进步之间的差距比国民经济小，表明海洋经济技术进步受资源环境的约束较小，海洋经济发展的技术进步天然符合绿色发展理念要求。第三，国民经济与海洋经济的技术进步差距小于两者的绿色技术进步差距，表明面对资源环境约束，海洋经济的技术进步更有优势。

此外，东部海洋经济圈的海洋经济与国民经济的非绿色技术进步与绿色技术进步具有绝对性优势，再一次凸显了东部海洋经济圈的技术进步带动作用。南部海洋经济圈海洋经济非绿色技术进步与海洋经济绿色技术进步之间的差距最小，并且国民经济非绿色技术进步与国民经济绿色技术进步之间的差距也最小，表明南部海洋经济圈海洋经济、国民经济在取得技术进步时，更加注重绿色与非绿色的协同进步。北部海洋经济圈则处于相对落后的地位，表明其技术进步的总量及协调发展水平都有待提高。

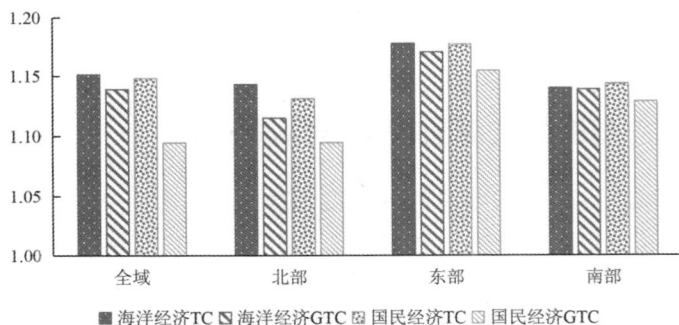

图 5-3-18　绿色技术进步与非绿色技术进步

综合以上分析可知：海洋经济绿色技术进步指数高于国民经济绿色技术进步指数。绿色发展视角下，海洋经济发展对我国科技进步有显著的积极贡献。海洋经济的持续快速发展对于推动我国整体技术进步举足轻重。特别是在当前绿色发展理念的引导下，海洋经济绿色发展是推进我国科技进步的重要力量。

6 海洋经济与海洋资源环境的协调作用

自"建设海洋强国"战略和"加快建设海洋强国"战略提出以来，海洋经济已经成为国民经济不可分割的一部分。海洋经济快速发展的同时，也带来了海洋资源损耗和海洋环境破坏等问题。在此背景下，本书针对海洋经济与海洋资源环境的协同发展问题进行了分析，为寻找海洋经济与资源环境保护的良性发展模式提供依据。

6.1 海洋经济与海洋资源协同发展格局分析

经济与资源的协同是在系统与外界双重要素的作用下相互制约与协调，在无序与有序、低序与高序之间不断转换发展，形成具有特定结构和功能的复合系统的过程。本书基于协同演化算法，以功效函数、发展度模型为基础，构建海洋经济与海洋环境协同演化测度模型，衡量海洋经济与海洋资源两个系统通过各自的序参量产生相互作用、彼此影响的程度。

协同演化算法通过构造两个或多个种群，相互之间存在竞争或合作关系，以此提高各自性能，适应复杂系统的动态演化环境。协同演化算法考虑了其演化的环境和个体之间的复杂联系对个体演化的影响。在应用中，协同演化模型利用了少数起演化导向作用的个体，计算量较少，收敛速度加快。

首先，海洋经济与海洋资源协同发展是指海洋经济系统与资源系统之间的相互适应、协作、配合和促进，耦合而成的同步与和谐发展的过程。一方面，海洋经济发展促进海洋资源的合理利用和开发；另一方面，海洋资源有效利用推动海洋经济发展的良性循环。利用协同演化算法可以适应海洋经济与海洋资源系统复杂的动态演化环境，更好地反映出两系统之间的协同关系。

其次，海洋经济系统和海洋资源系统涵盖内容广泛，是由多个变量构成的系统。利用协同演化算法，可以选取少数代表海洋经济系统和海洋资源系统的序参量，减少不必要的工作量，简化计算量。

综合以上分析，使用协同演化算法测算海洋经济与海洋资源的协同发展程度，能够捕捉两个系统间复杂的动态演化，更好的测算两者的协同发展程度和趋势。

（1）海洋经济系统与海洋资源系统协同度测度模型

①计算参量对子系统有序的功效程度

功效函数表示序参量对子系统有序的功效程度，采用功效函数计算公式为

$$\mu_{ij} = \frac{(x_{ij} - b_{ij})}{(a_{ij} - b_{ij})} \qquad 6\text{-}1\text{-}1$$

$$\mu_{ij} = \frac{(a_{ij} - x_{ij})}{(a_{ij} - b_{ij})} \qquad 6\text{-}1\text{-}2$$

式中，x_{ij} 表示第 i 个系统的第 j 个序参量，它对应的系统承受范围临界最小和最大阈值分别为 β_{ij} 和 α_{ij}，μ_{ij} 表示序参量 x_{ij} 对子系统有序的功效值，μ_{ij} 越大，则序参量对子系统有序的贡献越大。子系统的序参量为正功效时，采用式 6-1-1 计算其有序度；负功效时，则采用式 6-1-2 计算其有序度。

②衡量子系统间的发展度

在海洋经济系统与海洋资源系统的协同发展调控中，为衡量各子系统间的协同作用，引入发展度的概念。发展度计算公式为

$$d_i = \sqrt[n]{\prod_{j=1}^{n} \mu_{ij}} \qquad 6\text{-}1\text{-}3$$

式中，μ_{ij} 表示序参量 x_{ij} 的功效系数，n 表示第 i 个子系统的序参量个数；d_i 表示第 i 个子系统的发展度，d_i 越大，该子系统的发展水平越高，反之则越低。

③计算影响子系统间发展度的共生因子

共生因子 β_{ij} 衡量复合系统内其他子系统对某个子系统发展的影响程度，由子系统间的灰色综合关联度 α_{ij} 确定。其计算公式为

$$\beta_{ij} = \alpha_{ij} \qquad 6\text{-}1\text{-}4$$

$$\beta_{ij} = \frac{1}{\alpha_{ij}} \qquad 6\text{-}1\text{-}5$$

若 $d_j > d_i$，这说明子系统 j 的发展状态优于子系统 i，其进化争夺了子系统 i 的发展资源与发展机会，对子系统 i 的共生效应小于 1，则设子系统 j 对子系统 i 的共生因子 $\beta_{ij} = \alpha_{ij}$；若 $d_j < d_i$，这说明子系统 j 的发展状态滞后于子系统 i，其进化为子系统 i 发展提供了发展资源与发展机会，对子系统 i 的共生效应大于 1，则设共生因子 $\beta_{ij} = \dfrac{1}{\alpha_{ij}}$；子系统对其自身的共生效应设为 1。

灰色综合关联程度 $\alpha_{ij}=\theta\varepsilon_{0i}+(1-\theta)\xi_{0i}$，其中 ε_{0i} 表示绝对关联度，ξ_{0i} 表示相对关联度，ε_{0i} 与 ξ_{0i} 均介于 0 和 1 之间，ε_{0i} 越大代表关联程度越高，ξ_{0i} 越大代表两个序列之间的变化速率越接近。若取 $\theta=0.5$，则表示综合关联度等同于关联程度和变化速率的算术平均。

④计算子系统间共生发展度

在子系统的实际发展过程中，其共生发展度由 β_{ij}、ω_j 和 d_j 共同决定，这三个变量分别表示共生因子、各子系统的权重和各子系统的发展度。子系统共生发展度计算公式为

$$d_j = \sum_{j=1}^{k} \omega_j \beta_{ij} d_j \qquad 6\text{-}1\text{-}6$$

式中，k 为子系统个数。

⑤计算子系统间协同度

根据李海东等（2014）提出的子系统及复合系统协同度模型，子系统发展度 d_i 是实测状态下的发展度值，共生发展度 d_i 是理想发展度值，子系统协同度为

$$C_i = \frac{d_i}{(d_i + |\,d_i - d_i\,|)} \qquad 6\text{-}1\text{-}7$$

对于复合系统而言，构建基于 k 个子系统协同度的综合协同度计算模型为

$$C = \sqrt[k]{\prod_{i=1}^{k} C_i} \qquad 6\text{-}1\text{-}8$$

（2）海洋经济系统与海洋资源系统的协同度评价指标体系

遵循评价指标构建的科学性、可操作性、全面性和主导性、动态性和稳定性原则，基于可持续发展相关理论，本书确定海洋经济系统与海洋资源系统序参量，具体如表 6-1-1 所列。

表 6-1-1　海洋经济系统与海洋资源系统协同度评价指标体系

子系统	结构	序参量
海洋经济系统	海洋经济规模	海洋生产总值
		涉海就业人数
	海洋经济质量	海洋经济全要素生产率
		海洋生产总值占比
		海洋第二产业占 GOP 比重
		海洋第三产业占 GOP 比重
海洋资源系统	海洋自然资源	海洋资本存量
		海水养殖产量
		货物吞吐量
	海洋旅游资源	旅游业从业人数
	海洋人才资源	科研机构数量

数据来源:《中国海洋统计年鉴》

注:为消除价格因素对 GDP 造成的波动,采用 2006 年不变价的实际 GDP。

如表 6-1-2 所列,两个系统之间的协同发展状态可划分为 6 个阶段并区分其所属发展类型。

表 6-1-2　海洋经济系统与海洋资源系统的协同发展阶段划分

综合协同度	发展阶段	地区发展类型划分
0.001~0.499	失调	(1)$C_{资源}>C_{经济}$ 为经济滞后型,其中 $0.6<\dfrac{C_{经济}}{C_{资源}}<1.0$ 为
0.500~0.599	低级协调共生	经济略微滞后型,$0.4<\dfrac{C_{经济}}{C_{资源}}<1.0$ 为经济轻度滞后
0.600~0.749	初级协调发展	型,$0.0<\dfrac{C_{经济}}{C_{资源}}<0.4$ 为经济明显滞后型。
0.750~0.849	螺旋式协调上升	(2)$C_{资源}>C_{经济}$ 为资源滞后型,其中 $0.6<\dfrac{C_{资源}}{C_{经济}}<1.0$ 为 资源略微受损型,$0.4<\dfrac{C_{资源}}{C_{经济}}\leq0.6$ 为资源轻度受损
0.850~0.949	极限发展	型,$0.0<\dfrac{C_{资源}}{C_{经济}}\leq0.4$ 为资源明显受损型。
0.950~1.000	和谐发展	(3)$C_{资源}=C_{经济}$ 为经济资源同步型。

6.1.1　全国层面的协同发展度分析

如图 6-1-1 所示，根据综合系统协同度模型，计算我国海洋经济与海洋资源复合系统的协同度结果。我国海洋经济系统与海洋资源系统协同度整体呈现三个发展阶段。第一个发展阶段为 2006—2009 年，不规律波动是此阶段海洋经济系统与海洋资源系统协同度变化的主要特征。2007 年海洋经济系统与海洋资源系统协同状态由初级协调发展阶段跃升至螺旋发展上升阶段，但之后一年迅速跌至发展失衡阶段，然后 2009 年又回升至初级协调发展阶段。第二个阶段为 2010—2017 年，稳定发展是此阶段海洋经济系统与海洋资源系统协同度变化的主要特征，此阶段海洋经济与海洋资源的协同关系稳定在高水平的螺旋发展上升阶段，此阶段能够保持稳定上升的原因在于 2009 年末颁布的《中华人民共和国海岛保护法》有效遏制了无偿开发、破坏海岛的现象，使海洋资源在一定程度上得到修复，海洋经济与海洋资源也进入稳定的良性循环发展态势。第三个阶段为 2018 年至今，海洋经济系统与海洋资源系统的协同程度有所回落。这是因为在十九大报告"坚持陆海统筹，加快建设海洋强国"的战略目标指引下，在推动我国海洋经济迅速发展的同时，加大了对海洋资源开发的保护力度。因此，沿海地区需要主动寻求海洋资源与海洋经济增长的新型共生模式，以提高海洋经济系统与海洋资源系统协同度为政策导向，使海洋资源赋能海洋经济高质量发展。

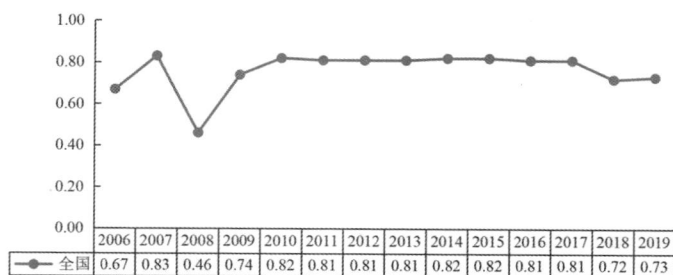

	2006	2007	2008	2009	2010	2011	2012	2013	2014	2015	2016	2017	2018	2019
全国	0.67	0.83	0.46	0.74	0.82	0.81	0.81	0.81	0.82	0.82	0.81	0.81	0.72	0.73

图 6-1-1　全国层面海洋经济系统与海洋资源系统的协同度

进一步比较海洋经济系统与海洋资源系统两个子系统的协同度，结合表 6-1-3 所列类型划分，识别和判断海洋经济系统与海洋资源系统的协同发展类型，具体如表 6-1-4 所列。结果显示，2006—2019 年海洋经济系统与海洋资源系统协同发展类型可分为两个主要阶段。第一阶段为 2006—2013 年，海洋资源与海洋经济的双向赶超，且海洋经济更多滞后于海洋资源的发展。2006 年、2008

年和2011年的特征是海洋资源滞后于海洋经济的发展，剩余年度均为海洋经济滞后于海洋资源的发展，海洋经济落后于海洋资源大规模开发是此阶段的典型特征。第二阶段为2014年至今，海洋资源滞后于海洋经济发展。基于陆海统筹战略以及海洋生态文明建设，我国提出了在全国建立海洋生态红线制度，将重要、敏感、脆弱海洋生态系统纳入海洋生态红线区管控范围并实施强制保护和严格管控。《国家海洋局海洋生态文明建设实施方案（2015—2020)》明确给出"深化资源科学配置与管理"的任务。因此，沿海地区要以"创新、协调、绿色、开放、共享"的发展理念，在国家实施海洋生态红线制度约束下提高海洋资源利用效率，提升海洋经济与海洋资源的协同发展度。

表 6-1-3 海洋经济系统与海洋资源系统协同发展类型划分

资源滞后型			经济滞后型			经济资源同步型
资源重度滞后型	资源中度滞后型	资源轻度滞后型	经济轻度滞后型	经济中度滞后型	经济重度滞后型	—
0，1	0，2	0，3	1，3	1，2	1，1	2

注：表中第一位数字为 2 代表经济资源同步型，为 1 代表经济滞后型，为 0 代表资源滞后型。表中第二位数字表示滞后程度，为 1 代表严重滞后，为 2 表示中度滞后，为 3 表示轻度滞后。

表 6-1-4 全国层面海洋经济系统与海洋资源系统协同发展类型划分

年份	2006	2007	2008	2009	2010	2011	2012	2013	2014	2015	2016	2017	2018	2019
类型	1，3	0，3	1，3	0，3	0，3	1，3	0，3	0，3	1，3	1，3	1，3	1，3	1，3	1，3

6.1.2 北部海洋经济圈的协同度分析

北部海洋经济圈由辽东半岛、渤海湾和山东半岛沿岸及附近海域组成，其海洋经济发展基础雄厚，传统海洋产业较为发达，海洋经济与海洋资源的协同度整体均值为 0.785，处于螺旋上升阶段。北部海洋经济圈海洋经济系统与海洋资源系统协同度计算结果如图 6-1-2 所示。从总体趋势上来看，北部海洋经济圈海洋经济系统与海洋资源系统之间的协同关系呈现由低级协同向高级协同的演化趋势，近年来整体稳定在螺旋式协调上升阶段。

天津市海洋经济系统与海洋资源系统的协同度在 2006—2019 年的均值为 0.895，整体处于海洋经济与海洋资源的和谐发展阶段。海洋经济系统与海洋资源系统相互赶超、螺旋上升是观察期内天津市的主要发展特征。然而，一方面海洋经济快速发展，另一方面国家海洋生态红线制度的约束，资源滞后型的发展模式在一定程度上使天津市海洋经济与海洋资源协同度出现下降，导致海洋经济与资源的和谐发展模式被打破，使海洋经济与资源的共生关系进入了新的调整阶段。

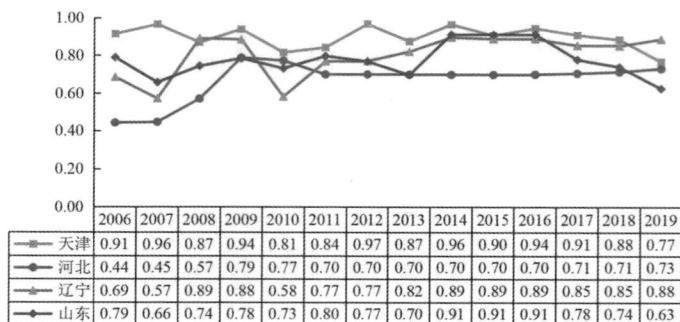

	2006	2007	2008	2009	2010	2011	2012	2013	2014	2015	2016	2017	2018	2019
天津	0.91	0.96	0.87	0.94	0.81	0.84	0.97	0.87	0.96	0.90	0.94	0.91	0.88	0.77
河北	0.44	0.45	0.57	0.79	0.77	0.70	0.70	0.70	0.70	0.70	0.70	0.71	0.71	0.73
辽宁	0.69	0.57	0.89	0.88	0.58	0.77	0.77	0.82	0.89	0.89	0.89	0.85	0.85	0.88
山东	0.79	0.66	0.74	0.78	0.73	0.80	0.77	0.70	0.91	0.91	0.91	0.78	0.74	0.63

图 6-1-2　北部海洋经济圈海洋经济系统与海洋资源系统的协同度

辽宁省海洋经济系统与海洋资源系统协同度在 2006—2019 年均值为 0.801。按照其发展趋势可以分为两个主要的阶段：第一阶段为 2006—2011 年，此阶段的显著特点是海洋经济系统与海洋资源系统发展的相互赶超，两者之间的协同度波动式上升；第二阶段为 2012 年至今，辽宁省海洋经济系统与海洋资源系统的协同发展模式向相互促进方向发展，由"重经济产出"向"重资源效率"的海洋经济发展模式转变。

山东省海洋经济系统与海洋资源系统协同度的变动趋势呈现出较大波动性。2014 年由初级协调发展阶段迅速跃升至极限发展阶段，并持续到 2016 年开始跌回至初级协调发展阶段。山东省积极推进海洋强省建设，海洋经济总量取得不俗的成绩，一直保持在沿海地区海洋生产总值的第二位；与此同时，围绕《渤海综合治理攻坚战行动计划》，山东省也在努力推进海岸带生态保护修复和海洋生物资源养护。因此，山东省深入挖掘二者间内在本质联系，制定符合海洋经济与海洋资源协同发展规律的可持续性激励政策，稳定提升海洋经济系统与海洋资源系统的协同关系。

河北省海洋经济系统与海洋资源系统的协同度发展在观察期间由失调迅速转为初级协调发展阶段，并长期处于稳定状态，出现了海洋经济与海洋资源的协调发展陷阱。因此，河北省需要在国家海洋生态文明建设大背景下，分析影响海洋经济与海洋资源协同发展的主要因素，制定可持续性的协同发展政策，将两者间的滞后类型控制在合理范围内，构建海洋经济与海洋资源之间健康合理的协同发展模式，使海洋资源赋能海洋经济的高质量发展。

6.1.3 东部海洋经济圈的协同度分析

东部海洋经济圈位于我国海洋经济发展的中心区位，主要包括江苏省、浙江省和上海市沿岸及附近海域，拥有优质的海洋资源，其海洋经济发展具备得天独厚的经济与地理优势，海洋经济与海洋资源协同度发展处于较高水平，具体如图 6-1-3 所示。在东部、北部与南部三大海洋经济圈中，东部海洋经济圈海洋经济系统与海洋资源系统协同度水平最高，其均值为 0.833，整体处于较高水平的螺旋式上升阶段。

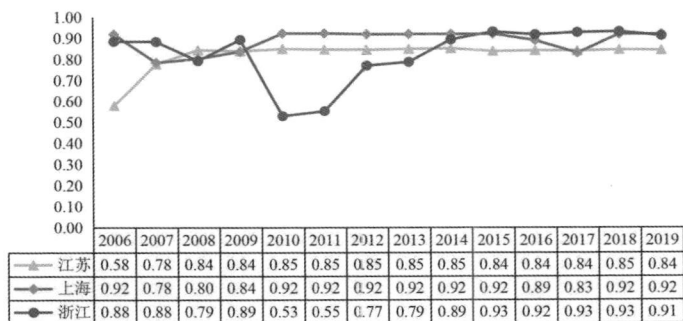

	2006	2007	2008	2009	2010	2011	2012	2013	2014	2015	2016	2017	2018	2019
江苏	0.58	0.78	0.84	0.84	0.85	0.85	0.85	0.85	0.85	0.84	0.84	0.84	0.85	0.84
上海	0.92	0.78	0.80	0.84	0.92	0.92	0.92	0.92	0.92	0.92	0.89	0.83	0.92	0.92
浙江	0.88	0.88	0.79	0.89	0.53	0.55	0.77	0.79	0.89	0.93	0.92	0.93	0.93	0.91

图 6-1-3 东部海洋经济圈海洋经济系统与海洋资源系统的协同度

上海市作为东部海洋经济圈内的"排头兵"与"领头羊"，其海洋经济系统与海洋资源系统协同度一直维持在较高的发展水平，并且在观察期内基本维持在高水平螺旋上升阶段与和谐发展阶段，整体发展具备稳定性与可持续性，预期未来仍能保持海洋经济与海洋资源的协调发展态势。受国家陆海统筹战略、海洋生态文明建设等大环境影响，由经济滞后型向资源滞后型转变是观察期内上海市海洋经济与海洋资源协同发展的重要特征之一，说明上海市海洋经济发展逐渐从产出导向转变为效率导向。

浙江省海洋经济系统与海洋资源系统的协同度出现较大变化，由高水平螺旋上升阶段下降到低级发展阶段，再跳回螺旋式发展上升阶段，并呈现出稳定的和谐发展状态。"十一五"期间，受长江等主要入海径流以及沿岸入海排污口数量不断增多的影响，浙江省海域环境质量不容乐观，杭州湾等重点港湾典型海洋生态系统存在受损问题。因此，在"十二五"期初，浙江省海洋经济高速增长带来了海洋经济系统与海洋资源系统的协同度的下降。自 2012 年开始，浙江省大力发展海洋经济与加强海洋生态保护双管齐下，驱动海洋经济与海资源跃升至螺旋发展阶段。2016 年，浙江省启动"蓝色海湾"整治行动；2019 年批复同意建立舟山市东部省级海洋特别保护区、温州龙湾省级海洋特别保护区等一系列政策的推动下，其海洋经济系统与海洋资源系统在未来仍能保持高度协同发展态势。

江苏省海洋经济系统与海洋资源系统协同度由失衡发展的阶段跃升至高水平的螺旋上升阶段，并长期保持在高水平的螺旋上升阶段。这说明江苏省海洋经济系统与海洋资源系统的协同发展在较长期间内维持在健康的螺旋上升阶段。海洋资源能够支撑海洋经济的高质量发展，海洋经济的发展同时能够反哺海洋资源开发与利用的转型升级。从地区发展类型来看，资源滞后与经济滞后规律性交替出现，这与江苏省海洋经济系统与海洋资源系统协同度的螺旋上升相符，海洋资源与海洋经济双向赶超是其海洋经济高质量发展的动力保证。

6.1.4 南部海洋经济圈的协同度分析

南部海洋经济圈由福建、珠江口及其两翼、北部湾、海南岛沿岸及其附近海域组成，在行政区域上拥有最为辽阔的海域与丰富的海洋资源，具有十分重要的战略意义。南部海洋经济圈海洋经济系统与海洋资源系统的协同度整体均值为 0.739，且呈现出较大的区域差异特征，其整体发展趋势如图 6-1-4 所示。

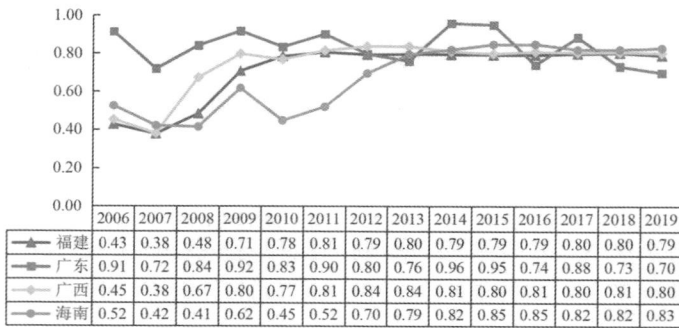

	2006	2007	2008	2009	2010	2011	2012	2013	2014	2015	2016	2017	2018	2019
福建	0.43	0.38	0.48	0.71	0.78	0.81	0.79	0.80	0.79	0.79	0.79	0.80	0.80	0.79
广东	0.91	0.72	0.84	0.92	0.83	0.90	0.80	0.76	0.96	0.95	0.74	0.88	0.73	0.70
广西	0.45	0.38	0.67	0.80	0.77	0.81	0.84	0.84	0.81	0.80	0.81	0.80	0.81	0.80
海南	0.52	0.42	0.41	0.62	0.45	0.52	0.70	0.79	0.82	0.85	0.85	0.82	0.82	0.83

图 6-1-4　南部海洋经济圈海洋经济系统与海洋资源系统的协同度

广东省海洋经济系统与海洋资源系统的协同度均值为0.831，处于较高水平的螺旋式上升阶段。从广东省海洋经济系统与海洋资源系统协同度的发展趋势来看，自 2006 年开始，整体呈现"上升—下降—继续上升"的螺旋式发展规律。海洋经济系统与海洋资源系统存在协同互补的关系，两者相互促进、相互发展，使得广东省在推动海洋经济发展与海洋资源开发利用两方面保持良好的平衡状态。

福建省依托得天独厚的海洋资源，在 2009 年迅速由海洋经济与海洋资源发展的失衡阶段转为初级协调发展阶段，并在 2010 年完成由初级协调发展阶段向高水平螺旋式发展阶段跨越，并在之后的观察期内维持在高水平螺旋式发展阶段保持不变。2010—2019 年，福建省海洋经济系统与海洋资源系统协同度具有显著的稳定性特征，围绕在 0.79 上下波动，且波动幅度较小。海洋经济系统与海洋资源系统呈现出较为稳定和谐的协同发展关系。

广西壮族自治区作为"一带一路"的重要节点，依托对外交流优势与区域内丰富的海洋资源，在 2006—2009 年期间由海洋经济系统与海洋资源系统的失衡发展迅速跃升到高水平的二元螺旋上升阶段。2010—2019 年，海洋经济系统与海洋资源系统协同度基本维持在较高水平，并呈现出稳定发展态势，海洋经济系统与海洋资源系统具有良好的协同发展关系。

随着南海领域的海洋资源不断开发，海南省战略地位日益重要，依托《海南国际旅游岛建设发展规划纲要》，海南省自 2010 年起充分发挥海南省自身区位和资源优势，在加快发展现代服务业的同时重视生态文明建设，使其海洋经济与海洋资源的协同发展情况也逐渐好转，从而驱动海南省在 2012 年完成海洋经济系统与海洋资源系统协同度由低级协调共生向初级协调发展的转变，并在之后一年跃升并稳定到高水平的螺旋式上升阶段。相较于其他南部海洋经济圈沿海地区，其海洋经济系统与海洋资源系统协同和谐发展相对较晚，但其海洋资源丰富，在未来具备非常高的增长潜力与提升可能，海洋经济系统与海洋资源系统协调度可以达到更高水平。

综合以上分析可知：从沿海地区层面上看，多数区域的海洋经济系统与海洋资源系统协同发展度呈现波动上升趋势，虽然个别沿海地区在较早期间内出现海洋经济系统与海洋资源系统发展失调的问题，但在"十二五""十三五"时期呈现出改善状态。从海洋经济各区域来看，东部海洋经济圈海洋经济系统与海洋资源系统协同度最高，北部海洋经济圈次之，南部海洋经济圈最低。但整体来看，各沿海地区的海洋经济系统与海洋资源系统协同度虽然呈现改善状态，但仍有较大的改进空间，如何构建可持续的海洋经济系统与海洋资源系统共生模式成为三大海洋经济圈共同面临的现实问题。

6.2 海洋经济与海洋环境协同发展格局分析

海洋经济系统与海洋环境系统的协同度分析，可沿用 6.1 中海洋经济系统与海洋资源系统协同度分析方法。遵循评价指标构建的科学性与可操作性、全面性与主导性、动态性与稳定型原则，并参考可持续发展相关理论，海洋经济与环境协同发展的系统结构及序参量的确定具体如表6-2-1所列。

表 6-2-1 海洋经济系统与海洋环境系统协同发展评价指标体系

子系统	结构	序参量
海洋经济系统	海洋经济规模	海洋生产总值
		涉海就业人数
	海洋经济质量	海洋经济全要素生产率
		海洋生产总值占比
		海洋第二产业占 GOP 比重
		海洋第三产业占 GOP 比重
海洋环境系统	海洋环境污染	工业二氧化硫排放量
		海洋氮氧化物排放量
		海洋工业粉尘排放量
		直排入海石油数量

数据来源：《中国海洋统计年鉴》，为消除价格因素对 GDP 造成的波动，采用 2006 年不变价的实际 GDP。

如表 6-2-2 所列，海洋经济系统与海洋环境系统协同发展状态，可划分为 6 个阶段并区分其所属发展类型。

表 6-2-2 经济系统与海洋环境系统协同发展阶段划分

综合协同度	发展阶段	地区发展类型划分
0.001~0.499	失调	(1)$C_{环境}>C_{经济}$为经济滞后型,其中 $0.6<\dfrac{C_{经济}}{C_{环境}}<1.0$ 为
0.500~0.599	低级协调共生	经济略微滞后型,$0.4<\dfrac{C_{经济}}{C_{环境}}\leq0.6$ 为经济轻度滞后
0.600~0.749	初级协调发展	型,$0<\dfrac{C_{经济}}{C_{环境}}\leq0.4$ 为经济明显滞后型。
0.750~0.849	螺旋式协调上升	(2)$C_{环境}\leq>C_{经济}$为环境滞后型,其中 $0.6<\dfrac{C_{环境}}{C_{经济}}<1.0$ 为环境略微受损型,$0.4<\dfrac{C_{环境}}{C_{经济}}\leq0.6$ 为环境轻度受
0.850~0.949	极限发展	损型,$0<\dfrac{C_{环境}}{C_{经济}}\leq0.4$ 为环境明显受损型。
0.950~1.000	和谐发展	(3)$C_{环境}=C_{经济}$为经济环境同步型。

6.2.1 全国层面的协同发展度分析

根据综合系统协同度模型，计算海洋经济系统与海洋环境系统的协同度（表 6-2-1）。如图 6-2-1 所示，2006—2019 年，海洋经济系统与海洋环境系统的协同度从全国水平来看处于波动状态，其中在 2018 年达到最低值 0.66。全国及各沿海地区海洋经济系统与海洋环境系统协同发展度呈现螺旋上升的改善趋势。最初沿海地区存在着经济发展与海洋环境保护失调的情况，但是随着国家对环境保护的重视和人们环保意识的增强，海洋经济发展与海洋环境保护协同发展程度不断提高，具体表现为海洋经济的发展为海洋环境保护事业提供资金支持，海洋环境的改善为发展海洋经济发展提供了一个更好的外在环境，以此实现良性循环。但是地区之间的发展依旧存在差异，未来仍需大力推进我国海洋经济与海洋环境协同发展。在新时代背景下，我国海洋经济进入高质量发展阶段，海洋生态环境保护将越来越受重视，海洋经济系统与海洋环境系统的协同度问题将会呈现不同发展态势。

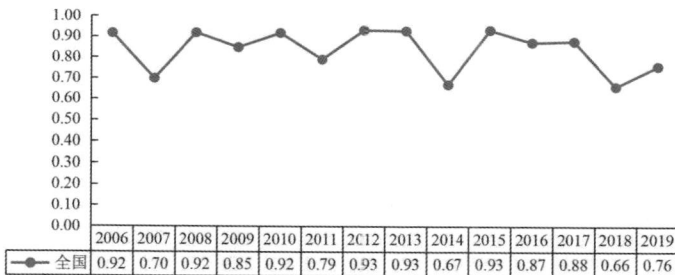

	2006	2007	2008	2009	2010	2011	2012	2013	2014	2015	2016	2017	2018	2019
全国	0.92	0.70	0.92	0.85	0.92	0.79	0.93	0.93	0.67	0.93	0.87	0.88	0.66	0.76

图 6-2-1 全国层面海洋经济系统与海洋环境系统的协同度

进一步比较海洋经济系统与海洋环境系统两个子系统的协同度，结合表 6-2-3 所列划分体系，识别和判断海洋经济系统与海洋环境系统的协同发展阶段，具体如表 6-2-4 所列。可以看出，我国并没有完全达到经济环境同步型的发展状态，这也反映出我国海洋经济系统与海洋环境系统协调发展仍有较大改善的空间。2012 年之前，环境经济协同类型多数年份处于环境滞后型状态，海洋环境是落后于海洋经济发展的。在 2012 年之后，环境经济协同发展进入了经济滞后与环境滞后相互交替的状态。随着十八大明确提出大力推进生态文明建设，努力建设美丽中国，实现中华民族永续发展的战略目标，我国生态环境保护发生了历史性、转折性的变化。

表 6-2-3 海洋经济系统与海洋环境系统发展类型划分

环境滞后型			经济滞后型			经济环境同步型
环境重度滞后型	环境中度滞后型	环境轻度滞后型	经济轻度滞后型	经济中度滞后型	经济重度滞后型	
(0,1)	(0,2)	(0,3)	(1,3)	(1,2)	(1,1)	2

注：表中第一位数字为 2 代表经济环境同步型，为 1 代表经济滞后型，为 0 代表环境滞后型。表中第二位数字表示滞后程度，为 1 代表严重滞后，为 2 表示中度滞后，为 3 表示轻度滞后。

表 6-2-4 全国层面海洋经济系统与海洋环境系统发展类型划分

年份	2006	2007	2008	2009	2010	2011	2012	2013	2014	2015	2016	2017	2018	2019
全国	0,3	1,3	1,3	1,3	1,3	1,3	0,3	0,3	1,3	0,3	1,3	1,3	0,3	1,3

6.2.2 北部海洋经济圈的协同度分析

北部海洋经济圈是我国的重工业基地，其海洋经济系统与海洋环境系统协同度处于初级协调发展阶段。海洋经济系统与海洋环境系统之间的协同关系有待进一步提升。北部海洋经济圈海洋经济系统与海洋环境系统协同度变化趋势如图 6-2-2 所示。可以看出，2006—2019 年北部海洋经济圈各沿海地区的海洋经济系统与海洋环境系统的协同度均有所提高，但提升幅度有限且波动较大。2018 年我国发布了《渤海湾综合治理攻坚战行动计划》，加快解决渤海存在的突出生态环境问题。据生态环境部披露，2020 年渤海近岸海域水质得到改善明显，一、二类水质比例达到 82.3%，比 2018 年增加 16.9 个百分点，同时北部经济圈共整治修复岸线 132 千米，37.5% 的渤海近岸海域划入海洋生态保护红线区。尽管海洋生态保护工作取得明显进展，但局部海域生态环境问题仍

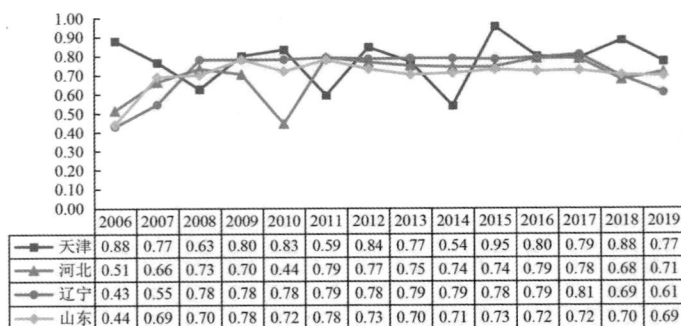

	2006	2007	2008	2009	2010	2011	2012	2013	2014	2015	2016	2017	2018	2019
天津	0.88	0.77	0.63	0.80	0.83	0.59	0.84	0.77	0.54	0.95	0.80	0.79	0.88	0.77
河北	0.51	0.66	0.73	0.78	0.44	0.79	0.77	0.75	0.74	0.74	0.79	0.78	0.68	0.71
辽宁	0.43	0.55	0.62	0.78	0.78	0.79	0.78	0.79	0.79	0.79	0.79	0.81	0.69	0.61
山东	0.44	0.69	0.70	0.78	0.72	0.78	0.73	0.70	0.71	0.73	0.72	0.72	0.70	0.69

图 6-2-2 北部海洋经济圈海洋经济系统与海洋环境系统的协同度

然比较突出。未来，陆海统筹的生态环境治理体系和治理能力建设仍需进一步加强。

天津市海洋经济系统与海洋环境系统协同度呈现螺旋式协调上升趋势，具有波动式上升特征。辽宁省海洋经济系统与海洋环境系统协同度总体处于初级协调发展阶段，在 2008 年跃升为螺旋式协调上升阶段后，其海洋经济系统与海洋环境系统协同度在 2008—2018 年保持稳定态势。山东省海洋经济系统与海洋环境系统协同度在 2006—2016 年呈现波动式上升的特征，即由海洋经济系统与海洋环境系统发展失衡或接近失衡的阶段跃升至较高的螺旋式协调上升阶段，并保持稳定状态。河北省经历了 2010 年的急速下降，后期也保持在较高水平的稳定状态。

天津市、辽宁省、山东省、河北省在海洋经济快速发展过程中，涉海项目开发导致陆源污染物排放、滨海湿地破坏和海洋环境污染等问题存在，使得海洋经济系统与海洋环境系统协同度波动上升。渤海属于半封闭型内海，具有独特的海洋生态环境，例如，海水交换和自净能力相对较弱，流域面积和自身面积的比值是我国四大海域里面最大的，海洋生态系统比较脆弱。然而，由于渤海湾存在地缘优势，在我国经济发展中具有突出的战略地位；但其经济发展所带来的陆源污染物排放量一度居高不下，重点海湾生态环境质量问题频频出现，生态环境保护形势非常严峻。

因此，国家出台一系列渤海湾保护政策。例如，2001 年，国务院批复《渤海碧海行动计划》。2009 年，由国家发展和改革委员会、生态环境部、住房和城乡建设部、水利部与国家海洋局等五部门共同发起制定并推行的《渤海环境保护总体规划（2008—2020)》出台。2018 年 6 月，中共中央、国务院印发《中共中央国务院关于全面加强生态环境保护坚决打好污染防治攻坚战的意见》，要求"打好渤海综合治理攻坚战"。2018 年 11 月，生态环境部、国家发展改革委、自然资源部联合印发《渤海综合治理攻坚战行动计划》。天津市、辽宁省、山东省、河北省在这些重要的国家规划指引下，一方面加速海洋经济发展，另一方面加大海洋生态环境的保护力度，使得海洋经济系统与海洋环境系统的协同度在"十二五""十三五"时期呈现向好的趋势。

6.2.3 东部海洋经济圈的协同度分析

东部海洋经济圈所包含的江苏、上海及浙江三个沿海地区是我国经济贡献强度最高的地区之一，同时与"一带一路"经济带、长江经济带交汇，是我国经济社会发展的重要引擎。如图6-2-3所示，东部海洋经济圈部分沿海地区海洋经济系统与海洋环境系统的协同度从初级协调发展阶段跳跃到螺旋式协调上升阶段。从发展趋势来看整体协调情况都有提升。生态环境部的最新数据表明，长三角环境污染的区域性分布已经使得环境污染成为制约长三角区域海洋经济发展的重要因素。由于东部海洋经济圈人口、工业以及城市化进展最为密集，环境承载以及环境保护压力较大。例如，长江口及其邻近海域面临富营养化、缺氧、酸化等一系列生态问题。因此，东部海洋经济圈需要通过组建跨地区政府海洋环境保护工作小组来整合各地的环境保护投资力量，同时强调公平分担，采用共同但有区别的减排责任分配方案，加快构建区域联防共治体系。

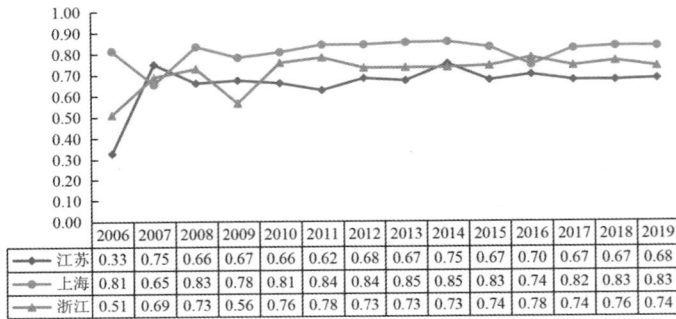

	2006	2007	2008	2009	2010	2011	2012	2013	2014	2015	2016	2017	2018	2019
江苏	0.33	0.75	0.66	0.67	0.66	0.62	0.68	0.67	0.75	0.67	0.70	0.67	0.67	0.68
上海	0.81	0.65	0.83	0.78	0.81	0.84	0.84	0.85	0.85	0.83	0.74	0.82	0.83	0.83
浙江	0.51	0.69	0.73	0.56	0.76	0.78	0.73	0.73	0.73	0.74	0.78	0.74	0.76	0.74

图6-2-3 东部海洋经济圈海洋经济系统与海洋环境系统的协同度

上海市的海洋经济系统与海洋环境系统协同度发展水平最高，除2007年以外均处于海洋经济系统与海洋环境系统的螺旋式协调上升阶段，具备较强的稳定性。但从海洋经济系统与海洋环境系统的关系来看，上海市需进一步构建稳定的海洋经济与海洋环境共生机制，从而推动海洋经济系统与海洋环境系统向和谐发展阶段迈进。

浙江省与江苏省的海洋经济系统与海洋环境系统协同发展均由失衡或接近失衡阶段向好的方向改善。从结果来看，浙江省的海洋经济系统与海洋环境系统实现了由接近失衡阶段向螺旋式协调上升阶段的飞跃。从方式来看，浙江省在海洋管理模式上，严守生态"红线"，改进行政审批流程，加强用海项目监管，使海洋经济系统与海洋环境系统的协同发展框架初步搭建完成，实现了由失衡向协同的转变。江苏省政府批准发布实施《江苏省海洋生态红线保护规划(2016—2020)》，对海洋生态环境的保护"实施最严格管控"，将重要、敏感、脆弱的海洋生态系统纳入海洋生态红线范围。

6.2.4 南部海洋经济圈的协同度分析

南部海洋经济圈包括福建省、广东省、广西壮族自治区以及海南省及其附近海域，2020 年南部海洋经济圈生产总值中海洋生产总值占比 38.7%，继续领跑全国。总体来看，南部海洋经济圈海洋经济系统与海洋环境系统的协同度处于较高水平的螺旋式协调上升阶段。如图 6-2-4 所示，南部海洋经济圈各沿海地区在某些时段达到极限发展或和谐发展状态，但未能长期保持。2007 年、2010 年、2016 年出现整体的下降趋势，这些时间点也处于"十一五""十二五""十三五"的期初或期末。南部海洋经济圈海域辽阔、资源丰富、战略地位突出，是具有全球影响力的先进制造业基地和现代服务业基地。在广东省带动下取得海洋经济跳跃式发展，福建省的海洋生产总值由 2011 年的第 5 位上升到 2015 年的第 3 位。在海洋生态环境保护方面，南部海洋经济圈是保护开发南海资源、维护国家海洋权益的重要基地。南部海洋经济圈海洋经济系统与海洋环境系统的协同度处于较高水平的螺旋式协调上升阶段，且在国家海洋生态文明建设的推进下向着更高水平迈进。

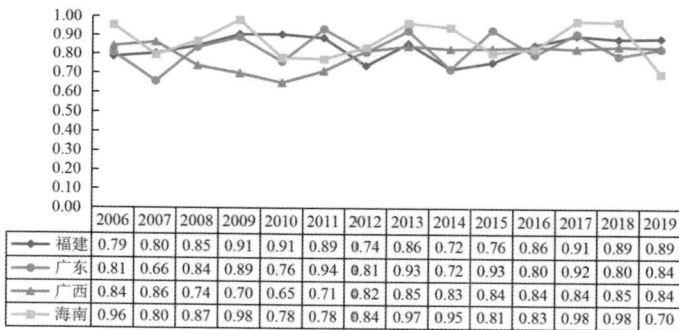

	2006	2007	2008	2009	2010	2011	2012	2013	2014	2015	2016	2017	2018	2019
福建	0.79	0.80	0.85	0.91	0.91	0.89	0.74	0.86	0.72	0.76	0.86	0.91	0.89	0.89
广东	0.81	0.66	0.84	0.89	0.76	0.94	0.81	0.93	0.72	0.93	0.80	0.92	0.80	0.84
广西	0.84	0.86	0.74	0.70	0.65	0.71	0.82	0.85	0.83	0.84	0.84	0.84	0.85	0.84
海南	0.96	0.80	0.87	0.98	0.78	0.78	0.84	0.97	0.95	0.81	0.83	0.98	0.98	0.70

图 6-2-4 南部海洋经济圈海洋经济系统与海洋环境系统的协同度

海南省海洋经济系统与海洋环境系统的协同度在部分时期达到极限发展的状态，但呈现出阶段性波动特征。虽然海南省海洋生产总值在沿海地区并不是最好的，但是海南省坚持"科学发展、绿色崛起"的发展思路和生态立省战略，保护海洋生态环境和资源。从 2015 年起，海南省积极开展生态环境六大专项整治和海岸带整治，坚持陆海统筹源头治理，严控自然岸线流失，确保海南省生态环境只能更好、不能变差。"十三五"提出牢固树立"绿水青山就是金山银山"的强烈意识以来，海南省坚持生态立省和绿色崛起，紧紧围绕同步建成小康社会、基本建成国际旅游岛和建设美丽海南目标。

广西壮族自治区在"十一五"期间，海洋经济发展比较落后，存在着海洋经济体量小、发展方式较为粗放、海洋产业集中度低等问题，其海洋经济系统与海洋环境系统的协同度经历了阶段性下降。在"十二五""十三五"呈现出稳定的向好趋势。广西壮族自治区在"蓝天、碧水、净土"三大保卫战、生态保护和修复、环境监察执法、环评审批等方面创造了一个个走在全国前列的案例和数据。

广东省和福建省海洋经济系统与海洋环境系统的协同度发展趋势具有相似性，呈现出短期波动式增长特征。这两个省份海洋生产总值居全国前列，需要进一步注重海洋环境的优化与治理，协调海洋经济与海洋环境之间的协同发展关系，在提高海洋经济产出的同时还应注意其对海洋环境产生的不利影响，通过环境规制倒逼海洋产业转型升级，实现海洋经济的高质量发展。

综合以上分析可知：从沿海地区层面上看，大部分沿海地区的海洋经济系统与海洋环境系统的协同发展度处于初级协调发展到螺旋式上升阶段，个别沿海地区达到了极限发展阶段。从海洋经济圈来看，北部海洋经济圈和东部海洋经济圈的海洋经济系统与海洋环境系统的协同度均有了不同程度的提高，南部海洋经济圈海洋经济系统与海洋环境系统的协同度大致处于较高水平。但是，不论是海洋经济圈，还是个别沿海地区，协同度呈现短期波动状态。因此，我国海洋经济系统与海洋环境系统协同发展度仍有较大改善的空间，需要向更高的发展阶段迈进并长期保持均衡状态。

7 海洋经济与陆域经济的耦合作用

海洋经济系统与陆域经济系统作为国民经济的两个独立的系统，系统间和系统内部的要素间存在着错综复杂的联动性。为探求我国海洋经济与陆域经济发展联动关系，本书在构建陆海经济系统耦合协调评价指标体系的基础上，采用改进的耦合协调模型测度陆海经济系统的耦合协调度，对我国沿海地区的陆海经济系统耦合协调性进行了分析。最后，对海洋经济与陆域经济投资的联动性进行了探索，为我国陆海经济耦合协调发展提供数据支持和决策依据。

7.1　海洋经济与陆域经济的耦合协调度分析

7.1.1　全国层面的耦合协调度分析

（1）耦合协调评价模型引入

耦合度简单来说就是用来描述事物之间彼此作用和影响的程度。从协同性角度而言，耦合作用及协调程度决定了系统由无序走向有序的趋势。基于此，本书利用物理学中的容量耦合系数模型来计算耦合度，在以往学者研究的基础上优化改进耦合协调模型参数，以构建陆海经济系统耦合协调度评价模型，具体如下。

①评价指标预处理

为避免量纲的差异所带来的不可预知的影响，首先依据极差标准化方法对指标的原始数据进行标准化，设 v_{ij} 为 j 年第 i 个指标值，x_{ij} 为 j 年第 i 个指标的标准值，则其对应正负指标标准化公式为

$$x_{ij} = \frac{v_{ij} - \min_{1 \leqslant j \leqslant m}(v_{ij})}{\max_{1 \leqslant j \leqslant m}(v_{ij}) - \min_{1 \leqslant j \leqslant m}(v_{ij})} \qquad 7\text{-}1\text{-}1$$

$$x_{ij} = \frac{\max_{1 \leqslant j \leqslant m}(v_{ij}) - v_{ij}}{\max_{1 \leqslant j \leqslant m}(v_{ij}) - \min_{1 \leqslant j \leqslant m}(v_{ij})} \qquad 7\text{-}1\text{-}2$$

②确定评价指标权重

为克服指标权重确定过程中受主观情绪影响的问题，降低主观因素所导致的指标选取的误差，利用指标信息熵 e_i 对指标权重加以确定，指标信息熵的公式如下：

$$e_i = -\frac{1}{\ln m} \sum_{j=1}^{m} \left(\frac{v_{ij}}{v_i} \ln \frac{v_{ij}}{v_i} \right), \quad v_i = \sum_{j=1}^{m} v_{ij} \qquad 7\text{-}1\text{-}3$$

$$q_i = \frac{1-e_i}{n - \sum_{i=1}^{n} e_i} \qquad 7\text{-}1\text{-}4$$

式中，n 为指标个数，q_i 为指标权重。

③综合评价函数的计算

海洋经济和陆域经济综合发展水平需通过综合评价函数分别测算，其公式为

$$f(x) = \sum_{j=1}^{m} \sum_{i=1}^{n_j} q_{ji} x_{ji} \qquad 7\text{-}1\text{-}5$$

$$g(y) = \sum_{j=1}^{m} \sum_{k=1}^{n_j} y_{jk} q_{jk} \qquad 7\text{-}1\text{-}6$$

式中，$f(x)$、$g(y)$ 分别为海洋经济和陆域经济综合发展水平，q_{ij} 为第 j 年第 i 个指标的权重。

④耦合协调度的测算

耦合协调度模型可以用来分析事物的协调发展水平。耦合度是指两个或两个以上系统之间的相互影响，可以反映系统之间的相互依赖相互制约的程度强弱。协调度指耦合相互作用关系中良性耦合程度的大小，可体现出协调状况的好坏，可以表征各功能之间是在高水平上相互促进还是低水平上相互制约。考察海洋经济和陆域经济之间是否协调发展，不仅要看两者之间的协调关系，还要衡量协调状况的好坏，因此要使用到耦合协调度模型。此外，由于齿轮间相互带动转动的关系与陆海经济间相互促进、共同发展的耦合协调关系相似。因此，在分析海洋经济子系统与陆域经济子系统的关系基础上，运用机械学的齿轮传动原理，将上述两系统视为相互连接的齿轮，对陆海经济贡献度进行优化之后计算的耦合协调度，能够更好地反映两者之间彼此作用和影响的程度。

第一步在借鉴物理学中的容量耦合内涵及容量耦合系数模型基础上，计算耦合度，海洋经济系统和陆域经济系统的耦合度公式具体为

$$C=2\left\{\frac{f(x)g(y)}{[f(x)+g(y)]^2}\right\}^{\frac{1}{2}} \qquad 7-1-7$$

这里,耦合度值 C 在 0 到 1 范围内取值:当 C 趋向 1 时,说明海洋经济系统与陆域经济系统的耦合度最大,两个系统间达到了良性共振耦合,系统将趋向新的有序结构;当 C 趋向 0 时,海洋经济系统与陆域经济系统的耦合度最小,说明这两个系统之间处于无关状态,系统将向无序发展。

第二步借助耦合度 C 计算公式直接测算耦合协调度,具体公式如下:

$$D=(CT)^\theta \qquad 7-1-8$$

$$T=\alpha f(x)+\beta g(y) \qquad 7-1-9$$

式中,D 为耦合协调度,C 为上式中所得的耦合度,T 为海洋经济系统与陆域经济系统的综合评价指数并用来反映两者整体效应,α 和 β 为待定参数。由公式可知耦合协调度是耦合度的一种改进,因此其对海洋经济系统和陆域经济系统耦合关系的评价更具适用性。

针对模型中待估计参数 α 和 β 的取值,在分析海洋经济系统与陆域经济系统的关系基础上,运用机械学的齿轮传动原理,将上述两系统视为相互连接的齿轮,齿轮之间相互带动转动的关系与陆海经济间相互促进,共同发展的耦合协调关系相似。依据系统动力学原理,齿轮传动比代表主动轮与动轮之间的转速比,具体而言:

$$i=\frac{\omega_1}{\omega_2}=\frac{z_2}{z_1} \qquad 7-1-10$$

式中,ω_1 是 1 号齿轮的角速度,即海洋经济的发展速度,其值近似于海洋生产总值的增长率,同理,ω_2 近似于陆域经济生产总值的增长率。z_1 为 1 号齿轮的齿数,z_2 为二号齿轮的齿数,根据齿轮的传动原理,1 号轮和 2 号轮经整个系统联动运转后均会增加其速度,设 1、2 号轮增速分别为 $\Delta\omega_1$ 和 $\Delta\omega_2$,1 号轮和 2 号轮的最终速度为 V_1 和 V_2,且 $V_1=(\omega_1+\Delta\omega_1)$,则 2 号轮最终速度为

$$V_2=\frac{z_1}{z_2}(\omega_1+\Delta\omega_1) \qquad 7-1-11$$

由上式可知:

$$\frac{z_2}{z_1}=\frac{\Delta\omega_1}{\Delta\omega_2}=\frac{\omega_1}{\omega_2} \qquad 7-1-12$$

由于 α 为陆域经济对海洋经济的贡献度和 β 为海洋经济对陆域经济的贡献度,上述贡献度实际上就是一种带动促进作用,贡献度的比值可以对应到齿轮

模型的速度增量比值，为

$$\frac{\alpha}{\beta}=\frac{\omega_1}{\omega_2}, \quad \alpha+\beta=1 \qquad\qquad 7-1-13$$

⑤陆海经济耦合协调判别标准

依据耦合协调度大小将海洋经济系统与陆域经济系统的耦合协调状况划分为 3 大类 10 个亚类，而对于每个亚类又可按照海洋经济系统与陆域经济系统综合评价指数 $f(x)$ 与 $g(y)$ 的大小关系进一步分为 3 种关系，见表 7-1-1 和图 7-1-1。

表 7-1-1　陆海经济耦合协调的分类体系

失调衰退类					过渡类		耦合协调类		
极度失调衰退类	严重失调衰退类	中度失调衰退类	轻度失调衰退类	濒临失调衰退类	勉强耦合协调类	初级耦合协调类	中级耦合协调类	良好耦合协调类	优质耦合协调类
0.00~0.09	0.10~0.19	0.20~0.29	0.30~0.39	0.40~0.49	0.50~0.59	0.60~0.69	0.70~0.79	0.80~0.89	0.90~1.00

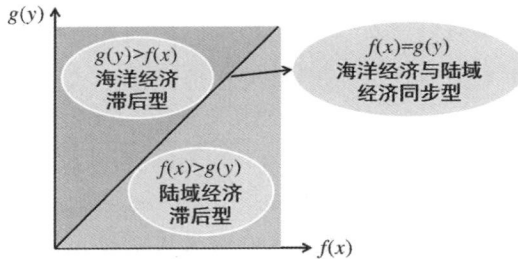

图 7-1-1　陆海经济耦合协调的判别标准

本书以 11 个沿海地区为研究对象，测算其海洋经济系统与陆域经济系统的耦合协调关系。首先需要建立一套行之有效的陆海经济评价指标体系，并能保证所构建的指标兼顾统计的全面性及评价的可行性。依据沿海地区陆海经济运行现状及科学、全面、可行的原则，构建陆海经济巨系统评价指标体系（表7-1-2）。

表 7-1-2 陆海经济巨系统指标评价体系

目标层	功能层	准则层	指标层	单位	指标方向性
海陆经济巨系统	x 海洋经济系统	x_1 系统环境	x_{11} 海水养殖面积	公顷	+
			x_{12} 工业废水入海量	万吨	−
			x_{13} 星级饭店数	座	+
			x_{14} 直排海石油类污染物	吨	−
		x_2 系统结构	x_{21} 海洋第一产业比重	%	+
			x_{22} 海洋第二产业比重	%	+
			x_{23} 海洋第三产业比重	%	+
		x_3 系统绩效	x_{31} 海洋生产总值	亿元	+
			x_{32} 海洋第一产业增加值	亿元	+
			x_{33} 海洋捕捞产量	吨	+
			x_{34} 海洋第二产业增加值	亿元	+
			x_{35} 海洋第三产业增加值	亿元	+
			x_{36} 港口国际标准集装箱吞吐量	万标准箱	+
			x_{37} 海洋经济全要素生产率	−	+
		x_4 系统可持续发展力	x_{41} 海洋专业技术人员	人	+
			x_{42} 海洋科研机构数	个	+
			x_{43} 海洋科研机构科技课题数	项	+
			x_{44} 海洋科研机构从业人员	人	+
			x_{45} 海洋生产总值占地区生产总值比重	%	+
			x_{46} 工业固体废物综合利用率	%	+
			x_{47} 海滨观测台站	个	+
			x_{48} 自然保护区面积	公顷	+
	y 陆域经济系统	y_1 系统环境	y_{11} 工业废水排放总量	万吨	−
			y_{12} 工业固体废物产生量	万吨	−
			y_{13} 全年生产用水总量	万吨	−
			y_{14} 工业二氧化硫排放总量	吨	−
		y_2 系统结构	y_{21} 陆域一产比重	%	+
			y_{22} 陆域二产比重	%	+
			y_{23} 陆域三产比重	%	+
		y_3 系统绩效	y_{31} 陆域生产总值	亿元	+
			y_{32} 陆域第一产业增加值	亿元	+
			y_{33} 陆域第二产业增加值	亿元	+
			y_{34} 陆域第三产业增加值	亿元	+
			y_{35} 全社会固定资产投资	亿元	+
			y_{36} 居民消费价格指数	上年=100	+
			y_{37} 陆域经济全要素生产率	−	+
		y_4 系统可持续发展力	y_{41} 教育经费投入	万元	+
			y_{42} 开发区高新技术企业总收入	万元	+
			y_{43} 第三产业从业人员比重	%	+
			y_{44} 专利授权量	项	+
			y_{45} 技术市场成交额	亿元	+
			y_{46} 工业污染治理完成投资	万元	+
			y_{47} 生活垃圾无害化处理率	%	+
			y_{48} 环境污染治理投资总额	亿元	+

（2）全国层面陆海耦合协调结果分析

如图 7-1-2 所示，2006—2019 年陆域经济和海洋经济的综合评分，以及陆海经济系统的耦合协调性。由此评价结果可以看出：

①我国海洋经济综合评分呈现波动上升的特征。在"十一五"时期，海洋经济综合评分呈现节节攀升的状态。2006 年，我国颁布了《国家海洋事业发展规划纲要（2006—2010)》，海洋经济得到快速发展，2010 年达到阶段峰值。在"十二五""十三五"期初或期末，海洋经济综合评分出现下降趋势但随后反弹，这与海洋事业的国家级战略规划紧密相关。十八大报告明确指出："提高海洋资源开发能力，发展海洋经济，保护海洋生态环境，坚决维护国家海洋权益，建设海洋强国。"十九大进一步提出"加快建设海洋强国"建设。海洋生态文明建设也在持续夯实，《全国海洋生态环境保护规划》《渤海湾综合治理攻坚战行动计划》《关于在全国加快建立海洋生态红线制度的意见》等一系列海洋生态保护政策颁布，加快了海洋经济高质量发展步伐。

②陆域经济综合评分经历了高速增长趋稳的发展阶段。2006—2019 年，沿海地区陆域经济规模迅速扩大，呈现持续上升状态。我国作为世界第二大经济体，一直保持着良好的经济发展态势。沿海地区依托地理区位优势，积极发展

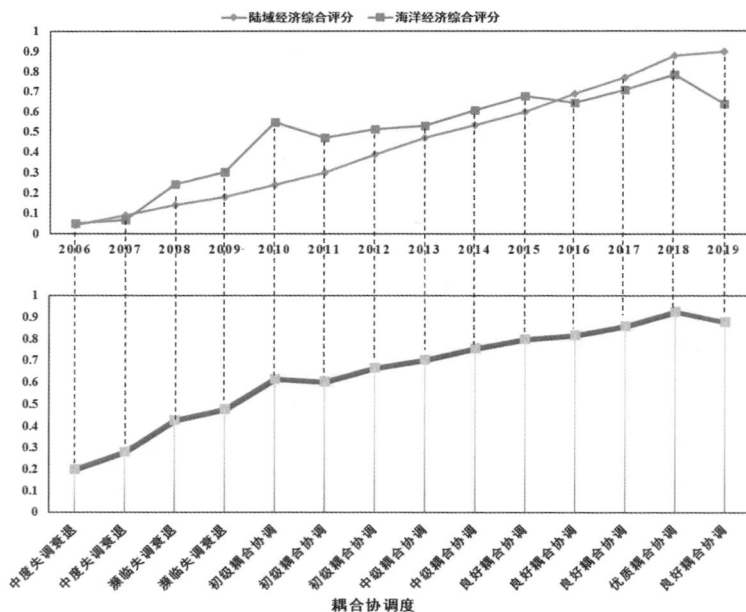

图 7-1-2 陆海经济综合评分及耦合协调度

外向型经济，成为带动国民经济持续快速增长的核心区和增长极。2017 年，十九大报告中指出，我国经济已由高速增长阶段转向高质量发展阶段，建设现代化经济体系是跨越关口的迫切要求和我国发展的战略目标。2018 年，我国改革开放成立 40 周年，面临严峻复杂的国际形势，我国继续坚持以供给侧结构性改革的主线，GDP 总量首次突破 90 万亿元，第三产业增加值占比进一步提高。2019 年，作为新中国成立 70 周年和全面建成小康社会的关键之年，经济工作奠定"求稳"的总基调，陆域经济也在高质量发展中速度减缓。

③总体来看，我国陆海经济系统耦合协调程度持续稳步上升。2006—2019 年间，海洋经济与陆域经济两系统相互促进、相互提升的作用逐渐增强，由初始的失调衰退阶段逐步提升为良好耦合协调阶段。"陆海统筹"已经上升为我国重大战略。在"十二五"规划纲要中，明确提出坚持陆海统筹，制定和实施海洋发展战略，提高海洋开发、控制、综合管理能力。如图 7-1-2 所示，在"十二五"期间，陆海经济系统耦合协调度由初级耦合协调上升到良好耦合协调阶段，并在"十三五"期间保持持续向好的稳定态势。为了向更高的优质耦合协调阶段迈进，我国需要在海洋强国战略目标指引下，基于陆海资源的互补性、陆海生态的互通性和陆海产业的互动性，进行宏观、中观、微观三个层面的陆海统筹设计。

7.1.2 北部海洋经济圈的耦合协调分析

如图 7-1-3 所示，北部海洋经济圈海洋经济快速增长后波动发展，陆域经济发展水平稳中攀升，海洋经济长期领先陆域经济。从海洋经济综合评分来看，在"十一五"期间，辽宁、天津、河北和山东的海洋经济发展迅猛。此后，伴随着天津临港获批海洋经济发展示范区、"一带一路"建设推动区域对外开放，北部海洋经济圈的海洋经济转型升级，海洋经济发展效能进一步提高，与陆域经济间的差距不断拉大。2019 年，为了打赢渤海综合治理攻坚战，北部海洋经济圈各沿海地区纷纷出台相关行动计划，海洋产业在海洋生态环境保护约束下的提质增效路径开始进行重大调整。

从陆域经济综合评分来看，陆域经济相较于海洋经济表现出较强的"韧性优势"。其中，山东省凭借较强的科技创新能力和文化优势，不断转型升级、提升市场活力，综合经济实力显著提升。河北省以雄安新区建设为动力，全面推进乡村振兴，通过节能降耗实现绿色发展，培育工业生产新动能。辽宁省在经济转型的负增长背景下触底反弹，抓住党的十八大把"振兴辽宁等老工业基地"列为国家发展的战略决策机遇，不断转变经济发展方式。天津市通过转换经济动能扎实推进经济高质量发展，正努力向北方国际航运核心区、金融创新运营示范区和改革开放先行区全面推进。

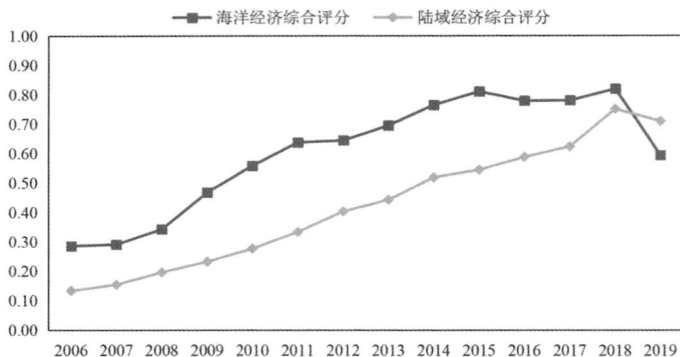

图 7-1-3　北部海洋经济圈陆海经济综合评分

　　如图 7-1-4 所示，北部海洋经济圈陆海耦合协调度呈现出波动调整、爬坡式增长态势。2016 年以前，北部海洋经济圈的陆海经济从轻度失调衰退阶段，过渡到良好耦合协调的稳定阶段，这得益于海洋产业对陆域产业的有效带动。2017—2019 年，北部海洋经济圈的陆海经济耦合协调呈倒"V"字形分布。2018 年，随着《山东海洋强省建设行动方案》出台、天津海洋牧场示范区项目实施等，北部海洋经济圈的陆海经济耦合协调度向优质耦合迈进，陆海经济长期互动优势明显。

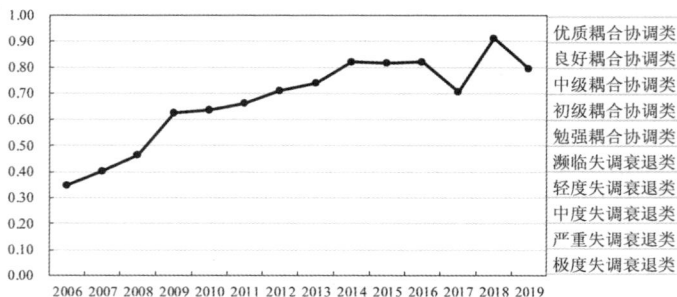

图 7-1-4　北部海洋经济圈陆海经济系统耦合协调度

7.1.3　东部海洋经济圈的耦合协调分析

　　如图 7-1-5 所示，东部海洋经济圈海洋经济发展保持小幅波动增长，陆域经济以较大增幅上升后递增递减交替循环，目前表现略胜于海洋经济。从海洋经济综合评分来看，东部经济圈的海洋经济发展水平整体上呈波动上升趋势。"十二五"以来，上海、浙江和江苏深入推进海洋经济示范区建设，持续推动创新要素聚集，大力发展现代海洋经济，在海洋资源开发、海洋产业发展、海洋科技创新等层面取得突出成绩，海洋经济得以稳步发展。"十三五"期间，东部海洋经济圈紧紧围绕国家战略和全市大局，坚持创新驱动、转型发展。2017 年，上海浦东新区获批海洋经济创新发展示范城市，中国（浙江）自由贸易试验区获批设立，浙江省《加快建设海洋强省国际强港的若干意见》出台，全力打造国际强港和世界级港口集群，并逐渐取得丰硕成果。2018 年，上海市牵头联合江浙两省出台了《上海大都市圈空间协同规划》，进一步推动了东部海洋经济圈内部统筹协调发展，区域海洋经济发展质量不断提高。

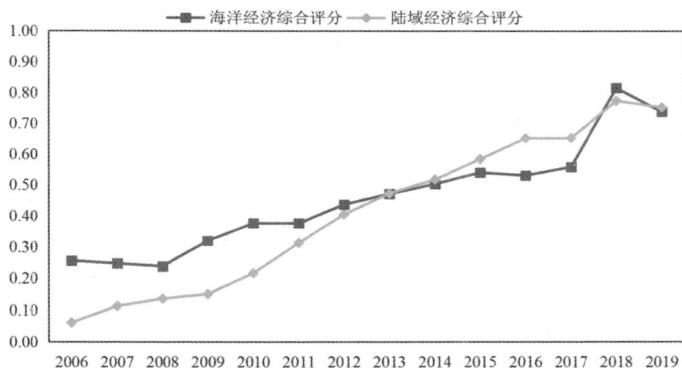

图 7-1-5　东部海洋经济圈陆海经济综合评分

从陆域经济综合评分来看，东部海洋经济圈在 2009—2016 年陆域经济节节攀升。自 2013 年上海成立自贸区后，陆域经济持续赶超海洋经济，释放出源源不断的发展活力。上海市的引领带动作用明显，浙江陆域经济规模保持增长，江苏省经济以周期性波动为主。其中，上海依托长三角一体化、国家重大战略或任务承接平台等优势，迅速在东部海洋经济圈中盘踞首位。浙江经济结构经历了从低层次逐渐优化升级的过程，逐步向现代服务型、创新型、数字经济转变，从粗放型增长向高质量发展迈进。江苏省稳固制造业和实体经济根基，推动"江苏制造"向"江苏智造"跃升，自主可控现代产业体系建设迈出坚实步伐。但是，为了实现产业转型升级和生态环保的平衡，2019 年东部海洋经济圈的陆域经济出现相对下滑，产业发展模式和结构面开始进入深度调整。

如图 7-1-6 所示，东部海洋经济圈的陆海经济耦合协调关系经历了"下降—上升—下降—上升"的"W"字形波动上升过程。以"十二五"为分界，这之前东部海洋经济圈陆海经济的耦合关系处于过渡阶段。2012 年以后，东部海洋经济圈发挥港口优势，以港口作为陆海产业重要接口，深化陆海产业互动，陆海经济系统的耦合协调度不断改善。2018 年表现出优质耦合协调现象，目前已基本达到良好耦合协调水平。未来，在 2019 年《长江三角洲区域一体化发展规划纲要》的指引下，东部海洋经济圈将逐渐形成优势互补、各具特色、共建共享的协同发展格局，陆海经济耦合协调关系将进一步改善。

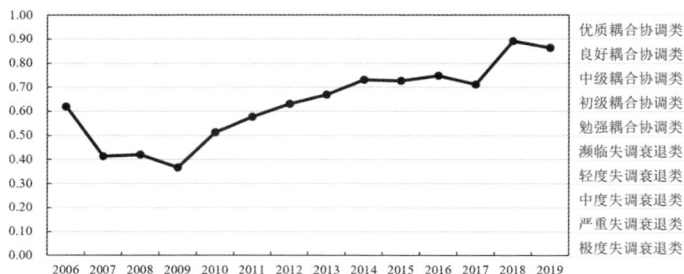

图 7-1-6　东部海洋经济圈陆海经济系统耦合协调度

7.1.4　南部海洋经济圈的耦合协调分析

如图 7-1-7 所示，南部海洋经济圈海洋经济呈阶梯状上升态势，表现超过陆域经济发展。南部海洋经济圈拥有丰富的自然资源、成熟的海洋产业和独特的地理区位，但时常受到海洋灾害的侵扰。从海洋经济综合评分来看，南部海洋经济圈的海洋经济发展水平分别在 2009 年、2014 年和 2018 年实现大幅提升。广东省已连续 20 多年位居全国海洋经济生产总值第一，海洋经济总量大、产业门类齐全，对外开放水平较高，已经成为南部海洋经济圈的龙头。福建省也基本形成以福州、厦门两个国家级海洋经济发展示范区为核心的"一带两核六湾多岛"的发展格局。广西壮族自治区借助北部湾开放开发的东风，打造中国-东盟自贸区升级版，自贸区建设和"一带一路"有机衔接初见成效。近两年，海南省海洋经济发展势头正猛。2018 年，党中央决定支持海南全岛建设自由贸易试验区，海南加速推进深海科学技术研究等突破口，海洋经济总体竞争力增强。同年，《广东省推进粤港澳大湾区建设三年行动计划（2018—2020）》提出推进深圳建设全球海洋中心城市，支持南沙新区科技兴海产业示范基地，福建省、海南省、广西壮族自治区重点发挥地处"21 世纪海上丝绸之路"重要交汇点的独特区位优势，加强与沿线国家交流合作的规划布局演变。南部海洋经济圈的海洋经济迎来发展契机，海洋经济综合发展水平达到峰值。

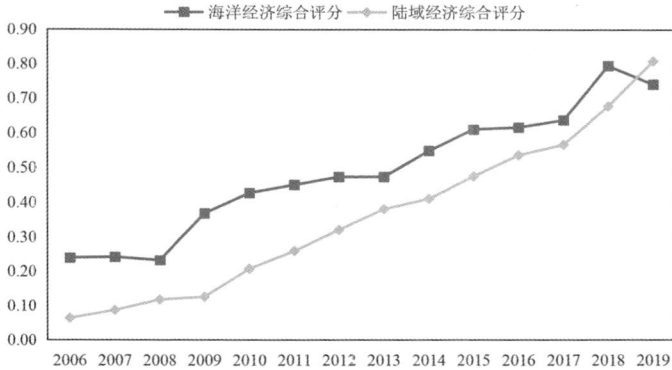

图 7-1-7 南部海洋经济圈陆海经济综合评分

从陆域经济综合评分来看，南部海洋经济圈的陆域经济以较均匀的增速逐年提升。作为中国对外贸易的主阵地，南部海洋经济圈是我国参与经济全球化的主体区域和对外开放的重要门户。在"一带一路"倡议和海南自贸港的建设下，海南省稳中向好的特征明显，高质量发展水平不断提升。广西壮族自治区充分利用其自身的区位特色，在构建和发展向海经济模式过程中，将区位特色转化为区位优势，巩固了在中国与东盟国家贸易结构中桥头堡角色和先行者的作用。广东省经济增长从主要依靠要素积累转变为全要素生产率驱动，数字化创新突破成为重要引擎。福建省作为 21 世纪海上丝绸之路核心区，加快建设国家数字经济创新发展试验区，打造绿色发展重要增长极，对标国际先进规则，优化对外开放营商环境。2019 年，国务院印发《粤港澳大湾区发展规划纲要》，进一步强调粤港澳大湾区在国家经济发展和对外开放中的支撑引领作用，南部海洋经济圈的陆域经济显著提升。

如图 7-1-8 所示，南部海洋经济圈的陆海经济耦合协调度逐年提升、整体向好，目前基本处于优质耦合水平阶段。从时间演化来看，南部海洋经济圈的陆海经济耦合协调发展路径历经"轻度失调衰退–濒临失调衰退–勉强耦合协调–初级耦合协调–中级耦合协调–良好耦合协调"的过程。南部海洋经济圈注重圈内海洋经济的陆海统筹布局发展，湾带联动优势明显，陆海空一体交通网发达，产业集聚和对外开放促进了陆域和海洋系统的协调互动，陆海经济耦合协调发展持续改善。

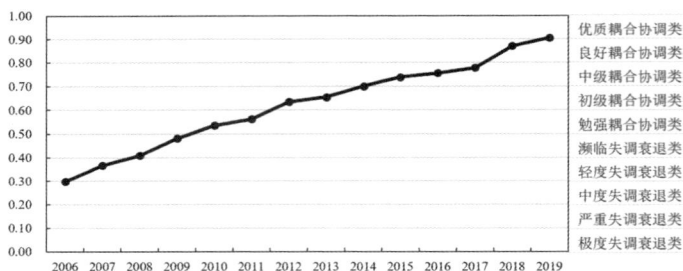

图 7-1-8　南部海洋经济圈陆海经济系统耦合协调度

综合以上分析可知：我国三大海洋经济圈陆海经济耦合协调发展水平持续改善，但不同海洋经济圈之间存在一定的非均衡发展态势。海洋经济综合表现方面，各海洋经济圈的海洋经济发展水平均呈稳步上升趋势，北部海洋经济圈的海洋经济发展优势明显，南部海洋经济圈的海洋经济发展势头强劲，东部海洋经济圈海洋经济发展稳步推进。陆域经济综合表现方面，东部海洋经济圈发展优势最明显，屡次超越北部海洋经济圈；南部海洋经济圈的陆域经济发展水平略低，但在产业集聚和粤港澳大湾区建设的推动下，南部海洋经济圈于 2019 年凸显出强劲的领先态势。陆海经济系统耦合协调方面，三大海洋经济圈于 2014 年基本实现了陆海经济中级耦合协调发展状态；在我国陆海统筹战略下，三大海洋经济圈开始向优质耦合协调发展迈进。

7.2　海洋经济与陆域经济投资的联动性分析

目前国内外对于海洋经济联动发展的研究较为丰富，其内容主要涵盖以下几个方面：第一，从产业间联动入手，利用灰色关联理论、投入产出模型、陆海系统演化模型等对海洋经济带来的产业联动效应进行研究；第二，利用 Gini 系数、变差系数、Theil 系数等指标考察海洋产业时空差异特征从而对海洋经济活动的空间关联性及演化特征进行探讨；第三，在利用 Moran's I 指数验证海洋经济活动存在空间关联的基础上构建空间权重矩阵，采用空间面板考察海洋经济活动空间关联的变动趋势与规律。但现有文献仍存在一定的局限性：第一，国内外学者大多从宏观层面出发对海洋经济的演变过程或产业联动进行研究，忽略了宏观现象与微观主体间存在的联系，缺少对海洋经济联动发展内部机理的综合分析；第二，海洋经济活动的空间关联及联动效应虽得到有关验证，但各区域共同构成的复杂网络尚未得到明确的刻画，相关统计指标仅能给出区域整体的相关性却不能分析每个地区在海洋经济区域投资网络中的地位、作用和角色，难以对海洋经济的联动发展态势进行综合评价分析；第三，现有研究在运用空间计量技术探讨海洋经济活动空间关联时，大多将空间关联局限于"地理邻近"与"经济邻近"等方面，难以对空间关联产生的内在原因与机制进行综合诠释。

作为一种新的分析方法，复杂网络更注重网络实体间的结构关系，这一被称作"网络新科学"的理论框架能够反映各节点在网络中的身份与地位，准确刻画节点间的相互关系，对分析空间关联问题具有很强的解释力。自 Battiston 等（2007）从公司和地区两个角度对欧洲区域间相互投资关系进行研究后，国内外学者基于上市公司数据对区域间相互投资关系的网络结构展开了丰富的研究，从复杂网络视角出发对区域经济的联动发展态势进行综合分析。对于海洋经济的发展而言，企业是推动其快速增长的核心动力，涉海上市公司作为其中的佼佼者对海洋经济的发展状况有着深远影响，因此每个地区海洋经济的发展水平在一定程度上可以用涉海上市公司的数量、产业结构及企业规模进行衡量。基于上述分析，本书从涉海上市公司交叉持股网络出发构建海洋经济区域投资网络，以复杂网络理论为基础，研究涉海上市公司和非涉海上市公司相互投资关系，并对区域陆海经济联动的发展态势进行分析。

7.2.1　陆海经济投资联动的网络构建

（1）数据来源

根据我国"五年规划"以及重大国家战略的提出，如"建设海洋强国""生态文明"等，本书选取 2007 年、2010 年、2013 年、2016 年、2019 年、2020 年六个关键时间为研究点。基于涉海上市公司交叉持股数据进行聚类，以各省（区、市）作为节点构建陆海经济投资网络，进而剖析陆海投资联动发展的态势。其中，上市公司交叉持股数据来源于 Wind 数据库。另外，涉海上市公司名单由参考《海洋及相关产业分类（GB/T 20794—2006）》中的标准，结合上市公司年报中对主营业务的披露信息进行划定[①]，在剔除 ST、*ST 与金融类企业

[①] 例如：中远海控（股票代码 601919）在 2017 年年报中对报告期内公司所从事的主要业务、经营模式及行业情况说明为"本集团主要从事集装箱航运，运营及管理集装箱码头，及其他码头相关业务"属于《海洋及相关产业分类（GB/T 20794—2006）》中的"海洋产业—主要海洋产业—海洋交通运输业"，因此将中远海控划分与 2017 涉海上市公司名单中。

样本后，发生涉海交叉持股行为[1]的上市公司数目如表 7-2-1 所列。

表 7-2-1　发生涉海交叉持股行为的上市公司数目表

| 时间 | 与涉海上市公司发生交叉持股行为的上市公司类型 | | | | | | 合计 |
| | 涉海上市公司 | | | 非涉海上市公司 | | | |
	主动持股型	接受持股型	综合持股型	主动持股型	接受持股型	综合持股型	
2007	25	33	19	95	63	15	250
2010	31	34	27	65	68	8	233
2013	42	36	28	70	91	13	280
2016	29	30	19	31	79	8	196
2019	24	22	20	26	77	2	171
2020	39	21	23	30	81	3	197

注：①主动持股型上市公司是在涉海交叉持股网络中仅持有其他上市公司股票而不被其他上市公司持股的上市公司；②接受持股型上市公司是在涉海交叉持股网络中被其他上市公司持股而未持有其他上市公司股票的上市公司；③综合持股型上市公司是在涉海交叉持股网络中既持有其他上市公司股票又被其他上市公司持股的上市公司。

（2）梳理网络节点

网络中节点为涉海上市公司所属省（区、市），节点个数为 32 个，包括除港澳台外的 31 个省级行政区与深圳市。由于海洋经济是开放的经济，而深圳市作为改革开放"先行者"，其海洋经济的发展程度较高，海洋相关投资事件的数量与金额都较大，因此本书将深圳市作为单独的节点进行处理。

（3）构建节点间的边

如果发生涉海交叉持股行为，则持股方与被持股方所属的地区之间便形成一条边，方向为持股地区指向被持股地区。节点间联系的强弱可以用投资总额（持股总额）来表示。因为有向加权网络在分析网络结构特征与节点间关系时比较占优，本书构建带有环的有向加权网络。这里对数据进行预处理形成节点间的关联矩阵后，运用 Pajek 与 UciNET 软件对陆海经济投资网络进行分析。

7.2.2　陆海经济投资联动的网络结构特征提取

（1）小世界特征分析

小世界特征可以作为陆海经济投资网络复杂性的判断标准之一，多数复杂

---

[1] 涉海交叉持股行为是指持股方或被持股方至少有一者属于涉海上市公司的交叉持股行为。

网络具备小世界网络的特征。当某种网络具备较小的平均最短路径与较大的平均聚集系数时可以认为该网络具备小世界性。本书通过平均最短路径、集聚系数与小世界熵三个指标进行小世界特征分析,测算结果如表 7-2-2 所列。将陆海经济投资网络与同规模随机网络的小世界指标进行对比,可知陆海经济投资网络具备较小的最短平均路径与较大的集聚系数,并且小世界熵数值也大于1,因此其具备显著的小世界性。平均最短路径在 2007—2020 年呈现递减趋势,并且与随机网络的差距在逐渐增大,说明我国陆海经济投资网络各节点间的联系更加紧密;聚集系数在逐年递减,并且与随机网络的差距在逐步缩小,说明形成高密度网络投资群的概率逐渐变小,节点度较低的地区能够获得的发展机会在提高,海洋经济正在逐渐向均衡发展的方向演变;小世界熵的数值一直保持相对稳定,变化幅度较小,说明陆海经济投资网络的小世界特征具备稳定性。

表 7-2-2　陆海经济投资网络的小世界性指标

变量符号	变量名称	时间		
		2007	2010	2013
$\bar{L}$	平均最短路径	2.282(2.467)	1.897(2.082)	2.131(2.209)
C	集聚系数	0.571(0.155)	0.539(0.171)	0.532(0.176)
Q	小世界熵	3.983	3.459	3.133
变量符号	变量名称	时间		
		2016	2019	2020
$\bar{L}$	平均最短路径	2.297(2.389)	2.384(2.358)	2.271(2.296)
C	集聚系数	0.359(0.149)	0.385(0.176)	0.323(0.145)
Q	小世界熵	2.506	2.2167	2.252

注:括号中报告数值为同规模随机网络的数值。

(2) 无标度特征分析

无标度特征是指某些网络的度分布函数具有幂律分布的形式,网络中节点遵循择优连接的方式发生关系。已有研究发现某些区域投资网络具备无标度网络的特征,因此基于涉海上市公司交叉持股网络构建的陆海经济投资网络可能也具备无标度复杂网络的一些特点,即各节点之间的连接情况分布不均,数目极少的 Hub 点具有极多的连接数。这里参考 Strogatz(2001)的做法将所得到节点的度累积概率分布与其对应的节点强度取对数后进行线性拟合,以判断节点度分布的概率密度函数是否符合幂律分布形式。度累积概率分布的拟合结果如表 7-2-3 所列，2007 年、2010 年、2013 年、2016 年、2019 年和 2020 年对应的 R^2 分别为 0.707、0.672、0.590、0.732、0.622 与 0.629，R^2 的数值说明拟合并不理想。从拟合函数的情况来看，幂函数指数都在 [0,1] 之间，而当其在 [2,3] 之间时才能说明网络具备较强的无指标特征。因此，陆海经济投资网络不具备无标度网络的特征，网络集中化程度不高，陆海经济投资网络呈现均衡发展的特征。

表 7-2-3　度累积概率分布拟合结果

变量名称	$\ln P(K)$					
	2007	2010	2013	2016	2019	2020
$\ln K$	−0.241*** (−8.080)	−0.252*** (−7.57)	−0.247*** (−6.47)	−0.240*** (−8.74)	−0.320*** (−6.41)	−0.321*** (−6.89)
$\ln b$	1.322*** (4.566)	1.569*** (4.61)	1.630*** (4.01)	1.390*** (5.04)	2.553*** (4.65)	2.605*** (5.01)
R^2	0.707	0.672	0.590	0.732	0.622	0.629
α	0.241	0.252	0.247	0.240	0.320	0.321
b	3.751	1.569	1.630	1.390	2.553	2.605
拟合函数	$P(K)=$ $3.751 \cdot K^{-0.241}$	$P(K)=$ $1.569 \cdot K^{-0.252}$	$P(K)=$ $1.630 \cdot K^{-0.247}$	$P(K)=$ $1.390 \cdot K^{-0.240}$	$P(K)=$ $2.553 \cdot K^{-0.320}$	$P(K)=$ $2.605 \cdot K^{-0.321}$

注：*、**、*** 分别表示 10%、5% 和 1% 的显著水平；括号内报告的数值为 t 值

（3）网络整体特征分析

这里从以下三个方面对网络的整体结构特征进行分析：第一，利用阮平南等（2019）的方法对有向加权网络的网络密度进行计算；第二，参照 Newman（2002）与 He 等（2017）的方法对每条边终点入度（出度）与起点入度（出度）的相关性系数进行测量；第三，参照 Garlaschelli 和 Loffredo（2004）的做法计算出陆海经济投资网络中各个节点间的互惠性程度，计算结果如表 7-2-4 所列。网络密度整体来看呈现稳定发展趋势，在 2010 年与 2013 年达到较高的峰值后逐渐回降，这与"海洋强国"战略目标的提出以及政府对海洋产业的支持息息相关。虽然 2013 年后陆海经济投资网络的密度具有逐渐下降趋势，但较 2007 年仍有显著提升，说明"海洋强国"相关政策对陆海经济投资网络的形成起到了一定的促进作用。从互惠性指标上来看，六年指标都为正值，说明节点具有倾向于相互连接的特性，海洋经济与陆域经济的投资呈现互惠发展的

动向。从节点相关度的数值来看，由于"海洋强国"战略相关政策的提出，节点相关度出现由正转负的趋势，但此后节点相关度又开始向正向转换。也就是说，目前陆海经济投资网络中节点度高的节点之间产生关系的可能性更大，即网络更多体现出"同类混合型网络"的特点。

表 7-2-4　陆海经济投资网络整体分布特征

变量符号	变量名称	时间					
		2007	2010	2013	2016	2019	2020
D	网络密度	0.123	0.182	0.172	0.143	0.158	0.151
γ	互惠性	0.041	0.019	0.021	0.019	0.015	0.019
$R_{out-out}$	出度—出度节点相关度	0.296	−0.012	0.072	0.082	0.350	0.014
R_{out-in}	出度—入度节点相关度	0.456	−0.012	−0.065	0.058	0.100	0.128
R_{in-in}	入度—入度节点相关度	0.391	0.072	−0.168	−0.037	0.010	0.061
R_{in-out}	入度—出度节点相关度	0.314	−0.142	−0.156	−0.006	−0.061	−0.029

（4）网络局部特征分析

这里从节点强度与中介中心度两方面对陆海经济投资网络的局部网络结构特征进行分析。基于 He 等（2017）的做法，这里将节点的入度、出度以及自环强度进行加和从而对节点强度的数值进行测算；中介中心度可以反映某一节点对于其他节点的控制能力，其表示的含义为某节点通过其他节点相连的最短路径上占据中间人的程度，这里借鉴 Freeman（1978）的方法对陆海经济投资网络的中介中心度进行测量。表 7-2-5 和表 7-2-6 分别汇报了 2007 年、2010 年、2016 年、2019 年与 2020 年节点强度与节点中介中心度排名前十的省（区、市），可以发现陆海经济投资网络具有多个核心节点，并且整体呈现出均衡发展的态势：北京、深圳、上海、广东、辽宁与江苏是近几年稳定的核心节点，其节点强度明显高于其他地区，并且北京、江苏和上海的中介中心度一直位居前列；宁夏、山东、湖北、天津和浙江是陆海经济投资网络中的"新起之秀"，在报告年度中有超过一半的时间位于节点强度的前列，并且沿海的山东、天津和浙江其中介中心度排名也位于前十名之内；而非沿海地区的宁夏、湖北虽然积极参与海洋经济建设，但较沿海地区相比缺乏区位优势，因此其中介中心度较低；从整体发展态势来看，陆海经济投资网络在 2007 年到 2019 年间呈现出均衡发展的态势，而 2019 年到 2020 年出现较大程度的变化，这可能与新冠肺炎疫情的暴发相关，结合不同类型涉海上市公司持股数量变化可以知道，涉海企业向非涉海企业提供了资金援助,在疫情冲击下涉海产业具备更良好的抗风险能力并通过交叉持股行为给陆地经济提供了资金保障。此外,对比节点强度与中介中心度的关系发现在中介中心度较高的区域更有可能获得较高的节点强度,即对网络资源的控制能力与其所处的网络位置呈正相关关系。

表 7-2-5　陆海经济投资网络节点强度排名前十的省（市）

排名	节点强度					
	2007		2010		2013	
	省(市)	得分	省(市)	得分	省(市)	得分
1	北京	98.902	深圳	76.565	北京	143.210
2	深圳	64.914	北京	64.195	深圳	64.521
3	天津	52.985	天津	46.879	上海	47.488
4	上海	52.093	浙江	32.134	广东	46.689
5	广东	42.035	广东	29.845	辽宁	35.769
6	福建	11.046	江苏	22.740	湖北	25.132
7	云南	10.977	上海	22.148	江苏	23.576
8	辽宁	9.148	辽宁	15.491	宁夏	17.455
9	江苏	9.130	山东	15.075	山东	11.272
10	湖北	8.669	湖南	12.662	黑龙江	8.982

排名	节点强度					
	2016		2019		2020	
	省(市)	得分	省(市)	得分	省(市)	得分
1	深圳	164.487	北京	56.886	广东	113.047
2	北京	128.176	江苏	55.315	江苏	81.061
3	上海	97.588	上海	53.920	上海	76.695
4	广东	59.833	广东	49.232	北京	56.429
5	辽宁	35.464	辽宁	24.511	山东	54.174
6	江苏	34.747	山东	24.392	辽宁	26.001
7	宁夏	17.454	深圳	23.239	深圳	19.620
8	河南	8.709	浙江	22.576	湖北	19.443
9	江西	6.287	宁夏	17.454	浙江	19.312
10	四川	5.726	天津	16.746	宁夏	17.459

表 7-2-6　陆海经济投资网络中介中心度排名前十的省（市）

排名	中介中心度					
	2007		2010		2013	
	省(市)	得分	省(市)	得分	省(市)	得分
1	北京	0.278	北京	0.298	北京	0.403
2	上海	0.146	上海	0.161	上海	0.136
3	海南	0.135	辽宁	0.101	辽宁	0.079
4	重庆	0.091	江苏	0.073	浙江	0.073
5	深圳	0.090	广东	0.051	江苏	0.058
6	广东	0.058	山东	0.030	天津	0.040
7	江苏	0.044	浙江	0.028	陕西	0.039
8	辽宁	0.029	湖北	0.026	四川	0.033
9	天津	0.029	深圳	0.020	深圳	0.031
10	浙江	0.008	天津	0.014	山东	0.022

排名	中介中心度					
	2016		2019		2020	
	省(市)	得分	省(市)	得分	省(市)	得分
1	北京	0.224	北京	0.323	北京	0.381
2	江苏	0.162	上海	0.184	上海	0.148
3	辽宁	0.106	陕西	0.156	湖南	0.100
4	广东	0.106	江苏	0.114	山东	0.096
5	上海	0.068	广东	0.107	江苏	0.087
6	山东	0.033	深圳	0.101	陕西	0.078
7	浙江	0.028	辽宁	0.080	黑龙江	0.075
8	天津	0.027	浙江	0.077	天津	0.070
9	陕西	0.026	海南	0.077	广东	0.070
10	深圳	0.026	湖南	0.024	浙江	0.058

7.2.3　陆海经济投资的联动分析

如图 7-2-1 所示，借助 Pajek 软件绘制出 2007 年、2010 年、2013 年、2016 年、2019 年与 2020 年陆海经济投资网络的拓扑结构图，其中节点代表省（区、市）。从网络拓扑结构图来看，北京、江苏和上海在汇报年限内一直位于核心区域，深圳、广东与辽宁也是陆海经济投资网络的重要中心节点。从网络核心节点数量来说，报告期内呈现出多核演变趋势，陆海经济投资网络是"多核协同蛛网型网络"。从 2007 年到 2013 年，陆海经济投资网络的网络密度加大、核心节点增多，网络持续良性发育的同时海洋经济投资活动明显增加，说明"海洋强国"战略的提出对海洋经济投资活动具有促进效应；从 2013 年到 2019 年，陆海经济投资网络呈现集聚化发展，投资活动更加集中于海洋经济发展程度较高的核心区域，海洋经济投资逐渐趋于理性的同时更加注重产业集聚带来的优势，核心区域对海洋经济发展的推动作用逐渐凸显。2019 年到 2020 年间，涉海投资网络呈现聚集化变动，这说明疫情之后涉海上市公司与非涉海上市公司之间能够通过交叉持股建立联系，在面临突发事件冲击时海洋经济与陆地经济能够自发形成缓冲机制，缓解突发事件造成的经济损失。

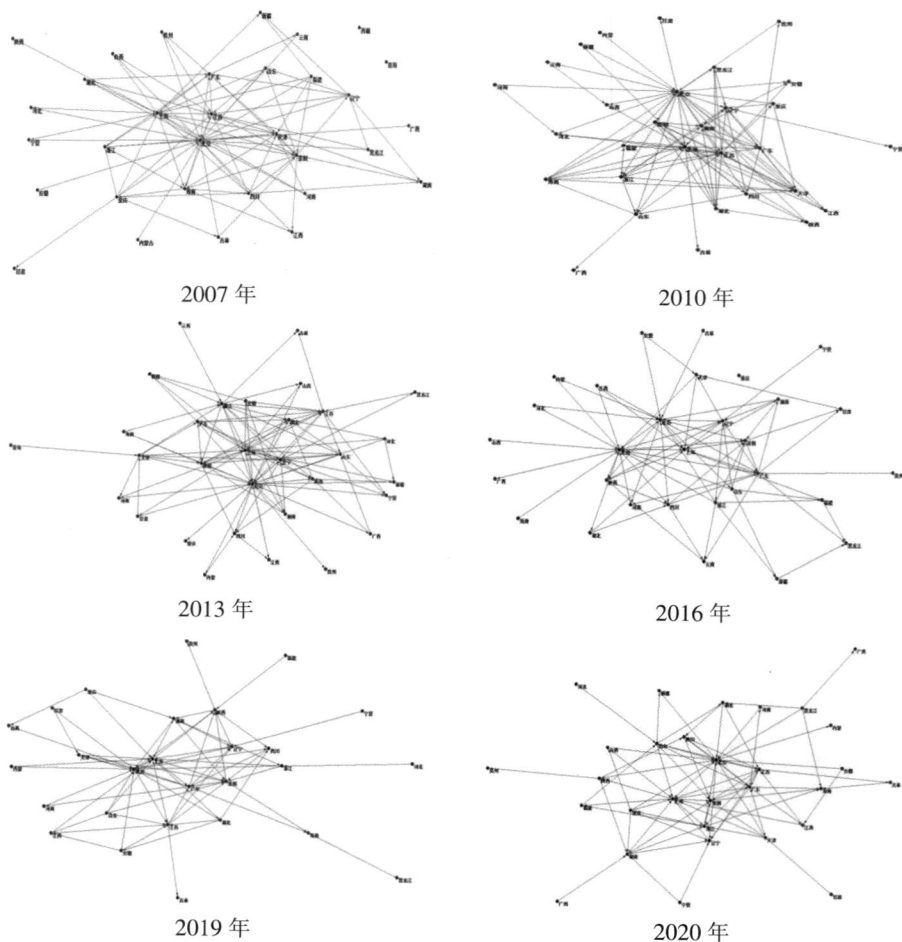

图 7-2-1　陆海经济投资网络分析图

8 海洋经济在全球价值链的地位与作用

❖———————◈◈◈———————❖

海洋经济的开放性与国际性特征决定了海洋产业发展必然置于全球价值链中，并积极参与国际分工。海洋经济的发展不仅提高了我国海洋产业在全球价值链中的地位，而且参与全球分工又能够促进海洋微观主体的蓬勃发展。基于此，本书首先分析海洋产业参与全球价值链的地位，尔后给出其对涉海上市公司高质量发展的影响作用。两者相互推动，有利于我国海洋经济实现"走出去"，深度参与国际竞争。

8.1 海洋产业的全球价值链长度与深度分析

当前世界经济格局深入调整，贸易分工模式发生变化，同时我国进入产业供给侧结构调整时期，分析我国海洋产业在全球价值链的参与地位，能够为我国海洋产业以及涉海上市公司的发展提供新的思路。

(1) 企业价值链

1985 年，哈佛商学院的波特教授在《竞争优势》一书中第一次提出企业价值链的概念，并认为企业价值链是企业竞争的优势来源。企业价值链是以企业内部价值活动为核心所形成的价值链体系。企业价值链活动可以分为基本活动和辅助活动。基本活动涉及产品的生产、销售和售后服务以及在企业生产经营过程中提供的各种服务活动。辅助活动是指对企业基本活动有辅助作用的投入和基础设施投入。在动态相互作用下，各类基本活动与辅助活动构成了企业的价值链。由此，企业价值链是来源于垂直一体化企业中的价值增值研究。

(2) 全球价值链

国际合作开展和跨国公司实力增强使企业利用全球资源配置生产商品以获取最大利益。全球价值链是指为实现商品或服务而连接生产、销售、回收处理等过程的全球性跨企业网络组织。随着经济全球化加深，在一系列国际网络的协助下，将生产某一种产品或商品的许多企业、工厂以及政府等相互之间具有一定关联的组织机构紧密地联系到整个世界经济体系中，Gereffi (1994) 将其定义为全球商品链（Global Commodity Chain）。

21世纪初，全球价值链的概念逐渐取代了全球商品链（Gereffi et al.，2001）。联合国工业发展组织（United Nations Industrial Development Organization）给出定义：全球价值链是指在商品或服务的整个价值实现过程中，将在全球范围内的商品或服务的生产、销售、回收处理环节等紧密联系起来的全球性网络组织。它协调组织了所有参与主体和他们的功能性活动，并决定利润分配。在运用全球价值链理论分析产业发展时，还要分析企业之间相互关联的联结方式与契约关系。

8.1.1　海洋产业的全球价值链位置测度

要分析涉海企业所在产业的全球价值链长度，首先要基于前、后向对生产总长度进行分解，参考 Wang 等（2017），生产总长度可以分解为三部分：纯国内生产长度、传统贸易国内生产长度和全球价值链生产长度。全球价值链生产长度包括三部分：被进口国直接吸收中间品部分、被来源国吸收部分及被任意第三国吸收的部分。

（1）生产总长度分解

本书采用 ICIO 模型来描述中间品贸易，并利用 ICIO 框架分解生产长度。如表 8-1-1 所列，给出如下 G 个国家的投入产出表。

表 8-1-1　G 个国家的投入产出表

产出投入		中间使用				最终使用				总产出
		1	2	⋯	G	1	2	⋯	G	
中间投入	1	Z^{11}	Z^{12}	⋯	Z^{1g}	Y^{11}	Y^{12}	⋯	Y^{1g}	X^1
	2	Z^{21}	Z^{22}	⋯	Z^{2g}	Y^{21}	Y^{22}	⋯	Y^{2g}	X^2
	⋯	⋯	⋯	⋯	⋯	⋯	⋯	⋯	⋯	⋯
	G	Z^{g1}	Z^{g2}	⋯	Z^{gg}	Y^{g1}	Y^{g2}	⋯	Y^{gg}	X^g
增加值		Va^1	Va^2		Va^g					
总投入		$(X^1)'$	$(X^2)'$	⋯	$(X^g)'$					

利用表 8-1-1 投入产出表，假设共有 1、2⋯G 个国家，每个国家都有 N 个部门，Z^{st}、Y^{st}、VA^s 和 X^s 分别是国家 s 产品作为中间投入品、最终品、增加值和总产出，其中 s，$t=1$，2⋯g。Z 和 VA 分别为 $n*n$ 阶矩阵和 $1*n$ 阶行向量，X、Y 是 $n*1$ 阶列向量。A 作为投入系数矩阵，$A=Z\hat{X}^{-1}$，$\hat{X}$ 表示以产出 X 为对角

元的对角矩阵，V 作为增加值系数向量，有 $V=VA\hat{X}^{-1}$，利用投入产出表，将产出 X 分解为中间品和最终品，则有

$$AX+Y=X \qquad\qquad 8\text{-}1\text{-}1$$

将里昂惕夫逆矩阵带入式 8-1-1，可得

$$X=BY \qquad\qquad 8\text{-}1\text{-}2$$

因此，生产增加值为

$$Va'=\hat{V}X=\hat{V}BY \qquad\qquad 8\text{-}1\text{-}3$$

假设在任意生产的第一环节中，s 国 i 部门增加值隐含在 r 国生产最终品 j 部门中，为 $\delta_{srij}^{sr}v_i^s y_j^r$，其中 δ_{srij}^{sr} 为虚拟变量。

在生产第二环节，s 国 i 部门增加值隐含在对 r 国生产最终品 j 部门的中间品的总出口中，即 s 国 i 部门在第一生产环节中间接隐含在 r 国生产最终品 j 部门中的增加值，为 $v_i^s a_{ij}^{sr} y_j^r$。在此阶段，生产链条的长度为 2，引入生产链条长度的产出为 $2v_i^s a_{ij}^{sr} y_j^r$，是第二环节产出的 2 倍，等于 r 国 j 部门增加值。

在生产的第三环节，s 国 i 部门增加值可以隐含在任意国家任意部门的中间品中，这些中间品用来生产 r 国 j 部门的最终产品。在此环节，s 国 i 部门的国内增加值部分可以写作 $v_i^s \sum_{t,k}^{G,N} a_{ik}^{st} a_{kj}^{tr} y_j^r$，是第三环节的间接增加值，即 s 国 i 部门中间品出口中隐含的被 t 国 k 部门使用来生产 r 国 j 部门最终产品。在此阶段，生产链条的长度为 3，引入生产链条长度的产出为 $3v_i^s \sum_{t,k}^{G,N} a_{ik}^{st} a_{kj}^{tr} y_j^r$，是 s 国 i 部门生产的第三环节产出的 3 倍，等于 s 国 i 部门原始增加值，等于 t 国 k 部门，r 国 j 部门的增加值。

同理之后的各个生产环节，把所有 s 国 i 部门直接和间接生产的用于 r 国 j 部门的中间品中隐含的增加值累加，可得

$$\delta_{srij}^{sr}v_i^s y_j^r + v_i^s a_{ij}^{sr} y_j^r + v_i^s \sum_{t,k}^{G,N} a_{ik}^{st} a_{kj}^{tr} y_j^r + \cdots = v_i^s b_{ij}^{sr} y_j^r$$

$$\delta_{srij}^{sr} = \begin{cases} 1, & i=j \text{ and } s=r \\ 0, & i\neq j \text{ or } s\neq r \end{cases} \qquad\qquad 8\text{-}1\text{-}4$$

将式 8-1-4 用矩阵表示，可得

$$\hat{V}\hat{Y}+\hat{V}A\hat{Y}+\hat{V}AA\hat{Y}+\cdots=\hat{V}\left(I+A+AA+\cdots\right)\hat{Y}=\hat{V}\left(I-A\right)^{-1}\hat{Y} \qquad 8\text{-}1\text{-}5$$

将里昂惕夫逆矩阵 $B=\left(I-A\right)^{-1}$ 带入式 8-1-5 得

$$\hat{V}\hat{Y}+\dot{V}A\hat{Y}+\dot{V}AA\hat{Y}+\cdots=\hat{V}B\hat{Y}=\begin{bmatrix} v_1b_{11}y_1 & \cdots & v_1b_{1n}yn \\ \vdots & \ddots & \cdots \\ v_nb_{n1}y_1 & \cdots & v_nb_{m}y_n \end{bmatrix} \qquad 8\text{-}1\text{-}6$$

由此 s 国 i 部门引致的 r 国 j 部门的总产出为

$$\delta_{srij}^{sr}v_i^sy_j^r + 2v_i^sa_{ij}^{sr}y_j^r + 3v_i^s\sum_{t,k}^{G,N}a_{ik}^{st}a_{kj}^{tr}y_j^r + \cdots = v_i^s\sum_{t,k}^{G,N}b_{ik}^{st}b_{kj}^{tr}y_j^r$$

$$\delta_{srij}^{sr} = \begin{cases} 1, & i=j \text{ and } s=r \\ 0, & i\neq j \text{ or } s\neq r \end{cases} \qquad 8\text{-}1\text{-}7$$

将式 8-1-7 用如下矩阵表示：

$$\hat{V}\hat{Y}+2\dot{V}A\hat{Y}+3\dot{V}AA\hat{Y}+\cdots=\hat{V}\ (I+2A+3AA+\cdots)\hat{Y} \qquad 8\text{-}1\text{-}8$$

将里昂惕夫逆矩阵 $B=(I-A)^{-1}$ 带入式 8-1-8，可得

$$\hat{V}\hat{Y}+2\dot{V}A\hat{Y}+3\dot{V}AA\hat{Y}+\cdots$$

$$=\hat{V}(I+2A+3AA+\cdots)\hat{Y}$$

$$=\hat{V}B(I-A)(I+2A+3AA+\cdots)\hat{Y} \qquad 8\text{-}1\text{-}9$$

$$=\hat{V}B(I+A+A^2+A^3+\cdots)\hat{Y}$$

$$=\hat{V}BB\hat{Y}$$

所以从 s 国 i 部门增加值到 r 国 j 部门最终产品（前向联系）的生产长度为

$$plvy_{ij}^{sr}=\frac{v_i^s\sum_{t,k}^{G,N}b_{ik}^{st}b_{kj}^{tr}y_j^r}{v_i^sb_{ij}^{sr}y_j^r} \qquad 8\text{-}1\text{-}10$$

结合式 8-1-6 和式 8-1-9，将式 8-1-10 可用矩阵表示为

$$PLvy=\frac{\hat{V}BB\hat{Y}}{\hat{V}B\hat{Y}} \qquad 8\text{-}1\text{-}11$$

考虑 s 国 i 部门对 r 国 j 部门的所有产品的贡献，由式 8-1-11 推导出基于前向联系的生产长度为

$$plv_i^s=\frac{xv_i^s}{va_i^s}=\frac{v_i^s\sum_{t,k}^{G,N}b_{ik}^{st}\sum_{r,j}^{G,N}b_{kj}^{tr}y_j^r}{v_i^s\sum_{r,j}^{G,N}b_{kj}^{sr}y_j^r} \qquad 8\text{-}1\text{-}12$$

因为 $\sum_{r,j}^{G,N}b_{kj}^{sr}y_j^r = x_i^s$ 和 $\sum_{r,j}^{G,N}b_{kj}^{tr}y_j^r = x_k^t$，式 8-1-12 可以转变为

$$plv_i^s=(x_i^s)^{-1}\sum_{t,k}^{G,N}b_{ik}^{st}x_{ik}^t=\sum_{t,k}^{G,N}h_{ik}^{st} \qquad 8\text{-}1\text{-}13$$

将式 8-1-13 用矩阵表示，则有：

$$PLv=\frac{Xv}{Va}=\frac{\hat{V}BB\hat{Y}u'}{\hat{V}B\hat{Y}u'}=\frac{\hat{V}BB\hat{Y}}{\hat{V}B\hat{Y}}=\hat{X}^{-1}BX=\hat{X}^{-1}BXu'\hat{=}Gu' \qquad 8\text{-}1\text{-}14$$

式中，G 为 Ghosh 逆矩阵，u' 是 $1*n$ 阶单位矩阵。因此，由部门增加值引致的总产出可表示为

$$Xv=PLvVa=\hat{X}^{-1}BXu'Va=\hat{V}BBY$$

$$=\hat{V}BX=\hat{V}(I+A+A^2+A^3+\cdots)X \qquad 8\text{-}1\text{-}15$$

利用总产出 Xv 定义基于前向联系整个经济的生产长度，由生产长度的含义进一步导出基于前向联系整个经济的生产长度。即部门增加值引致的总产出在 GDP 中的占比，用 $PLvw$ 表示。这里，$PLvw$ 通常作为衡量生产复杂程度的指标，一个国家的生产长度数值越大，表明该国家在全球经济中生产环节越复杂，产业联系越紧密。

$$PLvw=\frac{Va\hat{X}^{-1}BXu'}{uVa} \qquad 8\text{-}1\text{-}16$$

令 $Va\hat{X}^{-1}=V$，$\hat{X}u'=X$，$VB=u$，则式 8-1-16 可为

$$PLvw=\frac{Va\hat{X}^{-1}BXu'}{uVa}=\frac{VBX}{GDP}=\frac{uX}{GDP} \qquad 8\text{-}1\text{-}17$$

同理，定义后向联系（最终产品分解）的生产长度，有

$$ply_j=\sum_i^n\frac{v_ib_{ij}y_j}{\sum_k^n v_kb_{kj}y_j}\quad\frac{v_i\sum_k^n b_{ik}b_{kj}y_j}{v_ib_{ij}y_j}$$

$$=\frac{\sum_i^n v_i\sum_k^n b_{ik}b_{kj}y_j}{\sum_k^n v_kb_{kj}y_j}=\frac{\sum_k^n b_{kj}y_j}{y_j}=\sum_k^n b_{kj} \qquad 8\text{-}1\text{-}18$$

用矩阵表示为

$$PLy = \frac{u\hat{V}BB\hat{Y}}{u\hat{V}B\hat{Y}} = \frac{\hat{V}BB\hat{Y}}{\hat{V}B\hat{Y}} = uB \qquad 8\text{-}1\text{-}19$$

用 $PLyw$ 表示基于后向联系的整个经济的生产长度，即部门最终产品在 GDP 中占比。其定义式为

$$PLyw = \frac{VBB\hat{Y}u'}{VB\hat{Y}u'} = \frac{uX}{GDP} \qquad 8\text{-}1\text{-}20$$

（2）纯国内生产长度

基于前后向联系对 s 国国内生产的总产出，分别用 Xv_D^s 和 Xy_D^s 表示，利用上述生产各环节长度和产出，有

$$Xv\_D^s = \hat{V}^s\hat{Y}^{ss} + 2\hat{V}^sA^{ss}\hat{Y}^{ss} + 3\hat{V}^sA^{ss}\hat{Y}^{ss} + \cdots$$

$$= \hat{V}^s(I-A^{ss})^{-1}(I-A^{ss})^{-1}\hat{Y}^{ss} \qquad 8\text{-}1\text{-}21$$

令 $L^{ss} = (I-A^{ss})^{-1}$，则式 8-1-21 可以写作

$$Xv\_D^s = \hat{V}^sL^{ss}L^{ss}\hat{Y}^{ss} \qquad 8\text{-}1\text{-}22$$

类似可以得出 $Xy\_D^s = V^sL^{ss}L^{ss}\hat{Y}^{ss}$。

s 国国内增加值（初始投入）体现在最终产品国内需求上，有

$DVA\_D^s = \hat{V}^sL^{ss}L^{ss}\hat{Y}^{ss}$ 和 $Y\_D'^s = V^sL^{ss}\hat{Y}^{ss}$。

基于前向联系 s 国国内生产部分的生产长度用 PLv_D^s 表示，有

$$PLv\_D^s = \frac{X\_D^s}{DVA\_D^s} = \frac{\hat{V}^sL^{ss}L^{ss}\hat{Y}^{ss}}{\hat{V}^sL^{ss}\hat{Y}^{ss}} \qquad 8\text{-}1\text{-}23$$

基于后向联系 s 国国内生产部分的生产长度用 PLy_D^s 表示，有

$$PLy\_D^s = \frac{Xy\_D^s}{Y\_D^s} = \frac{V^sL^{ss}L^{ss}\hat{Y}^{ss}}{V'^sL^{ss}\hat{Y}^{ss}} \qquad 8\text{-}1\text{-}24$$

（3）传统贸易国内生产长度

s 国传统贸易部分增加值（初始投入）发生在 s 国内，由此有

$DVA\_RT^s = \hat{V}^sL^{ss}\sum_{r \neq s}^{G} Y^{sr}$ 和 $Y\_RT_s = V^{ss}L^{ss}\hat{Y}^{ss}$。

基于前、后向联系 s 国传统贸易部分的总产出分别为

$$Xv\_RT^s=\hat{V}^s\sum_{r\neq s}^{G}Y^{sr}+2\hat{V}^sA^{ss}\sum_{r\neq s}^{G}Y^{sr}+3\hat{V}^sA^{ss}A^{ss}\sum_{r\neq s}^{G}Y^{sr}+\cdots \qquad 8\text{-}1\text{-}25$$

$$=\hat{V}^s(I-A^{ss})^{-1}(I-A^{ss})^{-1}\sum_{r\neq s}^{G}Y^{sr}=\hat{V}^sL^{ss}L^{ss}\sum_{r\neq s}^{G}Y^{sr}$$

$$Xy\_RT^s=V^{ss}L^{ss}L^{ss}\sum_{s\neq r}^{G}\hat{Y}^{sr} \qquad 8\text{-}1\text{-}26$$

基于前、后向联系的 s 国传统贸易部分的生产长度有

$$PLv\_RT^s=\frac{X\_RT^s}{DVA\_RT^s}=\frac{\hat{V}^sL^{ss}L^{ss}\sum_{r\neq s}^{G}\hat{Y}^{sr}}{\hat{V}^sL^{ss}\sum_{r\neq s}^{G}\hat{Y}^{sr}} \qquad 8\text{-}1\text{-}27$$

$$PLy\_RT^s=\frac{Xy\_RT^s}{Y\_RT^s}=\frac{V^{ss}L^{ss}L^{ss}\sum_{r\neq s}^{G}\hat{Y}^{sr}}{V^{ss}L^{ss}\sum_{r\neq s}^{G}\hat{Y}^{sr}} \qquad 8\text{-}1\text{-}28$$

（4）全球价值链（$GVCs$）生产长度

$GVCs$ 生产长度包括两部分，$GVCs$ 国内生产长度和 $GVCs$ 国外生产的生产长度两种，下面依次进行分解。

①$GVCs$ 国内生产的生产长度

假设只有两个生产环节，分别发生在 s 国和 r 国。即 s 国生产的中间品跨境一次，该国生产增加值隐含在中间品出口到 r 国，并在 r 国用于生产最终品消费或出口。国内增加值 $\hat{V}^sA^{sr}\sum_{t}^{G}Y^{rt}$ 作为产出被 s 国和 r 国分别计算了一次，即在两个生产环节时，由 s 国到 r 国中间品出口中隐含的增加值引致的总产出等于 s 国国内增加值（初始投入）为 $\hat{V}^sA^{sr}\sum_{t}^{G}Y^{rt}$。

将生产延伸为三个环节，s 国国内增加值隐含在第三环节最终生产中，用 $(\hat{V}^sA^{ss}A^{sr}\sum_{r}^{G}Y^{rt}+\hat{V}^sA^{sr}\sum_{r}^{G}A^{ru}\sum_{u}^{G}Y^{ut})$ 表示。$\hat{V}^sA^{ss}A^{sr}\sum_{r}^{G}Y^{rt}$ 部分，其中 A^{ss}、A^{sr} 分别发生在 s 国国内和国外，初始投入在 s 国国内被计算一次，此时生产链条长度

为 2。$\hat{V}^s A^{sr} \sum\limits_{r}^{G} A^{ru} \sum\limits_{u}^{G} Y^{ut}$ 部分，其中 A^{sr}、A^{ru} 都发生在 s 国国外，国内增加值在 s 国发生一次，生产链条长度为 1。此时由 s 国到 r 国中间品出口中隐含的增加值引致的国内总产出为 $\left(2\hat{V}^s A^{ss} A^{sr} \sum\limits_{t}^{G} Y^{rt} + \hat{V}^s A^{sr} \sum\limits_{r}^{G} A^{ru} \sum\limits_{u}^{G} Y^{ut}\right)$，$s$ 国到 r 国中间品出口隐含的增加值引致的国外总产出为 $\left(\hat{V}^s A^{ss} A^{sr} \sum\limits_{t}^{G} Y^{rt} + 2\hat{V}^s A^{sr} \sum\limits_{r}^{G} A^{ru} \sum\limits_{u}^{G} Y^{ut}\right)$。

依次将生产延伸到 n 个环节，将生产各环节的增加值和总产出分别累加，得到 s 国向 r 国总中间品出口生产中隐含的增加值 V_GVC^{sr} 和 s 国生产中间品出口到 r 国隐含的增加值引致的总产出 Xd_GVC^{sr}。

$$V\_GVC^{sr}=\hat{V}^s A^{sr} \sum_{t}^{G} Y^{rt} + \left(\hat{V}^s A^{ss} A^{sr} \sum_{t}^{G} Y^{rt} + \hat{V}^s A^{sr} \sum_{r}^{G} A^{ru} \sum_{u}^{G} Y^{ut}\right)$$

$$+ \left(\hat{V}^s A^{ss} A^{ss} A^{sr} \sum_{t}^{G} Y^{rt} + \hat{V}^s A^{ss} A^{sr} \sum_{r}^{G} A^{ru} \sum_{u}^{G} Y^{ut} + \hat{V}^s A^{sr} \sum_{h}^{G} Y^{rh} \sum_{u}^{G} A^{hu} \sum_{t}^{G} Y^{ut}\right) + \cdots$$

$$= \hat{V}^s L^{ss} A^{sr} \sum_{t}^{G} Y^{rt} + \hat{V}^s L^{ss} A^{sr} \sum_{u}^{G} A^{ru} \sum_{t}^{G} Y^{ut} + \hat{V}^s L^{ss} A^{sr} \sum_{h}^{G} A^{rh} \sum_{u}^{G} A^{hu} \sum_{t}^{G} Y^{ut} + \cdots$$

$$= \hat{V}^s L^{ss} A^{sr} \sum_{u}^{G} B^{ru} \sum_{u}^{G} Y^{ut} = \hat{V}^s L^{ss} A^{sr} X^r$$

$$\text{8-1-29}$$

s 国向 r 国生产总中间品出口中隐含的国内增加值可以表示为

$$V\_GVC^{sr} = \underbrace{\hat{V}^s L^{ss} \sum_{r \neq s} A^{sr} L^{rr} Y^{rr}}_{V\_GVC\_R} + \underbrace{\hat{V}^s L^{ss} \sum_{r \neq s} A^{sr} \sum_{u}^{G} B^{ru} Y^{us}}_{V\_GVC\_D}$$

$$+ \underbrace{\left[\hat{V}^s L^{ss} \sum_{r \neq s} A^{sr} \sum_{u}^{G} \left(B^{ru} \sum_{t \neq s}^{G} Y^{ut}\right) - \hat{V}^s L^{ss} \sum_{r \neq s} A^{sr} L^{rr} Y^{rr}\right]}_{V\_GVC\_F}$$

$$\text{8-1-30}$$

式中，V_GVC_D 是 s 国生产的中间品出口到国外，经过多次跨境，作为中间出口最终回到国内的国内增加值；V_GVC_F 是 s 国生产的中间品出口到 r 国重新加工生产后复出口到任意国（t 国）的国内增加值。将后两项（V_GVC_D 和 V_GVC_F）合并，后两项的和被 r 国间接吸收或复出口的部分，及复杂参与价值链的国内增加值部分 V_GVC_C。V_GVC_R 部分作为中间产品出口到贸易伙伴国 r，r 国使用这类中间品生产最终产品并且在国内消费所隐含的增加值。即经过一次跨境，s 国出口中间品被 r 国直接吸收的部分，就是简单参与全球价值链的国内增加值部分(V_GVC_S)，因此，式 8-1-30 可以写成

$$V\_GVC^{sr}=\underbrace{\hat{V}^s L^{ss}\sum_{r\neq s}^{G}A^{sr}L^{rr}Y^{rr}}_{V\_GVC\_S}$$

$$+\underbrace{\left[\hat{V}^s L^{ss}\sum_{r\neq s}^{G}A^{sr}\sum_{u}^{G}B^{ru}Y^{us}+\hat{V}^s L^{ss}\sum_{r\neq s}^{G}A^{sr}\sum_{u}^{G}\left(B^{ru}\sum_{t\neq s}^{G}Y^{ut}\right)-\hat{V}^s L^{ss}\sum_{r\neq s}^{G}A^{sr}L^{rr}Y^{rr}\right]}_{V\_GVC\_C}$$

8-1-31

s 国生产中间品出口到 r 国隐含的国内增加值引致的总产出 Xd_GVC^{sr} 可以写为

$$Xd\_GVC^{sr}=\hat{V}^s A^{sr}\sum_{t}^{G}Y^{rt}+\left(2\hat{V}^s A^{ss}A^{sr}\sum_{t}^{G}Y^{rt}+\hat{V}^s A^{sr}\sum_{r}^{G}A^{ru}\sum_{u}^{G}Y^{ut}\right)$$

$$+\left(3\hat{V}^s A^{ss}A^{ss}A^{sr}\sum_{t}^{G}Y^{rt}+\hat{V}^s A^{ss}A^{sr}\sum_{r}^{G}A^{ru}\sum_{u}^{G}Y^{ut}+\hat{V}^s A^{sr}\sum_{h}^{G}A^{rh}\sum_{u}^{G}A^{hu}\sum_{t}^{G}Y^{ut}\right)+\cdots$$

$$=\hat{V}^s L^{ss}L^{ss}A^{sr}\sum_{t}^{G}Y^{rt}+\hat{V}^s L^{ss}L^{ss}A^{sr}\sum_{u}^{G}A^{ru}\sum_{t}^{G}Y^{ut}+\hat{V}^s L^{ss}L^{ss}A^{sr}\sum_{h}^{G}A^{rh}\sum_{u}^{G}A^{hu}\sum_{t}^{G}Y^{ut}+\cdots$$

$$=\hat{V}^s L^{ss}L^{ss}A^{sr}\sum_{u}^{G}B^{ru}\sum_{t}^{G}Y^{ut}=\hat{V}^s L^{ss}L^{ss}A^{sr}X^{r}$$

8-1-32

将式 8-1-32 进一步分解，可得

$$Xd\_GVC^{sr}=\underbrace{\hat{V}^s L^{ss}L^{ss}\sum_{r\neq s}^{G}A^{sr}L^{rr}Y^{rr}}_{Xd\_GVC\_S}$$

$$+\underbrace{\left[\hat{V}^s L^{ss}L^{ss}\sum_{r\neq s}^{G}A^{sr}\sum_{u}^{G}B^{ru}Y^{us}+\hat{V}^s L^{ss}L^{ss}\sum_{r\neq s}^{G}A^{sr}\sum_{u}^{G}\left(B^{ru}\sum_{t\neq s}^{G}Y^{ut}\right)-\hat{V}^s L^{ss}L^{ss}\sum_{r\neq s}^{G}A^{sr}L^{rr}Y^{rr}\right]}_{Xd\_GVC\_C}$$

8-1-33

所以，s 国参与的全球价值链国内生产长度为

$$Pld\_GVC^s = \frac{Xd\_GVC^{sr}}{V\_GVC^{sr}} = \frac{Xd\_GVC\_S^s + Xd\_GVC\_C^s}{V\_GVC\_S^s + V\_GVC\_C^s}$$

$$= PLd\_GVC\_S^s + PLd\_GVC\_C^s \qquad\qquad 8\text{-}1\text{-}34$$

$$= PLd\_GVC\_R + (PLd\_GVC\_D + PLd\_GVC\_F)$$

由式 8-1-34 得到 s 国参与全球价值链国内生产长度包括两部分：s 国简单参与全球价值链国内生产长度 $PLd\_GVC\_S^s$ 和 s 国复杂参与全球价值链国内生产长度 $PLd\_GVC\_C^s$。将 $GVCs$ 生产活动分为三类：被进口国直接吸收中间品部分（GVC_R）、被来源国吸收部分（GVC_D）及被任意第三国直接吸收中间品部分（GVC_F）。因此，s 国参与全球价值链国内生产长度（PLd_GVC）相应分为三部分，PLd_GVC_R、PLd_GVC_D 和 PLd_GVC_F[①]。

②$GVCs$ 国外生产的生产长度

同理推导 s 国向 r 国生产总中间品出口中隐含的国内增加值可以写为式 8-1-3。

s 国生产中间品出口到 r 国隐含增加值引致的国外总产出写成

$$Xi\_GVC^{sr} = \hat{V}^s A^{sr} \sum_{t}^{G} Y^{rt} + \left(\hat{V}^s A^{ss} A^{sr} \sum_{t}^{G} Y^{rt} + 2\hat{V}^s A^{sr} \sum_{r}^{G} A^{ru} \sum_{u}^{G} Y^{ut} \right)$$

$$+ \left(\hat{V}^s A^{ss} A^{ss} A^{sr} \sum_{t}^{G} Y^{rt} + 2\hat{V}^s A^{ss} A^{sr} \sum_{r}^{G} A^{ru} \sum_{u}^{G} Y^{ut} + 3\hat{V}^s A^{sr} \sum_{h}^{G} A^{rh} \sum_{u}^{G} A^{hu} \sum_{t}^{G} Y^{ut} \right) + \cdots$$

$$= \hat{V}^s L^s L^s A^{sr} \sum_{t}^{G} Y^{rt} + \hat{V}^s L^s L^{ss} A^{sr} \sum_{u}^{G} A^{ru} \sum_{t}^{G} Y^{ut} + \hat{V}^s L^{ss} L^{ss} A^{sr} \sum_{h}^{G} A^{rh} \sum_{u}^{G} A^{hu} \sum_{t}^{G} Y^{ut} + \cdots$$

$$= \hat{V}^s L^{ss} A^{sr} \sum_{v}^{G} B^{rv} \sum_{u}^{G} B^{vu} \sum_{t}^{G} Y^{ut} \qquad\qquad 8\text{-}1\text{-}35$$

由此，s 国生产中间品出口到 r 国隐含增加值的国外生产长度为：

$$PLi\_GVC^s = \frac{Xi\_GVC^{sr}}{V\_GVC^{sr}} = \frac{Xi\_GVC\_S^s + Xi\_GVC\_C^s}{V\_GVC\_S^s + V\_GVC\_C^s}$$

$$= PLi\_GVC\_S^s + PLi\_GVC\_C^s \qquad\qquad 8\text{-}1\text{-}36$$

结合式 8-1-32 和 8-1-34，可得

$$PLv\_GVC^s = PLd\_GVS^s + PLi\_GVC^s$$

$$= (PLd\_GVC\_S^s + PLd\_GVC\_C^s) \qquad\qquad 8\text{-}1\text{-}37$$

$$+ (PLi\_GVC\_S^s + PLi\_GVC\_C^s)$$

[①] 进口国直接吸收中间品部分的生产长度是国内简单全球价值链生产长度,被来源国吸收与被任意第三国吸收的部分对应的生产长度是国内复杂全球价值链生产长度。

结合生产长度概念，式 8-1-36 可以写成

$$PLv\_GVC^s = PLd\_GVC^s + PLi\_GVC^s$$

$$= \frac{Xd\_GVC^s}{V\_GVC^s} + \frac{Xi\_GVC^s}{V\_GVC^s}$$

$$= \frac{(Xd\_GVC^s + Xi\_GVC^s)}{V\_GVC^s} \qquad 8\text{-}1\text{-}38$$

$$= \frac{X\_GVC^s}{V\_GVC^s}$$

由式 8-1-38 可以看出，一国参与全球价值链生产长度（$GVCs$ 生产长度）包括两部分，即 $GVCs$ 国内生产的生产长度和 $GVCs$ 国外生产的生产长度两种。在 $GVCs$ 国内、国外生产长度中分别包括简单、复杂生产长度。

利用式 8-1-33 有

$$Xi\_GVC^{sr} = \hat{V}^s L^{ss} A^{sr} \sum_{v}^{G} B^{rv} \sum_{u}^{G} B^{vu} \sum_{t}^{G} Y^{ut}$$

$$= \hat{V}^s L^{ss} A^{sr} \sum_{v \neq r}^{G} B^{rv} \sum_{t \neq r}^{G} Y^{ut} + \hat{V}^s L^{ss} A^{sr} \sum_{v \neq r}^{G} B^{rv} \sum_{t \neq v}^{G} A^{vt} X^{v} \qquad 8\text{-}1\text{-}39$$

$$+ \hat{V}^s L^{ss} A^{sr} \sum_{v \neq r}^{G} B^{rv} A^{vv} X^{v}$$

式中，$\hat{V}^s L^{ss} A^{sr} \sum\limits_{v \neq r}^{G} B^{rv} \sum\limits_{t \neq r}^{G} Y^{ut}$ 是隐含在 s 国向 r 国出口中间品中增加值，这部分出

口被 r 国用于生产最终品消费，$\hat{V}^s L^{ss} A^{sr} \sum\limits_{v \neq r}^{G} B^{rv} \sum\limits_{t \neq v}^{G} A^{vt} X^{v}$ 是隐含在 s 国向 r 国出口

中间品中增加值，这部分在 r 国加工生产后重新出口。由此可以看出，这两项是隐含在 s 国中间品总出口中的增加值，用 Ev_GVC^{sr} 表示，将所有贸易伙伴累加，可得 Ev_GVC^s。

$$Ev\_GVC^s = \hat{V}^s L^{ss} \sum_{r \neq s}^{G} A^{sr} X^r + \hat{V}^s L^{ss} \sum_{r \neq s}^{G} A^{sr} \sum_{v \neq r}^{G} B^{rv} \sum_{t \neq v}^{G} A^{vt} X^t$$

$$= \hat{V}^s L^{ss} \sum_{r \neq s}^{G} A^{sr} X^r + \hat{V}^s \sum_{v \neq r}^{G} B^{sv} \sum_{t \neq v}^{G} A^{vt} X^t - \hat{V}^s L^{ss} \sum_{t \neq v}^{G} A^{vt} X^v \qquad 8\text{-}1\text{-}40$$

$$= \hat{V}^s L^{ss} \sum_{r \neq s}^{G} A^{sr} X^r + \hat{V}^s \sum_{t \neq v}^{G} A^{vt} X^t \left(\sum_{v \neq r}^{G} B^{sv} - L^{ss} \right)$$

$$=E\_GVC\_S^s + E\_GVC\_C^s$$

在 s 国中间品总出口生产长度为

$$CBv\_GVC^s = \frac{Ev\_GVC^s}{V\_GVC^s} = \frac{(E\_GVC\_S^s + E\_GVC\_C^s)}{V\_GVC^s}$$

$$= CBv\_GVC\_S^s + CBv\_GVC\_C^s \qquad 8\text{-}1\text{-}41$$

$$= \frac{Ev\_GVC\_S^s}{V\_GVC\_S^s} + \frac{Ev\_GVC\_C^s}{V\_GVC\_C^s}$$

式 8-1-39 中，$\hat{V}^s L^{ss} A^{sr} \sum\limits_{v \neq r}^{G} B^{rv} A^{vv} X^v$ 部分是离开 s 国后被用于参与全球价值链的所有国家国内生产，用 Xf_GVC 表示，同理可以分解为 $Xf\_GVC\_S^s$ 和 $Xf\_GVC\_C^s$ 两部分。

综合上述 GVCs 国内生产的生产长度和 GVCs 国外生产的生产长度测算，可得生产长度为

$$PLv^s = PL\_D^s + PL\_RT^s + PLv\_GVC^s$$

$$= PLv\_D^s + PLv\_RT^s + PLd\_GVC^s + PLi\_GVC^s$$

$$= PLv\_D^s + PLv\_RT^s + PLd\_GVC^s + CBv\_GVC^s + PLvf\_GVC^s \qquad 8\text{-}1\text{-}42$$

$$= \frac{X\_D^s}{V\_D^s} + \frac{X\_RT^s}{V\_RT^s} + \left(\frac{Xvd\_GVC}{V\_GVC} + \frac{Ev\_GVC^s}{V\_GVC^s} + \frac{Xvf\_GVC^s}{V\_GVC^3} \right)$$

同理，基于后向联系将 s 国生产长度分为三部分：PLy_D^s、PLy_RT^s、PLy_GVC^s。

PLy_GVC^s 依据国内外、简单复杂程度继续分解，有

$$PLy^s = PLy\_D^s + PLy\_RT^s + PLy\_GVC^s$$

$$= PLy\_D^s + PLy\_RT^s + PLyd\_GVC^s + PLyi\_GVC^s$$

$$= PLy\_D^s + PLy\_RT^s + PLyd\_GVC^s + CBy\_GVC^s + PLyf^s \qquad 8\text{-}1\text{-}43$$

$$= \frac{Xy\_D^s}{V\_D^s} + \frac{Xy\_RT^s}{V\_RT^s} + \frac{Xyd\_GVC^s}{Y\_GVC^s} + \frac{Ey\_GVC^s}{Y\_GVC^{ss}} + \frac{Xyf\_GVC^s}{Y\_GVC^s}$$

生产地位指数（Pos_TPL）是前向联系生产长度与后向联系生产长度之比；全球价值链地位指数（$GVCPs$）是前向联系全球价值链生产长度与后向联系全球价值链生产长度之比。Pos_TPL 与 $GVCPs$ 指数分别衡量一国在世界生产与全球价值链生产活动所处的地位。

Pos_TPL 与 $GVCPs$ 指数值在 1 附近。Pos_TPL 指数值大意味 s 国生产位于世界生产上游，Pos_TPL 指数值小意味 s 国生产位于世界生产下游。$GVCPs$ 指

数值大意味 s 国生产位于全球价值链上游环节，$GVCPs$ 指数值小意味 s 国生产位于全球价值链下游环节。

$$Pos\_TPL^s = \frac{PLv^s}{\left[PLy^s\right]},\qquad 8\text{-}1\text{-}44$$

$$GVCPs^s = \frac{PLv\_GVC^s}{\left[PLy\_GVC^s\right]},\qquad 8\text{-}1\text{-}45$$

8.1.2 海洋产业的全球价值链位置分析

根据前文所述海洋产业的全球价值链生产位置定位方法，对海洋渔业、海洋油气业、海洋水产品加工业、海洋化工业、海洋船舶工业、海洋工程建筑业、海洋旅游业、海上交通运输业等海洋产业在全球价值链的生产位置进行分析。相关数据来源于中华人民共和国商务部全球价值链与中国贸易增加值核算数据库[①]、《中国海洋统计年鉴》。

第一，海洋渔业基于全球价值链的长度与深度分析。

（1）海洋渔业基于全球价值链的长度分析

由于数据限制，海洋渔业在世界投入产出表内，并没有进行单独核算。本书结合我国农林牧渔业的综合情况，推演出我国海洋渔业在全球价值链的地位。首先计算海洋渔业基于前向联系的全球价值量长度，通过 2010—2017 年各部门数据得出农林牧渔的前向联系生产长度，结果如图 8-1-1 所示。

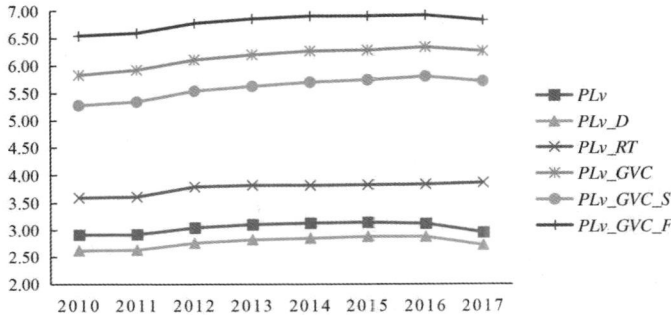

图 8-1-1　海洋渔业基于前向联系的全球价值链长度分析

可以看出，在 2010—2016 年，各类基于前向联系的生产长度均维持一个缓慢的上涨趋势，在 2017 年稍有回落。PLv 稳定上升，海洋渔业总体的前向联

[①] 中华人民共和国商务部全球价值链与中国贸易增加值核算数据库仅更新至 2017 年数据。限于数据可得性，这里对 2010—2017 年的海洋产业全球价值链生产位置进行了分析。

系生产长度上升，说明我国积极实行对外开放，参与世界分工取得了一定效果。*PLv_D* 上升，即海洋渔业的总体纯国内生产长度上升，说明海洋渔业国内生产活动带来的增加值增加。*PLv_RT* 上升，即基于前向联系总体传统贸易国内生产长度增加，说明海洋渔业在我国传统贸易生产活动中生产环节数增多，生产专业化分工程度提升。*PLv_GVC* 上升，即基于前向联系的全球价值链长度上升，说明我国海洋渔业在全球价值链的参与程度提高。*PLv_GVC_S* 和 *PLv_GVC_F* 上升，即基于前向联系的简单和复杂全球链生产长度上升。以上价值链长度指数表明，我国海洋渔业给国内带来的增加值上升，生产分工专业化程度提升，参与世界分工取得了一定效果。2017 年，各指数稍有回落，可能是由于中美贸易摩擦和逆全球化因素，使得我国海洋渔业参与全球价值链长度有所下降。

图 8-1-2 为海洋渔业基于后向联系的全球价值链长度分析。可以发现，在 2010—2017 年，各类基于后向联系的全球价值链长度均呈现出微小幅度的上升趋势，说明我国海洋渔业基于后向联系生产环节数增长，中国海洋渔业与世界生产联系加强，生产环节数有所提高，专业化有所加强。海洋渔业基于前向联系的全球价值链生产长度上升幅度高于基于后向联系，说明我国出口更多的中间品被他国用于生产，而更少的进口中间品制成产成品用于出口，一定程度上表明我国生产地位还有上升的空间。

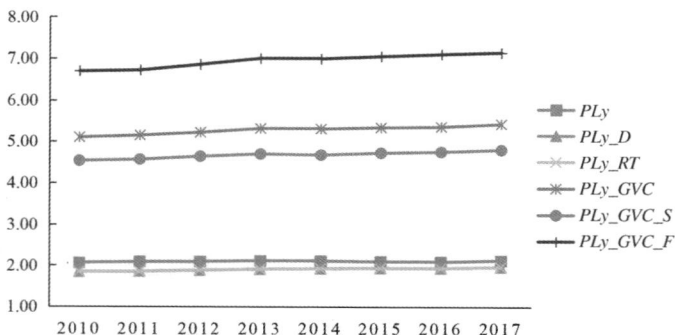

图 8-1-2　海洋渔业基于后向联系的全球价值链长度分析

(2) 海洋渔业基于全球价值链的深度分析

海洋渔业基于全球价值链的深度可以用生产地位指数 (*POS_TPL*)来衡量，根据 2010—2017 年我国海洋渔业前后向生产长度计算出生产地位指数，如图 8-1-3 所示。由图可知，我国海洋渔业生产地位指数均高于1，说明我国海洋渔业生产处于世界海洋渔业价值链的上游环节。整体上，我国海洋渔业生产地位指数呈上升趋势，表明我国海洋渔业生产在全球价值链中不断向上游延伸，在世界生产中的地位略有上升。

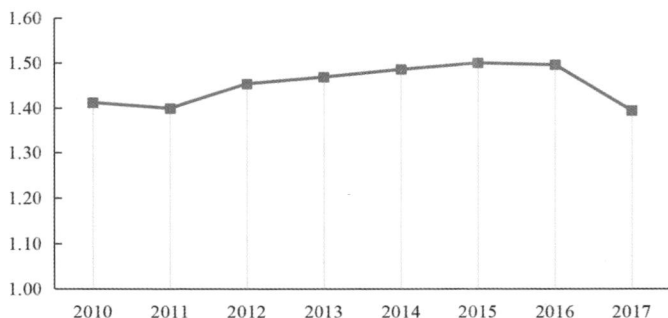

图 8-1-3 我国海洋渔业生产地位指数

第二，海洋油气业基于全球价值链的长度与深度分析。

（1）海洋油气业基于全球价值链的长度分析

由于数据限制，海洋油气业在世界投入产出表内，并没有进行单独核算。本书结合我国采矿业（Mining and Quarrying）的综合情况，推演出我国海洋油气业在全球价值链的地位。通过 2010—2017 年各部门数据计算海洋油气业基于前向联系的全球价值链长度，得出采矿业的前向联系生产长度，结果如图 8-1-4 所示。

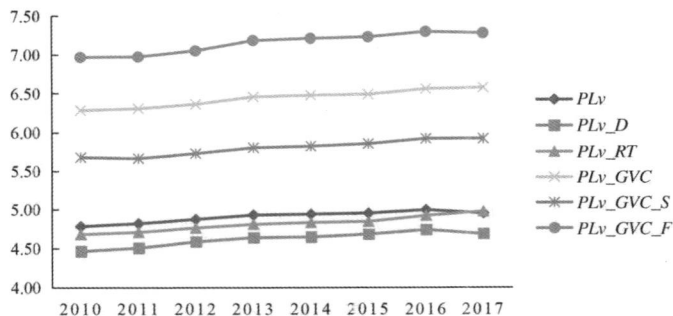

图 8-1-4 海洋油气业基于前向联系的全球价值链长度分析

可以看出，在 2010—2016 年，各类基于前向联系的生产长度均维持一个缓慢的上涨趋势，在 2017 年稍有回落。PLv 稳定上升，海洋油气业总体的前向联系生产长度上升，说明我国积极实行对外开放，参与世界分工取得了一定效果。PLv_D 上升，即海洋油气业的总体纯国内生产长度上升，说明海洋油气业国内生产活动带来的增加值增加。PLv_RT 上升，即基于前向联系总体传统贸易国内生产长度增加，说明海洋油气业在我国传统贸易生产活动中生产环节数增多，生产专业化分工程度提升。PLv_GVC 上升，即基于前向联系的全球价值链长度上升，说明我国海洋油气业在全球价值链的参与程度提高。PLv_GVC_S 和 PLv_GVC_F 上升，即基于前向联系的简单和复杂全球链生产长度上升。以上价值链长度指数表明，我国海洋油气业给国内带来的增加值上升，生产分工专业化程度提升，参与世界分工取得了一定效果。2017 年，各指数稍有回落，可能是由于中美贸易摩擦等因素，使得我国海洋油气业参与全球价值链长度有所下降。

图 8-1-5 为海洋油气业基于后向联系的全球价值链长度分析。可以发现，在 2010—2017 年，各类基于后向联系的全球价值链长度均呈现出微小幅度的上升趋势，说明我国海洋油气业基于后向联系生产环节数增长，与世界生产联系加强，生产环节数有所提高，专业化有所加强。但是基于后向联系全球价值链长度增幅明显较小，说明我国较少的进口中间品制成产成品用于出口，一定程度上表明我国生产地位还有上升的空间。

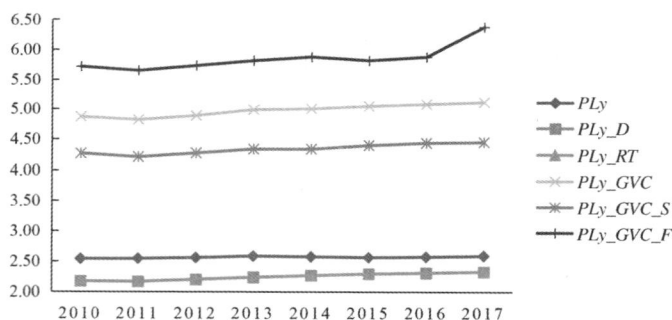

图 8-1-5　海洋油气业基于后向联系的全球价值链长度分析

（2）海洋油气业基于全球价值链的深度分析

海洋油气业基于全球价值链的深度可以用生产地位指数（POS_TPL）来衡量，根据 2010—2017 年我国海油气业前后向生产长度计算出生产地位指数，如图 8-1-6 所示。可以得出，我国海洋油气业生产地位指数高于 1，表明我国海洋油气业处于世界生产的上游环节。整体上，我国海洋油气业生产地位指数呈现出稳定的上升趋势，说明我国海洋油气业在全球价值链中不断向上游延伸，生产地位略有上升。

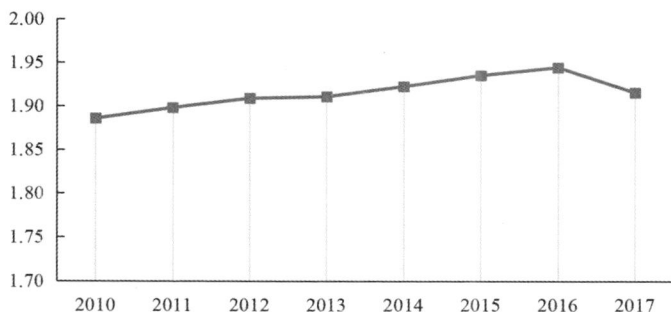

图 8-1-6　我国海洋油气业生产地位指数

第三，海洋水产品加工业基于全球价值链的长度与深度分析。

（1）海洋水产品加工业基于全球价值链的长度分析

由于数据限制，海洋水产品加工业在世界投入产出表内，并没有进行单独核算。本书根据我国食品、饮料和烟草部门（Food，Beverages and Tobacco）的综合情况，推演出我国海洋水产品加工业在全球价值链的地位。通过 2010—2017 年各部门计算海洋水产品加工业基于前向联系的全球价值链长度，结果如图 8-1-7 所示。

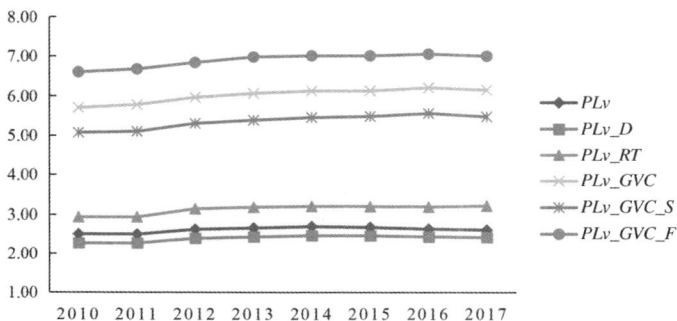

图 8-1-7　海洋水产品加工业基于前向联系的全球价值链长度分析

可以看出，在 2010—2016 年，各类基于前向联系的生产长度均维持一个缓慢的上涨趋势。PLv 稳定上升，海洋水产品加工业总体的前向联系生产长度上升，说明我国积极实行对外开放，参与世界分工取得了一定效果。PLv_D 上升，即海洋水产品加工业的总体纯国内生产长度上升，说明海洋水产品加工业国内生产活动带来的增加值增加。PLv_RT 上升，即基于前向联系总体传统贸

195

易国内生产长度增加，说明海洋水产品加工业在我国传统贸易生产活动中生产环节数增多，生产专业化分工程度提升。PLv_GVC 上升，即基于前向联系的全球价值链长度上升，说明我国海洋水产品加工业在全球价值链的参与程度提高。PLv_GVC_S 和 PLv_GVC_F 上升，即基于前向联系的简单和复杂全球链生产长度上升。以上价值链长度指数表明，我国海洋水产品加工业给国内带来的增加值上升，生产分工专业化程度提升，参与世界分工取得了一定效果。

图 8-1-8 为海洋水产品加工业基于后向联系的全球价值链长度分析。可以发现，在 2010—2017 年，各类基于后向联系的全球价值链长度均呈现出一定的上升趋势，说明我国海洋水产品加工业基于后向联系生产环节数增长，中国海洋水产品加工业与世界生产联系加强，生产环节数有所提高，专业化有所加强。

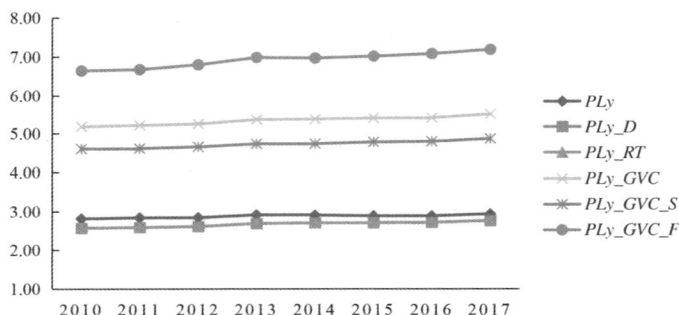

图 8-1-8　海洋水产品加工业基于后向联系的全球价值链长度分析

(2) 海洋水产品加工业基于全球价值链的深度分析

海洋水产品加工业基于全球价值链的深度可以用生产地位指数（POS_TPL）来衡量，根据 2010 年至 2017 年我国海洋水产品加工业前后向生产长度计算出生产地位指数，如图 8-1-9 所示。结果显示，2010 年以来，我国海洋水产品加工业生产地位指数均小于 1，表明我国海洋水产品加工业处于世界生产的下游环节。整体上来看，我国海洋水产品加工业的生产地位指数围绕 0.9 左右波动，呈现出小幅度上升趋势，说明我国海洋水产品加工业在全球价值链中不断向上游延伸，在世界生产中的地位略有上升。

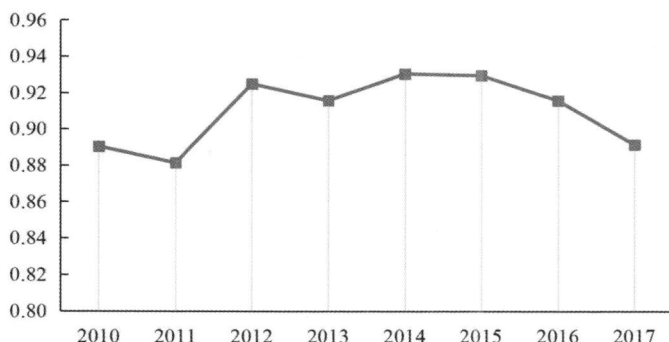

图 8-1-9　我国海洋水产品加工业生产地位指数

第四，海洋化工业基于全球价值链的长度与深度分析。

（1）海洋化工业基于全球价值链的长度分析

由于数据限制，海洋化工业在世界投入产出表内，并没有进行单独核算。本书根据中国化学及化工产品部门（Chemicals and Chemical Products）的综合情况，推演出我国海洋化工业在全球价值链长度的地位。通过 2010—2017 年各部门数据，得出化学及化工业的前向联系生产长度，结果如图 8-1-10 所示。

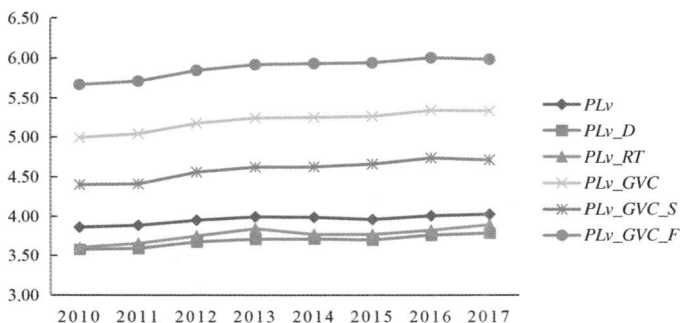

图 8-1-10　海洋化工业基于前向联系的全球价值链长度分析

可以看出，在 2010—2016 年，各类基于前向联系的生产长度均维持一个缓慢的上涨趋势，在 2017 年稍有回落。PLv 稳定上升，海洋化工业总体的前向联系生产长度上升，说明我国积极实行对外开放，参与世界分工取得了一定效果。PLv_D 上升，即海洋化工业的总体纯国内生产长度上升，说明海洋化工业国内生产活动带来的增加值增加。PLv_RT 上升，即基于前向联系总体传统贸易国内生产长度增加，说明海洋化工业在我国传统贸易生产活动中生产环节数增多，生产专业化分工程度提升。*PLv_GVC* 上升，即基于前向联系的全球价值链长度上升，说明我国海洋化工业在全球价值链的参与程度提高。*PLv_GVC_S* 和 *PLv_GVC_F* 上升，即基于前向联系的简单和复杂全球链生产长度上升。以上价值链长度指数表明，我国海洋化工业给国内带来的增加值上升，生产分工专业化程度提升，参与世界分工取得了一定效果。2017 年，各指数增长放缓，可能是由于中美贸易摩擦和逆全球化因素，使得我国海洋化工业参与全球价值链长度有所下降。

图 8-1-11 为海洋化工业基于后向联系的全球价值链长度分析。可以发现，在 2010—2017 年，各类基于后向联系的全球价值链长度均呈现出上升趋势，说明我国海洋化工业基于后向联系生产环节数增长，中国海化工业与世界生产联系加强，生产环节数有所提高，专业化有所加强。

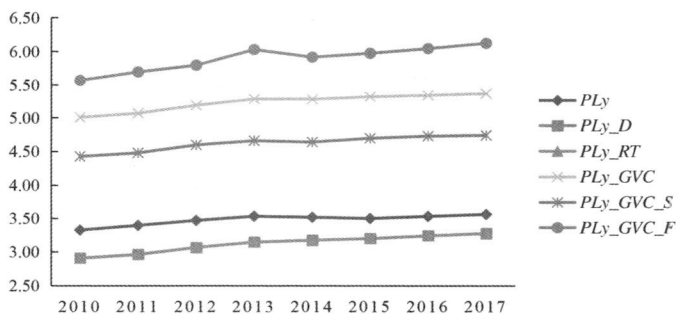

图 8-1-11　海洋化工业基于后向联系的全球价值链长度分析

(2) 海洋化工业基于全球价值链的深度分析

海洋化工业基于全球价值链的深度可以用生产地位指数（*POS_TPL*）来衡量，根据 2010—2017 年我国海洋化工业前后向生产长度计算出生产地位指数，如图 8-1-12 所示。结果显示，2010 年以来，我国海洋化工业生产地位指数均高于 1，表明我国海洋化工业处于世界生产的上游环节。整体上来看，我国海洋化工业的生产地位指数呈现出下降趋势，说明我国海洋化工业在全球价值链中不断向下游延伸，在世界生产中的地位有所下降。

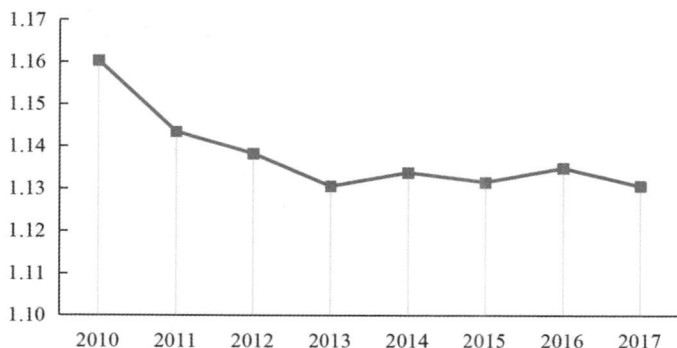

图 8-1-12 我国海洋化工业生产地位指数

第五，海洋船舶工业基于全球价值链的长度与深度分析。

（1）海洋船舶工业基于全球价值链的长度分析

由于数据限制，海洋船舶工业并未包含在世界投入产出表内，并没有进行单独核算。本书根据中国运输设备部门（Transport Equipment）的综合情况，推演出我国海洋船舶工业在全球价值链的地位。通过 2010—2017 年各部门数据，计算出中国运输设备部门的前向联系生产长度，从而获得海洋船舶工业基于前向联系的全球价值链长度，结果如图 8-1-13 所示。

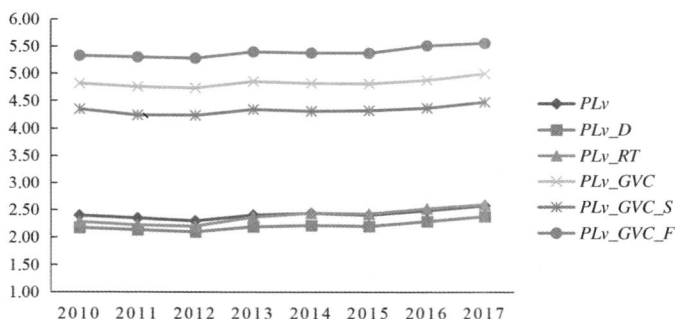

图 8-1-13 海洋船舶工业基于前向联系的全球价值链长度分析

可以看出，在 2010—2016 年，各类基于前向联系的生产长度均维持一个缓慢的上涨趋势。PLv 稳定上升，海洋船舶工业总体的前向联系生产长度上升，说明我国积极实行对外开放，参与世界分工取得了一定效果。PLv_D 上升，即海洋船舶工业的总体纯国内生产长度上升，说明海洋船舶工业国内生产活动带来的增加值增加。PLv_RT 上升，即基于前向联系总体传统贸易国内生产长度增加，说明海洋船舶工业在我国传统贸易生产活动中生产环节数增多，生产专业化分工程度提升。PLv_GVC 上升，即基于前向联系的全球价值链长度上升，说明我国海洋船舶工业在全球价值链的参与程度提高。PLv_GVC_S 和 PLv_GVC_F 上升，即基于前向联系的简单和复杂全球链生产长度上升。以上价值链长度指数表明，我国海洋船舶工业给国内带来的增加值上升，生产分工专业化程度提升，参与世界分工取得了一定效果。

图 8-1-14 为海洋船舶工业基于后向联系的全球价值链长度分析。可以发现，在 2010—2017 年，各类基于后向联系的全球价值链长度均呈现出上升趋势，说明我国海洋船舶工业基于后向联系生产环节数增长，中国海洋船舶工业与世界生产联系加强，生产环节数有所提高，专业化有所加强。

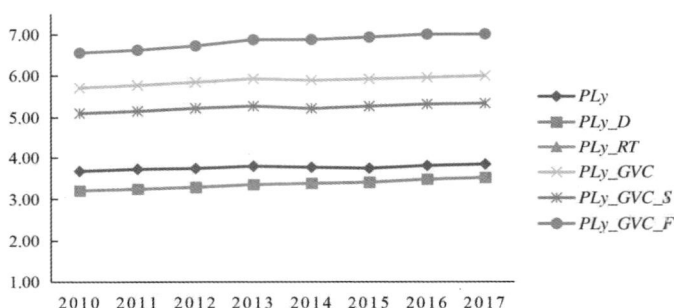

图 8-1-14　海洋船舶工业基于后向联系的全球价值链长度分析

（2）海洋船舶工业基于全球价值链的深度分析

海洋船舶工业基于全球价值链的深度可以用生产地位指数（POS_TPL）来衡量，根据 2010—2017 年我国海洋船舶工业前后向生产长度计算出生产地位指数，如图 8-1-15 所示。结果显示，2010 年以来，我国海洋船舶工业生产地位指数均低于 1，表明我国海洋船舶工业处于世界生产的下游环节。整体上来看，我国海洋船舶工业生产地位指数呈现出明显的"V"字形趋势，并且自 2012 年以来，呈现出显著的上升趋势，表明我国海洋船舶工业发展迅猛，在全球价值链中不断向上游延伸，在世界生产中地位提升显著。

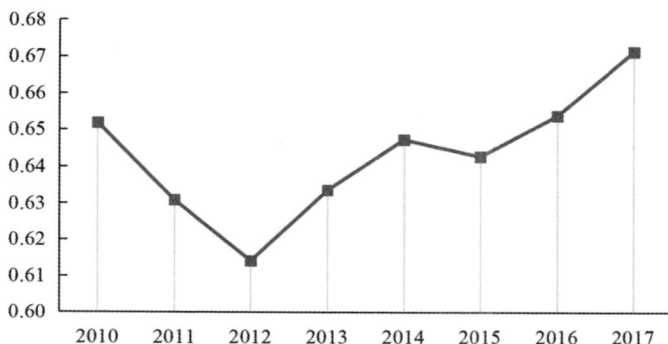

图 8-1-15　我国海洋船舶工业生产地位指数

第六，海洋工程建筑业基于全球价值链的长度与深度分析。

（1）海洋工程建筑业基于全球价值链的长度分析

由于数据限制，在世界投入产出表内，并没有对海洋工程建筑业进行单独核算。本书根据中国建筑业部门（Construction）的综合情况，推演出我国海洋工程建筑业在全球价值链的地位。通过 2010—2017 年各部门数据进行分析，计算出中国建筑业部门的前向联系生产长度，进而分析海洋工程建筑业基于前向联系的全球价值链长度，结果如图 8-1-16 所示。

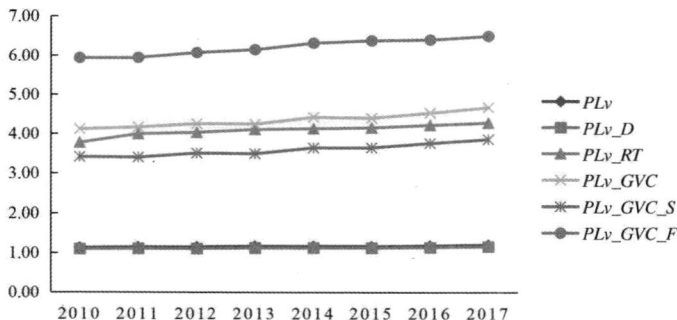

图 8-1-16　海洋工程建筑业基于前向联系的全球价值链长度分析

可以看出，在 2010—2016 年，各类基于前向联系的生产长度均维持一个缓慢的上涨趋势。PLv 稳定上升，海洋工程建筑业总体的前向联系生产长度上升，说明我国积极实行对外开放，参与世界分工取得了一定效果。PLv_D 上升，即海洋工程建筑业的总体纯国内生产长度上升，说明海洋工程建筑业国内生产活动带来的增加值增加。PLv_RT 上升，即基于前向联系总体传统贸易国内生产长度增加，说明海洋工程建筑业在我国传统贸易生产活动中生产环节数增长，生产专业化分工程度日益加深。PLv_GVC 上升，即基于前向联系的全球价值链长度上升，说明我国海洋工程建筑业在全球价值链的参与程度提高。PLv_GVC_S 和 PLv_GVC_F 上升，即基于前向联系的简单和复杂全球链生产长度上升。以上价值链长度指数表明，我国海洋工程建筑业给国内带来的增加值上升，生产分工专业化程度提升，参与世界分工取得了一定效果。

图 8-1-17 为海洋工程建筑业基于后向联系的全球价值链长度分析。可以发现，在 2010—2017 年，各类基于后向联系的全球价值链长度均呈现出上升趋势，说明我国海洋工程建筑业基于后向联系生产环节数增长，中国海洋工程建筑业与世界生产联系加强，生产环节数有所提高，专业化有所加强。

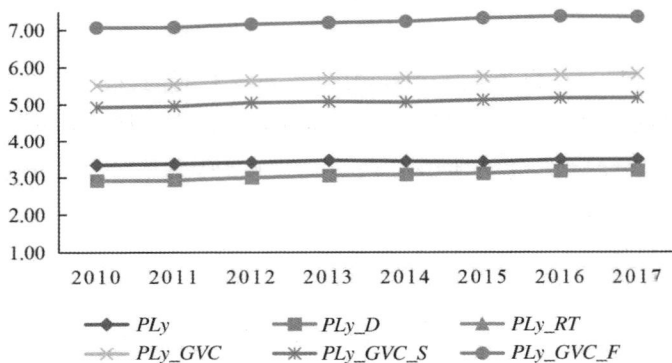

图 8-1-17　海洋工程建筑业基于后向联系的全球价值链长度分析

（2）海洋工程建筑业基于全球价值链的深度分析

海洋工程建筑业基于全球价值链的深度可以用生产地位指数（POS_TPL）来衡量，根据 2010—2017 年我国海洋工程建筑业前后向生产长度计算出生产地位指数，如图 8-1-18 所示。结果显示，2010 年以来，我国海洋工程建筑业的生产地位指数始终小于 1，表明我国海洋工程建筑业处于世界生产的下游环节。整体上来看，我国海洋工程建筑业的生产地位长期稳定在 0.34 左右，这表明我国海洋工程建筑业在世界生产中的地位维持在相对稳定的状态。

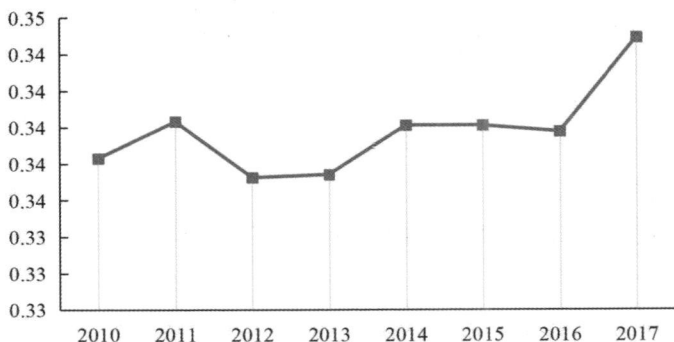

图 8-1-18　我国海洋工程建筑业生产地位指数

第七，海洋旅游业基于全球价值链的长度与深度分析。

（1）海洋旅游业基于全球价值链的长度分析

由于数据限制，世界投入产出表内，并没有对海洋旅游业进行单独核算。本书根据我国旅馆及餐饮业（Hotels 和 Restaurants）的综合情况，推演出我国海洋旅游业在全球价值链的地位。通过 2010—2017 年各部门数据，计算出中国旅馆及餐饮业部门的前向联系生产长度，结果如图 8-1-19 所示。

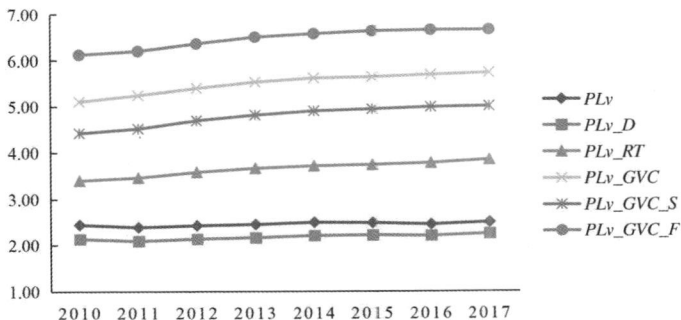

图 8-1-19　海洋旅游业基于前向联系的全球价值链长度分析

可以看出，在 2010—2016 年，各类基于前向联系的生产长度均维持一个缓慢的上涨趋势。PLv 稳定上升，海洋旅游业总体的前向联系生产长度上升，说明我国积极实行对外开放，参与世界分工取得了一定效果。PLv_D 上升，即海洋旅游业的总体纯国内生产长度上升，说明海洋旅游业国内生产活动带来的增加值增加。PLv_RT 上升，即基于前向联系总体传统贸易国内生产长度增加，说明海洋旅游业在我国传统贸易生产活动中生产环节数增多，生产专业化分工

203

程度提升。*PLv_GVC*上升，即基于前向联系的全球价值链长度上升，说明我国海洋旅游业在全球价值链的参与程度提高。*PLv_GVC_S*和*PLv_GVC_F*上升，即基于前向联系的简单和复杂全球链生产长度上升。以上价值链长度指数表明，我国海洋旅游业给国内带来的增加值上升，生产分工专业化程度提升，参与世界分工取得了一定效果。

图 8-1-20 为海洋旅游业基于后向联系的全球价值链长度分析。可以发现，在 2010—2017 年，各类基于后向联系的全球价值链长度均呈现出上升趋势，说明我国海洋旅游业基于后向联系生产环节数增长，中国海洋旅游业与世界生产联系加强，生产环节数有所提高，专业化有所加强。

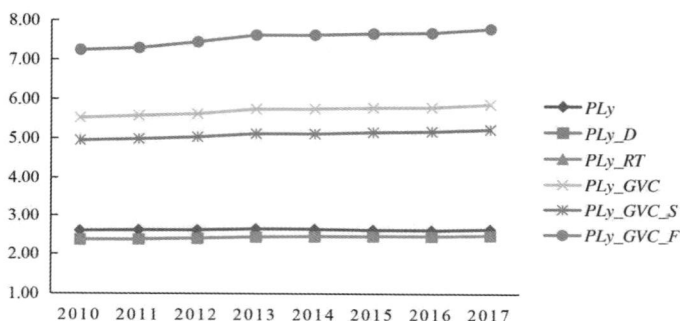

图 8-1-20　海洋旅游业基于后向联系的全球价值链长度分析

（2）海洋旅游业基于全球价值链的深度分析

海洋旅游业基于全球价值链的深度可以用生产地位指数（*POS_TPL*）来衡量，根据 2010—2017 年我国海洋旅游业前后向生产长度计算出生产地位指数，如图 8-1-21 所示。结果显示，2010 年以来，我国海洋旅游业生产地位指数均

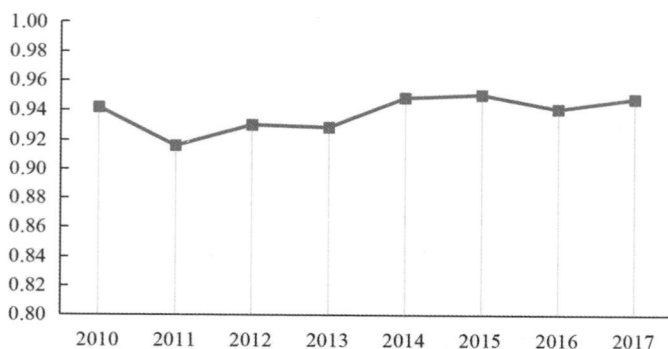

图 8-1-21　我国海洋旅游业生产地位指数

低于1，表明我国海洋旅游业处于世界生产的下游环节。整体上来看，我国海洋旅游业的生产地位指数呈现出小幅度地波动上升趋势，这说明中国海洋旅游业在全球价值链中不断向上游延伸，在世界生产中的地位略有上升。

第八，海上交通运输业基于全球价值链的长度与深度分析。

（1）海上交通运输业基于全球价值链的长度分析

由于数据限制，世界投入产出表内，并没有对海上交通运输业进行单独核算。本书根据我国水上运输部门（Water Transport）的综合情况，推演出我国海上交通运输业在全球价值链的地位。通过 2010—2017 年各部门数据计算海上交通运输业基于全球价值链的前向联系生产长度，结果如图 8-1-22 所示。

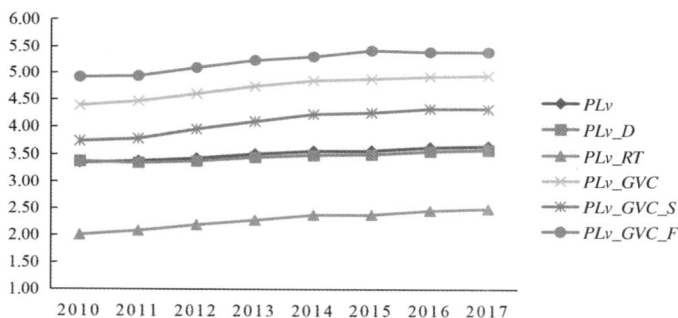

图 8-1-22　海上交通运输业基于前向联系的全球价值链长度分析

可以看出，在 2010—2016 年，各类基于前向联系的生产长度均维持一个缓慢的上涨趋势。PLv 稳定上升，海上交通运输业总体的前向联系生产长度上升，说明我国积极实行对外开放，参与世界分工取得了一定效果。PLv_D 上升，即海上交通运输业的总体纯国内生产长度上升，说明海上交通运输业国内生产活动带来的增加值增加。PLv_RT 上升，即基于前向联系总体传统贸易国内生产长度增加，说明海上交通运输业在我国传统贸易生产活动中生产环节数增多，生产专业化分工程度提升。PLv_GVC 上升，即基于前向联系的全球价值链长度上升，说明我国海上交通运输业在全球价值链的参与程度提高。PLv_GVC_S 和 PLv_GVC_F 上升，即基于前向联系的简单和复杂全球链生产长度上升。以上价值链长度指数表明，我国海上交通运输业给国内带来的增加值上升，生产分工专业化程度提升，参与世界分工取得了一定效果。

图 8-1-23 为海上交通运输业基于后向联系的全球价值链长度分析。可以发现，在 2010—2017 年，各类基于后向联系的全球价值链长度均呈现出一定

的上升趋势，说明我国海上交通运输业基于后向联系生产环节数增长，中国海上交通运输业与世界生产联系加强，生产环节数有所提高，专业化有所加强。

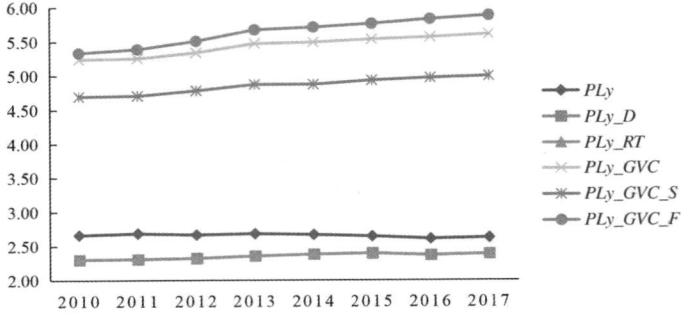

图 8-1-23　海上交通运输业基于后向联系的全球价值链长度分析

（2）海上交通运输业基于全球价值链的深度分析

海上交通运输业基于全球价值链的深度可以用生产地位指数（POS_TPL）来衡量，根据 2010—2017 年我国海上交通运输业前后向生产长度计算出生产地位指数，如图 8-1-24 所示。结果显示，2010 年以来，我国海上交通运输业生产地位指数均大于 1，表明我国海上交通运输业处于世界生产的上游环节。整体上来看，我国海上交通运输业的生产地位指数呈现出显著的上升趋势，说明我国海上交通运输业在全球价值链中不断向上游延伸，在世界生产中的地位有所上升。

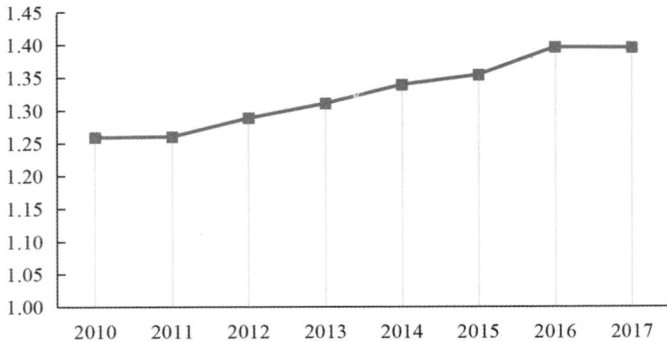

图 8-1-24　我国海上交通运输业生产地位指数

综合以上分析可知：我国各海洋产业的全球价值链长度有所增加，我国海洋产业参与世界分工的程度有所加深，在国际分工中的地位虽然较美国等发达国家仍有一定差距，但随着"海洋强国"战略的实施，我国海洋产业在国际分工中的地位也日益提升，我国海洋经济逐渐实现"走出去"战略，积极参与国际竞争，提高开放发展水平，并带动了其相关产业融入全球价值链当中，推动国民经济开放发展。

8.2 海洋产业全球价值链分工地位的影响作用

8.2.1 海洋经济微观主体发展效率

本书分析海洋产业价值链分工地位对海洋经济微观主体发展效率的影响效应。首先对海洋经济微观主体进行了识别和判定。

第一，涉海上市公司相关判定标准。

根据以上分析，这里将主营业务涉及海洋产业的公司视为涉海上市公司。其主要包括海洋渔业、海洋水产品加工业、海洋化工业、海洋油气业、海洋船舶工业、海洋交通运输业、海洋工程装备制造业、海洋旅游业、海水淡化与综合利用业、海洋新能源产业、海洋生物医药产业等。

在界定涉海上市公司时还可以对涉海主营业务量指标做出限定：上市公司涉海业务收入占公司总收入的50%及以上，若上市公司涉海业务收入占比低于总收入的50%，该项业务收入必须在总收入中占最大比例。同时，参考自然资源部与深交所于2020年10月14日共同发布的"国证蓝色100指数"，确定最终选取的涉海上市公司范围。

根据涉海上市公司定义以及判定标准，参照wind数据库和东方财富数据库，对各公司的主营业务进行分析，最终确定涉海上市公司92家，包含海洋新兴产业和海洋传统产业，如表8-2-1所列。

第二，涉海企业发展效率测度的原则。

本书采用DEA方法对涉海企业发展水平进行测度，相关指标选取原则有以下几点。

科学性原则。为得到准确有效的研究结果，所选定的投入产出指标必须可以客观反映决策单元的实际情况。

可比性原则。每一个指标应该反映不同对象共同的属性，指标的计量单位、计算口径和计算时间应该保持一致。

简洁性原则。指标的数量在保证可以满足实证目的的前提下应该尽可能简洁，以便高效的发挥DEA方法的评价功能。

可操作性原则。DEA方法要求投入产出指标数据为正数，因此需要保证数据为正，才能得出有意义的结果。

表 8-2-1　涉海上市公司名单

证券简称	所属行业	证券简称	所属行业
中集集团	海洋工程装备制造业	广州港	海洋交通运输业
振华重工	海洋工程装备制造业	中远海特	海洋交通运输业
华东重机	海洋工程装备制造业	大连港	海洋交通运输业
东方电缆	海洋工程装备制造业	日照港	海洋交通运输业
润邦股份	海洋工程装备制造业	恒基达鑫	海洋交通运输业
中潜股份	海洋工程装备制造业	营口港	海洋交通运输业
石化机械	海洋工程装备制造业	中创物流	海洋交通运输业
北斗星通	海洋工程装备制造业	北部湾港	海洋交通运输业
金风科技	海洋工程装备制造业	招商南油	海洋交通运输业
大连重工	海洋工程装备制造业	宁波海运	海洋交通运输业
汉缆股份	海洋工程装备制造业	珠海港	海洋交通运输业
宝鼎科技	海洋工程装备制造业	皖通科技	海洋交通运输业
星网宇达	海洋工程装备制造业	中远海科	海洋交通运输业
日丰股份	海洋工程装备制造业	辽港股份	海洋交通运输业
广电计量	海洋工程装备制造业	锦州港	海洋交通运输业
海兰信	海洋工程装备制造业	渤海轮渡	海洋交通运输业
海默科技	海洋工程装备制造业	保税科技	海洋交通运输业
泰胜风能	海洋工程装备制造业	连云港	海洋交通运输业
中海达	海洋工程装备制造业	海峡股份	海洋交通运输业
天和防务	海洋工程装备制造业	长航凤凰	海洋交通运输业
力合科技	海洋工程装备制造业	南京港	海洋交通运输业
中科海讯	海洋工程装备制造业	盐田港	海洋交通运输业
巴安水务	海水淡化与综合利用业	宏川智慧	海洋交通运输业
国联水产	海洋渔业	中信海直	海洋交通运输业
开创国际	海洋渔业	滨化股份	海洋化工业
好当家	海洋渔业	山东海化	海洋化工业
天宝食品	海洋渔业	多氟多	海洋化工业
东方海洋	海洋渔业	航锦科技	海洋化工业
中水渔业	海洋渔业	天赐材料	海洋化工业
海油发展	海洋油气业	鲁北化工	海洋化工业

证券简称	所属行业	证券简称	所属行业
中海油服	海洋油气业	海油工程	海洋工程建筑业
獐子岛	海洋水产品加工	围海股份	海洋工程建筑业
海欣食品	海洋水产品加工	中船科技	海洋工程建筑业
大连圣亚	海洋旅游业	天能重工	海洋工程建筑业
中远海控	海洋交通运输业	永福股份	海洋工程建筑业
上港集团	海洋交通运输业	中国重工	海洋船舶工业
宁波港	海洋交通运输业	中船防务	海洋船舶工业
中远海发	海洋交通运输业	中国船舶	海洋船舶工业
厦门港务	海洋交通运输业	亚光科技	海洋船舶工业
中远海能	海洋交通运输业	天海防务	海洋船舶工业
天津港	海洋交通运输业	亚星锚链	海洋船舶工业
招商轮船	海洋交通运输业	江龙船艇	海洋船舶工业
唐山港	海洋交通运输业	国瑞科技	海洋船舶工业
青岛港	海洋交通运输业	闽东电力	海洋新能源产业
招商港口	海洋交通运输业	大金重工	海洋新能源产业
华贸物流	海洋交通运输业	爱朋医疗	海洋生物医药业

第三，涉海企业发展效率的投入产出指标确定。

投入指标。根据指标选取原则，这里选择涉海上市公司的资产总额和营业总成本作为分析效率的投入指标。资产总额是指公司拥有或控制的、预计未来可以给公司带来经济性利益流入的全部资产，该指标可以客观反映公司规模的大小。营业总成本是指企业在生产销售产品或者提供劳务过程中发生的成本和其他营业成本的总和，该指标可以反映公司在经营过程中的投入。

产出指标。根据指标选取原则，这里选择涉海上市公司的营业总收入和利润总额作为效率分析的产出指标。营业总收入是公司在从事销售商品或者提供劳务等日常经营业务过程中所形成的全部经济利益流入和其他营业收入之和，该指标反映公司的产出能力。利润总额是指公司在生产经营过程中产生的经济性流入扣除各种相关费用后的盈余，该指标反映公司的运营水平，见表8-2-2。

表 8-2-2　投入产出指标

投入指标		产出指标	
营业总成本	资产总额	营业总收入	利润总额
X1	X2	Y1	Y2

第四，涉海企业发展效率的变化分析。

从涉海企业发展效率来看，假如效率值达到 1，那么就可以说这个决策单元是 DEA 有效的，此时这家上市公司是处于生产前沿面上的。

（1）分行业涉海上市公司发展效率分析

表 8-2-3 和图 8-2-1 为分行业涉海上市公司发展效率的基本情况，可以看出不同海洋产业的涉海上市公司发展效率值有较大的差别，其中海洋生物医药业、海洋油气业的涉海上市公司发展效率较高，说明该行业内的涉海上市公司具有相对较高的发展质量。海洋新能源产业的发展效率值较低，说明海洋新能源产业的涉海上市公司发展质量有待提高。未来在国家政策支持的背景下，海洋新兴产业的高质量发展水平将会得到巨大提升。

表 8-2-3　分行业涉海上市公司发展效率分析

行业名称	效率
海洋渔业	0.6555
海洋水产品加工业	0.7736
海水淡化与综合利用业	0.6648
海洋船舶工业	0.7062
海洋工程建筑业	0.7340
海洋化工业	0.7643
海洋交通运输业	0.7302
海洋旅游业	0.7072
海洋生物医药业	0.8578
海洋新能源产业	0.6096
海洋油气业	0.8114
海洋工程装备制造业	0.7286

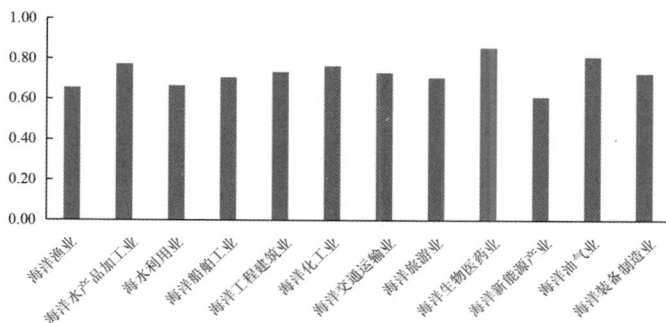

图 8-2-1 分行业涉海上市公司发展效率分析

（2）分年度涉海上市公司发展效率分析

表 8-2-4 和图 8-2-2 为分年度涉海上市公司发展效率的基本情况，可以看出随着时间的变化，涉海上市公司的发展效率值也发生了一定的变化，呈现出一定幅度的下降趋势，但是在 2019 年，涉海上市公司发展效率值出现了明显的上升趋势。从图中的趋势可以看出，涉海上市公司的增长质量呈现出一个先下降再上升的过程，究其原因，2008 年全球金融危机导致全球经济萎靡，而大

表 8-2-4 分年度涉海上市公司发展效率分析

考察年度	效率
2007	0.7714
2008	0.7811
2009	0.7353
2010	0.7643
2011	0.7419
2012	0.7243
2013	0.7165
2014	0.7254
2015	0.6993
2016	0.6979
2017	0.7031
2018	0.6988
2019	0.7336

多涉海上市公司有比重较大的海外业务，导致涉海上市公司发展受阻，涉海上市公司的发展效率值下降，公司高质量发展状况有所恶化。但是随着近年来，我国实行"海洋强国"战略和"一带一路"政策，使得涉海上市公司的发展状况大有改善，其投入产出效率逐渐提高，涉海上市公司高质量发展水平得到提升。

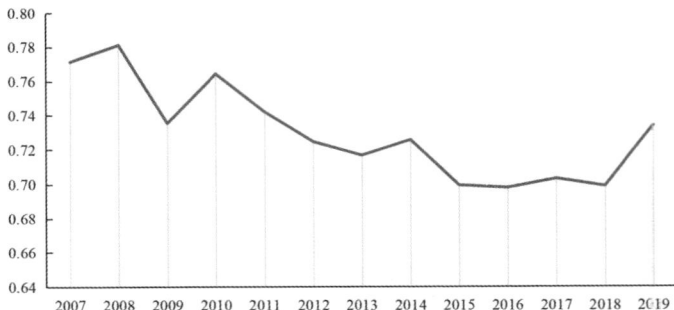

图 8-2-2　分年度涉海上市公司发展效率

8.2.2　海洋产业全球价值链分工的影响作用检验

第一，理论分析。

企业处于产业链中可以有更多方式来获取经营活动所需的资源和能力。其中，内部化的企业管理和外部化的市场交易是企业最基本的获取资源的方式（Coase，1937）。但随着生产方式发展变化，基于产业链上下游的战略合作形成动态联盟逐渐成为第三种资源获取方式（Porter，1985）。相较于市场交易和内部化策略，战略联盟更加强调企业间的专业分工、资源共享、优势互补和长期合作。对企业而言，企业间战略联盟的基础在于资源互补性，从而使有独特资源的企业结成联盟，抵补彼此间的资源差异，进而产生互惠互利的效果（Stuart，1998）。与此同时，适度的资源互补能够在一定程度上缓释战略联盟中可能出现的机会主义风险，促进企业发展。而参与全球价值链，不仅可以获得战略联盟的有利之处，还可以拓展国际化事业，更加促进了涉海上市公司的高质量发展。因此，这里提出假设：海洋产业价值链分工地位越高越能够促进涉海上市公司高质量发展。

第二，样本、变量及模型选择。

（1）样本的选择

由于数据限制，只能获得 2010—2017 年涉海上市公司所在产业的产业价值链增值数据。因此，本书使用 2010—2017 年涉海上市公司数据，探究涉海上市公司参与全球价值链分工对涉海上市公司高质量发展的影响。

（2）变量的选择

①因变量——涉海上市公司高质量发展水平。效率筛选是优胜劣汰的根本准则，企业效率是企业经营业绩和存续能力的最直接体现，因此，选择企业发展效率作为企业高质量发展的衡量有一定的科学性和实用性。使用涉海上市公司发展效率作为涉海上市公司高质量发展水平的衡量指标。

②自变量——涉海上市公司参与世界分工程度。使用 PLv、PLv_d、PLv_rt、Ply、PLy_d、PLy_rt 来表示涉海上市公司参与世界分工的程度。由于数据限制，本书使用涉海上市公司所在产业的全球价值链长度来衡量。其中，PLv 为涉海上市公司基于前向联系的生产长度、PLv_d 为涉海上市公司基于前向联系的纯国内生产长度、PLv_rt 为涉海上市公司基于前向联系的总体传统贸易国内生产长度;PLy 为涉海上市公司基于后向联系的生产长度、PLy_d 为涉海上市公司基于后向联系的纯国内生产长度、PLy_rt 为涉海上市公司基于后向联系的总体传统贸易国内生产长度。

③控制变量。由于企业规模和资产负债率等公司基本面信息会对涉海上市公司的投入产出效率产生影响，本书选择企业规模（Size）和企业资产负债率（Lev）作为控制变量。同时，不同年度和行业可能对涉海上市公司的效率产生不同的影响，这里同时控制了年度和行业效应。

（3）模型的选择

根据豪斯曼检验结果，使用双向固定效应模型，检验涉海上市公司参与全球分工对涉海上市公司高质量发展的影响。构建以下模型：

$$Efficient=\beta_0+\beta_1 Part+\beta_2 Size+\beta_3 Lev+Year+Ind+\varepsilon \qquad 8\text{-}2\text{-}1$$

式中，$Part$ 为涉海上市参与世界分工的程度，包括 PLv、PLv_d、PLv_rt、Ply、PLy_d、PLy_rt 六个变量；$Efficient$ 表示涉海上市公司的发展效率，用来衡量涉海上市公司发展质量；$Size$ 和 Lev 为控制变量;$Year$ 和 Ind 分别为年度效应和行业效应;ε 为随机误差项。

第三，实证结果分析。

表 8-2-5 为主要变量的相关性分析，涉海上市公司高质量发展状况与涉海上市公司参与全球分工的程度有着明显的正相关关系。其中，涉海企业所在产业基于后向联系的全球价值链分工程度与涉海企业高质量发展水平的相关系数显著为正。

表 8-2-5 相关性分析

	Effient	PLv	PLv_d	PLv_rt	PLy	PLy_d	PLy_rt
Effient	1						
PLv	0.071 8	1					
PLv_d	0.042 2	0.961 9** *	1				
PLv_rt	0.013 9	−0.113 5**	−0.219 4** *	1			
PLy	0.136 4** *	−0.361 8** *	−0.386 9** *	0.054 8**	1		
PLy_d	0.120 0** *	−0.374 2** *	−0.402 2** *	0.105 6**	0.991 2** *	1	
PLy_rt	0.120 0** *	−0.374 2** *	−0.402 2** *	0.105 6**	0.991 2** *	1.000 ***	1

表 8-2-6 为涉海上市公司所在产业价值链分工对涉海上市公司高质量发展的回归结果。从涉海上市公司所在产业基于前向联系的价值链长度对涉海上市公司发展效率的回归结果中可以看出，涉海上市公司基于前向联系生产长度的

表 8-2-6 产业价值分工对涉海上市公司高质量发展的回归结果

变量	基于前向联系的价值链长度			变量	基于后向联系的价值链长度		
	Effient	Effient	Effient		Effient	Effient	Effient
Plv	0.017 ***			Ply	0.035 ***		
	(3.68)				(3.34)		
Plv_d		0.007		Ply_d		0.039 ***	
		(0.90)				(3.28)	
Plv_rt			0.008	Ply_rt			0.039 ***
			(0.96)				(3.28)
Size	−0.032	0.003	0.005	Size	0.003	0.004	0.004
	(−1.47)	(0.79)	(1.08)		(0.76)	(0.83)	(0.83)
Lev	0.008 *	0.003	0.004	Lev	0.004	0.004	0.004
	(1.88)	(0.15)	(0.25)		(0.19)	(0.19)	(0.19)
Constant	1.077 **	0.664 ***	0.638 ***	Constant	0.591 ***	0.588 ***	0.588 ***
	(2.45)	(6.94)	(6.22)		(6.26)	(6.18)	(6.18)
Observations	386	386	386	Observations	386	386	386
R-squared	0.056	0.022	0.023	R-squared	0.040	0.040	0.040

上升能够有效提升涉海上市公司发展效率，进而对涉海上市公司高质量发展产生正向影响。涉海上市公司所在产业的基于前向联系纯国内生产长度和基于前向联系总体传统贸易国内生产长度对涉海上市公司发展效率的系数为正，但是不显著，说明涉海上市公司所在产业的基于前向联系纯国内生产长度和基于前向联系总体传统贸易国内生产长度对涉海上市公司高质量发展的作用有限。从涉海上市公司所在产业基于后向联系的价值链长度对涉海上市公司发展效率的回归结果中可以看出，涉海上市公司基于后向联系的各指标能够有效提升涉海上市公司发展效率，进而对涉海上市公司高质量发展产生正向影响。从总体上来看，相较于基于前向联系参与全球价值链分工，涉海上市公司基于前向联系和基于后向联系参与全球价值链分工对涉海上市公司的高质量发展影响更为显著。

综合以上分析可知：① 涉海企业产业价值链分工地位有助于提高涉海企业发展效率，提升涉海企业高质量发展水平，说明涉海企业应当更多参与到世界分工中，以提升自身发展水平。② 相较于前向联系的价值链长度情况，涉海企业基于后向联系的价值链长度更能够促进其高质量发展水平。

9　助推海洋高质量发展战略要地的对策建议

本书梳理了海洋经济在服务于我国经济社会发展中的贡献和作用。海洋经济作为我国国民经济增长的蓝色引擎，海洋强国战略的重要支撑，生态文明建设的重要阵地，"一带一路"建设海上合作的主线，是撬动高质量发展的重要沿海支点，对我国经济运行、社会就业、资源合理开发、环境保护恢复具有重要的贡献与作用。本书取得了全面、客观且具有启发性的结论，这些结论之间相互补充、相互印证，对海洋经济服务于我国经济社会发展的地位和作用形成了全方面立体的认识，避免了以往分析的局限性、零散性和片面性。本书基于前文的分析结论，从海洋资源开发利用、海洋生态环境保护、海洋科技支撑、海洋制度创新等角度给出助推海洋高质量发展战略要地的对策建议。

9.1　海洋经济在我国经济社会中的贡献与作用

9.1.1　海洋经济在国民经济运行中占据重要地位

海洋经济对国民经济的发展具有带动作用。海洋经济的发展能够促进国民经济总量增长，通过海陆经济的耦合协调发展程度提升，海陆经济投资的互动促进，推动国民经济高质量发展。

海洋经济促进国民经济增长作用突出。从海洋生产总值的贡献分析来看，2001 年至 2020 年，我国海洋生产总值逐年增加，稳步上升，从 2001 年的 9 518.4 亿元增加到 2021 年的 90 385 亿元，增加了约 8.5 倍。同时，海洋生产总值占国内生产总值的比例维持在 9% 上下波动，并且呈现出震荡攀升态势。其中，2003—2006 年处于快速增长阶段，所占比例由 8.7% 提高到 9.84%；此后 2007—2019 年长达 12 年时间里，呈现出小范围上下波动趋势，逐渐趋于平稳。总体来看，海洋经济对国民经济规模贡献的相对份额较大且稳定。2020 年，由于疫情前所未有的冲击，海洋生产总值下降，海洋生产总值占国内生产总值的比例下滑至 7.8%。从主要海洋产业贡献来看，我国主要海洋产业规模持续稳步扩张，增长速度逐步有放缓并趋于稳定的趋势。海洋旅游业、海洋交通运输业、海洋渔业的直接贡献与间接贡献的趋势均大致一致。其中，"十二五""十三五"期间，海洋渔业和海洋交通运输业在我国"调结构、转方式"的经济政策与生态文明建设的引导下，进入转型升级巩固期，两者的直接贡献率和间接贡献率均有所下降。相较而言，海洋旅游业对我国经济发展的贡献度相对稳定，但其受疫情影响严重，随着我国疫情防控工作取得重大成效，我国海洋旅游业开始逐步回升。从周期协动性来看，海洋经济和国民经济总体协动性较强。国民经济周期波动能够波及海洋经济周期，但海洋经济周期波动对国民经济周期波动的影响不大。

海洋经济与陆域经济的耦合协调发展程度不断提升。2006—2019年，海洋经济与陆域经济两系统相互促进、相互提升的作用逐渐增强，由初始的失调衰退阶段逐步提升为良好耦合协调阶段。在"十二五"期间，陆海经济系统耦合协调度由初级耦合协调上升到良好耦合协调阶段，并在"十三五"期间保持持续向好的稳定态势。在海洋经济圈陆海经济系统耦合协调方面，三大海洋经济圈于2014年基本实现了陆海经济中级耦合协调发展状态；在我国陆海统筹战略下，三大海洋经济圈开始向优质耦合协调发展迈进。在陆海经济投资的联动性分析方面，2007—2013年，陆海经济投资网络的网络密度加大、核心节点增多，网络持续良性发育的同时海洋经济投资活动明显增加；2013—2019年，陆海经济投资网络呈现集聚化发展，海洋经济投资逐渐趋于理性的同时更加注重产业集聚带来的优势，核心区域对海洋经济发展的推动作用逐渐凸显。2019—2020年，涉海投资网络呈现聚集化变动，说明面对突发事件冲击时海洋经济与陆地经济能够自发形成缓冲机制，缓解突发事件造成的经济损失。

海洋经济带动国民经济开放发展的作用逐渐凸显。从海洋产业来看，通过计算我国海洋产业参与全球价值链的长度与深度，发现各海洋产业的全球价值链长度有所增加，我国海洋产业参与世界分工的程度有所加深，在国际分工中的地位虽然较美国等发达国家仍有一定差距，但随着"海洋强国"战略的实施，我国海洋产业在国际分工中的地位也日益提升，我国海洋经济逐渐实现"走出去"，积极参与国际竞争，提高开放发展水平，并带动了其相关产业融入全球价值链当中，推动国民经济开放发展。从涉海企业发展效率来看，随着国际分工发展，商品生产网络包括了其生产过程中所有参与主体，由大量相互关联的企业组成全球性的生产网络，参与世界分工不仅提高了涉海企业的风险抵御能力、主营业务活力和研发创新能力，而且提高了国内企业与国外企业之间的联系，促进了企业高质量发展，带动国民经济不断实现开放发展。

9.1.2　海洋经济在社会就业改善中促进作用显著

海洋经济的发展能够改善社会民生。海洋经济的发展能够充分吸纳就业，带动财政收入和外汇收入，推动科技进步。

海洋经济为国民就业提供广阔空间。海洋经济作为国民经济新的增长点，具有较强的社会就业吸纳能力。2006—2019 年，我国沿海地区涉海就业人数由 2 943.4 万人增长到了 3 784.7 万人；占全社会就业人员的比重从 9.43% 提高到了 10.32%。在此期间，我国海洋产业就业弹性为 0.2810，即海洋产值每增加1%，就业人数增加 0.2810%，远高于整体就业弹性 0.1186。海洋经济发展对我国沿海地区总体就业具有显著地正向贡献作用，特别是在 2018 年刘易斯拐点出现之后，涉海就业的持续稳定对社会总体就业规模的下滑起到了良好的缓冲作用。从区域角度来看，由于各沿海地区的资源禀赋和产业结构存在差异，不同区域海洋产业的就业弹性与就业贡献率也略有不同，东部海洋经济圈经济发达，海洋产业专业化程度高，吸纳了大量劳动力，就业贡献率较高；南部海洋经济圈海洋经济规模优势，支撑其涉海就业贡献率；北部海洋经济圈的涉海就业率相对较低。总体上，海洋产业对就业的吸纳能力较强，为国民就业提供广阔空间，为切实解决我国社会就业这一重大民生问题提供保障。

海洋经济发展推动财政收入稳步提升。从全国水平来看，海洋生产总值每增加一个百分点，全国财政收入将增加 1.18 个百分点。从区域层面来看，天津市、河北省、辽宁省、海南省、上海市、山东省高于全国平均水平，分别为 1.32、2.1、1.42、1.46、1.61、1.23。从产业部门来看，传统海洋产业的带动效应依然起到主导作用，其中又以海洋化工业、海洋交通运输业、海洋油气业为主力军，新兴海洋产业增势显著，但现有发展水平参差不齐，且由于多为高新技术产业，对科技含量要求高，相关扶持政策也仍处于发展阶段。从不同税收来源看，海洋经济的引致税收收入弹性在消费税、所得税、以及增值税三方面起显著带动作用，其中，增值税收入带动效应最为明显，紧接其后的是企业所得税。但 11 个沿海地区的引致税收收入弹性之间存在不均衡的问题。

9.1.3　海洋经济在推动科技进步方面潜力巨大

海洋经济发展需求带动科技进步。由于海洋生态环境复杂多变、海洋资源有限，发展海洋经济需要依靠科技创新合理地开发海洋，因此，海洋经济高质量发展需求是科技进步的源动力。

基于参数估计的科技进步贡献率测算结果显示：不同时期海洋科技进步贡献率不同，"十一五"期间的海洋科技进步贡献率为68.65%，随后在"十二五"时期、2016—2019年时段海洋经济的科技进步贡献率出现轻微下降，并低于同期国民经济的科技进步贡献率，说明我国科技进步对于海洋领域的促进作用还存在较大的提升空间。基于非参数估计的科技进步分析，2006—2019年我国海洋经济全要素生产率为1.162，技术进步指数和技术效率变化指数为1.151与1.01。与此同时，我国海洋经济全要素生产率波动较为稳定，技术效率变化指数的变动趋势与海洋经济全要素生产率基本一致，海洋经济技术进步指数稳中有降，但其数值均大于1。海洋经济技术进步与国民经济技术进步对经济发展具相同的正向作用，且海洋经济技术进步略高于国民经济技术进步。基于绿色发展视角的科技进步分析，海洋经济绿色技术进步指数高于国民经济绿色技术进步指数。绿色发展视角下，海洋经济发展对我国科技进步有显著的积极贡献。海洋经济的持续快速发展对于推动我国整体技术进步举足轻重。特别是在当前绿色发展理念的引导下，海洋经济绿色发展是推进我国科技进步的重要力量。

基于要素偏向的绿色技术进步分析，全国层面与三大海洋经济圈的结果表明，海洋经济的绿色发展主要依赖于绿色技术进步，特别是投入偏向性绿色技术进步和产出偏向性绿色技术进步。同时，产出偏向性绿色技术进步略高于投入偏向性技术进步，表明海洋经济的绿色发展能够带来产出更多的科技进步，而及时调整投入结构能够有效促进海洋经济的绿色化发展转型。但是，沿海地区和三大海洋经济圈的国民经济绿色发展均依赖于绿色技术进步，投入偏向性绿色技术进步和产出偏向性绿色技术进步均有积极贡献，对绿色全要素生产率的作用均是提高。

9.1.4 海洋经济在资源环境保护中协同作用强劲

海洋经济高质量发展对海洋资源环境保护提出了要求。在国家战略及政策的大力支持下，我国海洋经济与海洋资源环境协同发展程度在不断提高，逐步实现海洋经济与海洋资源环境协同发展的良性循环模式。

海洋经济与海洋资源协同发展势头良好。我国海洋经济系统与海洋资源系统协同度整体呈现三个发展阶段。第一个发展阶段为2006—2009年，不规律波动是此阶段海洋经济系统与海洋资源系统协同度变化的主要特征。2007年海洋经济系统与海洋资源系统协同状态由初级协调发展阶段跃升至螺旋发展上升阶段，但之后一年迅速跌至发展失衡阶段，然后2009年又回升至初级协调发展阶段。第二个阶段为 2010—2017 年，稳定发展是此阶段海洋经济系统与海洋资源系统协同度变化的主要特征，此阶段海洋经济与海洋资源的协同关系稳定在高水平的螺旋发展上升阶段。第三个阶段为 2018 年至今，海洋经济系统与海洋资源系统的协同程度有所回落。从沿海地区层面上看，多数区域的海洋经济系统与海洋资源系统协同发展度呈现波动上升趋势，虽然个别沿海地区在较早期间内出现海洋经济系统与海洋资源系统发展失调的问题，但在"十二五"时期、"十三五"时期呈现出改善状态。

海洋经济与海洋环境协同发展呈现螺旋式改善。2006—2019 年，海洋经济系统与海洋环境系统的协同度从全国水平来看处于波动状态。全国及各沿海地区海洋经济系统与海洋环境系统协同发展度呈现螺旋上升的改善趋势。从沿海地区层面上看，大部分沿海地区的海洋经济系统与海洋环境系统的协同发展度处于初级协调发展到螺旋式上升阶段，个别沿海地区达到了极限发展阶段。从海洋经济圈来看，北部海洋经济圈和东部海洋经济圈的海洋经济系统与海洋环境系统的协同度均有了不同程度的提高，南部海洋经济圈海洋经济系统与海洋环境系统的协同度大致处于较高水平。但是，不论是海洋经济圈，还是个别沿海地区，协同度呈现短期波动状态。

9.2 我国海洋资源开发与利用策略

9.2.1 制止过度开发，保证海洋资源可持续利用

海洋经济是一种资源依托性很强的经济活动，保证海洋资源的可持续利用才是海洋经济高质量发展的根本。由前文分析可知，各沿海地区有不同的海洋优势产业，要在防止海洋资源过度开发的基础上，继续发挥海洋优势产业的经济带动能力，提高海洋资源配置效率，实现海洋经济与海洋资源协同发展的良性循环。

海洋作为高质量发展战略要地，首先应从国家层面制定全国海洋开发总体规划，然后沿海地区根据自身发展特点，在总体规划要求下，制定地区性海洋发展规划。一方面，要科学选划海洋功能区，确保与国土空间规划体系相协调，以实现"多规合一"。同时要在海洋资源可持续利用基础上，明确区域海洋功能及其保护政策，促进海洋资源的可持续利用。另一方面，要科学制定海洋产业政策，确保海洋产业政策以海洋资源可持续利用为导向，以海洋生态环境平衡发展为目标。

此外，海洋资源的可持续利用还体现在以下方面。一是加强渔业资源保护，科学确定渔业捕捞总量，严格执行伏季休渔措施，防止渔业资源的过度开发，推动海洋渔业逐步向近海养护、深海养殖、远洋捕捞转变。二是挖掘海洋旅游资源的社会、文化价值；保证现有的自然岸线、滩涂和浅海资源符合环境要求，科学开发适合于海洋旅游的岸线、滩涂和浅海资源，打造特色绿色旅游产品，发展生态友好型海洋旅游产业，继续发挥海洋旅游业对就业和收入的增长拉动效应。三是保证海洋药用动植物养殖区的环境符合要求，以保障海洋药物生产的安全。四是维护海上运输线的通畅，保证国民经济所需能源的安全持续供给。

9.2.2 进行资源勘探，建立海洋资源开发服务基地

海洋蕴含着丰富的资源，这些资源又为区域经济发展提供了拉动和支撑作用。因此，各个国家和地区都在加紧进行海洋资源的勘探工作，以抓住海洋经济发展机遇。我国也需加大海洋资源勘探力度，掌握海洋资源勘探开发的主动权和主导权。建立相应的海洋资源开发服务基地，为资源开发提供全方位的、配套的服务体系。

一是建立海洋油气资源勘探开发服务基地。突破近海非常规油气关键开发技术，夯实海洋油气发展的基础；加大勘探开发力度，实现海洋油气产业的未来接替；实现天然气水合物的商业化开采，推动海域"三气合采立体开发"；更好地平衡国家石油战略储备基地与发展商业石油储备和成品油储备。二是建立海洋渔业资源开发服务基地。推进渔港建设，发展渔港经济，提高渔业防灾减灾能力；加强国家海洋渔业生物资源库建设，促进海洋渔业产业健康安全发展。三是建立海洋矿产资源开发服务基地。加快国际海底矿区勘探进程，构建深海矿产开发产学研用体系，实现海底矿产勘探的精准性和绿色高效性。

9.2.3 统筹陆海资源，规划陆海产业一体化布局

海洋和陆地是各类自然资源的载体，这也决定了其不可分割的性质。习近平总书记在党的十九大报告中明确提出了"坚持陆海统筹，加快建设海洋强国"的要求，这有利于促进区域协调发展，构建国内国际双循环的新发展格局。因此，应从整体上规划陆海产业一体化布局，推动海洋产业与陆域相关产业部门在生产要素一体化配置、信息共享等方面积极合作，使生产要素配置日趋合理，海洋经济与陆域经济步入良性发展阶段。

一是建设沿海大通道。对高铁、高速公路、机场、港口等进行统一规划，

保障沿海物流、人流、资金流、信息流的畅通、快捷，促进国内大流通。二是科学布局沿海产业集群。聚焦陆海资源的统筹开发，围绕市场需求，积极培育新兴产业和优势产业，壮大一批专业化研发服务机构和企业，形成一批具有竞争力的产业聚集基地，进而形成参与国际合作和竞争的新优势，从而主动融入国际经济的大循环。

9.3 我国海洋经济发展的生态环境保护策略

9.3.1 加强海域污染管控，提升海洋生态环境质量

由前文分析可知，我国海洋经济与海洋环境协同发展度仍有较大改善的空间，海洋生态环境仍需进一步加强保护。其中，陆源污染问题是造成海洋生态环境恶化的主要原因，因此应从根本入手，加强海域污染防控，提升海洋生态环境保护水平，助力我国海洋经济推动国民经济发展。

一方面，控制与减轻沿海工业对海域生态环境的污染。一是加强工业污染源的治理，推动企业实行清洁生产模式，加快工业转型升级，减少污染物排放，增强废物再利用。二是控制污染物入海总量，做好重点排污口监测工作，加强环境监测网络建设。三是严把新建项目审核，执行"环保第一审批制"，杜绝"先污染后治理"现象。四是按照"谁污染，谁负担"的原则，进行专业处理和就地处理，提高陆源污染物的源头治理能力。

另一方面，控制各海洋产业对海洋生态环境的污染行为。一是加强船舶污染管理，实施船舶污染设备铅封制度，建立大型港口废水、废油、废渣回收与处理系统，新建船舶必须严格按照要求配备防污染设施。二是制定港口环境污染事故应急计划，对港口大气污染、油气污染等事件制定详细的应对策略。三是优化海水养殖空间布局，降低养殖水域滩涂利用强度，发展生态养殖模式，改善污染的水产养殖环境。四是防控海上作业污染，例如，在钻井、采油作业平台应配备污水处理设施，在石油勘探开发时应制定溢油应急预案等。

9.3.2 强化海洋生态修复，改善海洋生态系统服务功能

针对已经受损和退化的海洋生态系统进行生态修复是维护海洋生态环境的有力手段。应从整体性出发，着眼海洋生态系统的自然特点，落实整体保护、系统修复、综合治理的要求，明确生态修复的目的和原则，从而改善海洋生态系统质量，提升海洋生态系统服务功能。

一是加强海岸带综合保护，划定岸线保护的"红线区"，实施岸线有偿使用

制、涉岸项目准入制，对遭到破坏的岸线进行抢救性修复。同时提升海岸带的社会、科学和文化价值，形成以观光、休闲度假为主的旅游海岸；在海洋生态环境保护的基础上，集中安排特定海岸带，集约发展各海洋产业，提高经济效率。二是加强对红树林、盐沼、海草床等生态系统的保护、监测与生态修复，继续实施"蓝色海湾""生态海堤"等国家重大生态工程，建立预防外来物种入侵的国家生物安全保障体系。三是加强海岛和海洋自然保护区管理，探索建立生态物联网示范基地，因地制宜修复海岛和海洋自然保护区的生态环境。四是加快海洋生态补偿制度的落地与实施，建立起完善的"污染者治理，利用者付费，开发者保护，破坏者补偿"制度。五是提升海洋灾害防御能力，使海洋生态修复工作得以有效开展。

9.3.3　发展低碳海洋经济，助力双碳目标实现

2020 年 9 月 22 日，中国国家主席习近平在第七十五届联合国大会一般性辩论上提出了"力争于 2030 年前达到二氧化碳排放量峰值，2060 年前实现碳中和"的碳减排目标。这表明实现碳中和已然成为我国未来一段时期应对气候变化的重要任务。因此，应尽快建设海洋低碳发展之路，为碳达峰、碳中和目标实现提供有力支撑，也为海洋生态环境保护提供有效助力。

一是发展低碳船舶，减少船舶运输排放的污染量。突破船舶低碳技术研发攻关，继续推进船舶清洁燃料替代化石燃料的步伐，并加快其市场化应用进程。二是发展海洋可再生能源，减少对化石能源的依赖，从而保护海洋生态环境。积极研发海上风电、波浪能、海洋热能和生物能等海洋可再生能源，推进海洋可再生能源产业化开发平台建设，为海洋能装备产业链发展提供必要保障。三是加强近海碳汇生态营造，利用海洋生物捕获二氧化碳。鼓励沿海地区发展具有固碳能力的海洋生物养殖产业，建设固碳减排的新型海洋牧场；推动建立海洋碳汇交易市场，为融入全球海洋碳汇交易产业提前布局。

9.4　我国海洋经济增长的科技支撑策略

9.4.1　加速海洋传统产业升级，积极培育海洋战略性新兴产业

目前我国海洋产业结构正处于转型期，很多海洋新兴产业发展尚处于初期，海洋高新技术产业的比重较小，这会严重限制我国海洋经济增长步伐。再加上疫情与地缘政治危机的存在，国际能源、航运、船舶及海工等市场受到影响，海洋产业整合重组和创新融合发展势不可挡。未来，应加速海洋传统产业

的升级改造，积极培育海洋新兴产业。对于海洋第二产业的发展，以海洋生物医药业、海水淡化与综合利用业等产业为重点。对于海洋第三产业的发展，以海洋旅游业和海洋交通运输业为重点突破对象。

一是将人工智能技术运用到海洋渔业生产中，以规避作业风险，提高经济效率；同时进行海洋渔业声学装备、渔业养殖装备等技术的创新研发，促进海洋渔业的专业化、大型化和智能化发展。二是努力研发边际油田开发技术、极地海洋油气工程装备技术等，为海洋油气勘探和开发奠定技术基础。三是激励高新技术向海洋生物医药业倾斜，攻克核心技术，加快构建海洋生物医药产业技术创新支撑体系。四是进一步促进海水淡化技术创新，开展超大型膜法、热法淡化科技创新，突破反渗透膜组件、高压泵等关键核心技术装备，实现关键核心技术装备自主可控。五是突破海上风电全产业链技术瓶颈，加快海上风电技术产业化。六是提升海洋旅游业的科技含量，加强基础设施的科技建设。七是进行船舶智能制造技术研发，提升船舶的高附加值和技术含量。

9.4.2 推动智慧海洋建设，提高海洋科技的自主创新能力

由前文分析可知，海洋科技创新能力不断增强，但仍有增长的空间。因此，未来我国海洋事业重在科技创新，并带动海洋资源集约化开发、海洋经济高质量发展。因此，注重海洋科技成果转化与产业化，使海洋科技成果更快更好地转化为现实生产力，进一步提高海洋科技进步贡献率。

一方面推动智慧海洋建设。一是加快重点海域海洋信息新型基础设施建设，加强设备自主创新，提升信息实时传送和应急通信能力。二是建设国家海洋大数据服务中心，优化布局各沿海地区的数据服务中心枢纽节点。三是助力海洋产业数字化、海洋数字产业化，创新"渔旅融合""丝路海运"等领域数据利用模式。另一方面，提高海洋科技的自主创新能力。一是面向世界科技前沿、经济发展和国家重大需求加大海洋科研投入，建立海洋科技研发中心和实验室等一系列科研机构，加强重大科技创新研究，突破关键核心技术，提高国产自主品牌配套率。二是加强海洋科技成果转化与推广力度，连接海洋产业基础研究与应用研究，推动海洋科技成果由理论向现实转化。

9.4.3 发挥科教兴海力量，加强海洋领域系统谋划和顶层设计

随着世界海洋科技竞争日趋激烈，以及我国综合经济实力的提升，作为提供科技与智力支持的海洋教育，地位显得越来越重要。因此，应该进一步发挥科教兴海力量，加强海洋领域系统谋划和顶层设计。

一是强化国家海洋科研机构的战略力量，优化国家海洋科技创新基地的建设布局，发挥海洋类高校的科研教育力量，加强企业对涉海类科技研发的资金投入，建设形成海洋科研机构、高校、企业等功能互补、良性互动的协同创新的新格局。二是大力发展海洋教育，优化海洋人才结构，加快涉海类专业建设，逐步扩大涉海专业的招生规模，分层次培养海洋专业技术人才。三是发挥媒体优势力量，通过公共渠道发布海洋科技相关知识，提高全民海洋科学文化素养，激发全社会海洋知识创新活力。

9.5 我国海洋经济增长的制度创新策略

9.5.1 改善海洋生态环境，建立区域性调查制度

海洋资源环境调查是展开海洋科学研究的基础，我国针对近海资源、大洋资源、南北极资源等展开了丰富的调查研究，为海洋开发利用、环境预报等创造了良好的条件。目前，全国大规模调查是分析各沿海地区资源环境现状的主要依据，缺乏更详细的、现时的地区基础资料。因此，有必要建立科学合理的区域性海洋资源环境调查制度，客观分析地区的海洋资源、环境和生态现状与存在问题，以及产生问题的深层次原因。

一是健全区域性海洋调查及监测评价制度。沿海地区根据各自海洋环境特点，调查海洋资源环境，定期调查监测评价，全面掌握海洋资源数量、分布、权属和保护等情况，调整区域经济结构和布局。二是完善区域海洋资源利用总量控制制度。沿海地区根据各自海洋环境特点，严格执行围填海总量控制、海洋渔业资源捕捞限额总量控制、自然岸线保有率控制等制度，健全海洋生态保护补偿制度，协调好开发与保护的关系。

9.5.2 加大财税政策支持力度，营造良好的投融资环境

海洋经济已成为我国经济的重要增长点，其发展对全国及地方财政收入具有较大的带动效应。为了进一步促进海洋经济的发展，政府需要加大对海洋经济的财税政策支持力度，营造良好的投融资环境，以为其发展提供必要的资金支持。

一是支持地方扩大海洋产业发展基金规模，为海洋传统产业转型升级和海洋新兴产业发展提供资金支持。二是积极发挥政策性金融的作用，创新涉海信贷产品，加大对涉海企业的信贷支持。三是鼓励涉海企业进行上市融资，支持涉海企业根据自身特点选择相应的主板、科创板、创业板等市场进行上市。四

是推进蓝色债券的建设道路，建立适合于海洋经济自身的债券融资体系。五是对涉海企业给予税收优惠，如涉海经营所得减征一定比例的所得税，促进企业从事海洋产业的积极性。

9.5.3 创新海洋管理制度，提升海洋经济治理效能

为发挥我国海洋经济对国民经济的助推作用，需要从海洋管理制度方面入手，创新现有的海洋管理制度，构建与海洋经济发展相适应的制度体系。一是突破各地政府行政区划的界限。建立和完善政府间在环境保护上的协调机制，组建跨地区政府海洋环境保护工作小组，整合各地的环境保护投资力量。保护海洋生态环境，强化海洋生态环境正向促进海洋经济发展的作用。二是健全海洋产权制度。全面界定属于我国的海洋权益，明确海洋资源资产产权主体的权利，健全产权保护制度。推动海域海岛使用权配置由政府主导向市场化配置转变，提高资源配置效率。三是尝试建立权威性的"海洋政策委员会"。由政府行政部门、立法部门，教育研究部门的人士和专家组成，隶属于国务院领导，负责制定综合性、纲领性的海洋政策文件。

参考文献

［1］Acikgoz S, Ali M S B. Where does economic growth in the Middle Eastern and North African countries come from? ［J］. The Quarterly Review of Economics and Finance, 2019, 73: 172–183.

［2］Battiston S, Rodrigues J F, Zeytinoglu H. The network of inter–regional direct investment stocks across Europe ［J］. Advances in Complex Systems, 2007, 10 (01): 29–51.

［3］Baxter M, King R G. Measuring business cycles: approximate band–pass filters for economic time series ［J］. Review of economics and statistics, 1999, 81 (4): 575–593.

［4］Chen X, Qian W. Effect of marine environmental regulation on the industrial structure adjustment of manufacturing industry: An empirical analysis of China's eleven coastal provinces［J］. Marine Policy, 2020, 113: 103797.

［5］Cheng S, Fan W, Meng F, et al. Toward low–carbon development: Assessing emissions–reduction pressure among Chinese cities ［J］. Journal of Environmental Management, 2020, 271: 111036.

［6］Chung Y H, Färe R, Grosskopf S. Productivity and undesirable outputs: a directional distance function approach ［J］. Journal of Environmental Management, 1997, 51 (3): 229–240.

［7］Coase R H. The nature of the firm ［J］. Economica, 1937, 4 (16): 386–405.

［8］Colgan C. Grading the Marine economy ［J］. Marine Economy, 1994, 3 (3): 44–56.

［9］Ding L, Lei L, Wang L, et al. A novel cooperative game network DEA model for marine circular economy performance evaluation of China ［J］. Journal of Cleaner Production, 2020, 253: 120071.

［10］Ding L，Lei L，Zhao X. China's ocean economic efficiency depends on environmental integrity：A global slacks–based measure ［J］. Ocean & coastal management，2019，176：49–59.

［11］Ding L，Lu M，Xue Y. Driving factors on implementation of seasonal marine fishing moratorium system in China using evolutionary game ［J］. Marine Policy，2021，133：104707.

［12］Ding L，Yang Y，Wang L，et al. Cross efficiency assessment of China's marine economy under environmental governance ［J］. Ocean & Coastal Management，2020，193：105245.

［13］Ding L，Zheng H，Kang W. Measuring the green efficiency of ocean economy in China：an improved three–stage DEA model ［J］. Romanian Journal of Economic Forecasting，2017，20（1）：5–22.

［14］Ding L，Zheng H，Zhao X. Efficiency of the Chinese ocean economy within a governance framework using an improved Malmquist–Luenberger index ［J］. Journal of Coastal Research，2018，34（2）：272–281.

［15］Esrock S L，Leichty G B. Social responsibility and corporate web pages：self–presentation or agenda–setting? ［J］. Public Relations Review，1998，24（3）：305–319.

［16］Fang X，Zou J，Wu Y，et al. Evaluation of the sustainable development of an island "Blue Economy"：A case study of Hainan，China ［J］. Sustainable Cities and Society，2021，66：102662.

［17］Färe R，Grifell - Tatjé E，Grosskopf S，et al. Biased technical change and the Malmquist productivity index ［J］. Scandinavian Journal of Economics，1997，99（1）：119–127.

［18］Freeman L C. Centrality in social networks conceptual clarification ［J］. Social Networks，1978，1（3）：215–239.

［19］Gereffi G，Korzeniewicz M. Commodity chains and global capitalism ［M］. ABC–CLIO，1994.

［20］Garlaschelli D，Loffredo M I. Patterns of link reciprocity in directed networks ［J］. Physical Review Letters，2004，93（26）：268701.

［21］Gereffi G，Kaplinsky R. Introduction：Globalisation，value chains and development [J]. IDS bulletin, 2001, 32 (3): 1–8.

[22] He X, Dong Y, Wu Y, et al. Structure analysis and core community detection of embodied resources networks among regional industries [J]. Physica A: Statistical Mechanics and its Applications, 2017, 479: 137–150.

[23] Jamnia A R, Mazloumzadeh S M, Keikha A A. Estimate the technical efficiency of fishing vessels operating in Chabahar region, Southern Iran [J]. Journal of the Saudi Society of Agricultural Sciences, 2015, 14 (1): 26–32.

[24] Jeon J W, Yeo G T. Study of the optimal timing of container ship orders considering the uncertain shipping environment [J]. The Asian Journal of Shipping and Logistics, 2017, 33 (2): 85–93.

[25] Jiang D, Chen Z, Dai G. Evaluation of the carrying capacity of marine industrial parks: a case study in China [J]. Marine Policy, 2017, 77: 111–119.

[26] Jiang J, Li W, Cai X. Cluster behavior of a simple model in financial markets [J]. Physica A: Statistical Mechanics and its Applications, 2008, 387 (2–3): 528–536.

[27] Jiang M, Luo S, Zhou G. Financial development, OFDI spillovers and upgrading of industrial structure [J]. Technological Forecasting and Social Change, 2020, 155: 119974.

[28] Jiang X Z, Liu T Y, Su C W. China's marine economy and regional development [J]. Marine Policy, 2014, 50: 227–237.

[29] Jung S, Lee J D, Hwang W S, et al. Growth versus equity: A CGE analysis for effects of factor–biased technical progress on economic growth and employment [J]. Economic Modelling, 2017, 60: 424–438.

[30] Kildow J T, McIlgorm A. The importance of estimating the contribution of the oceans to national economies [J]. Marine Policy, 2010, 34 (3): 367–374.

[31] Kwak S J, Yoo S H, Chang J I. The role of the maritime industry in the Korean national economy: an input–output analysis [J]. Marine Policy, 2005, 29 (4): 371–383.

[32] Lane J M, Pretes M. Maritime dependency and economic prosperity: Why access to oceanic trade matters [J]. Marine Policy, 2020, 121: 104180.

[33] Li G, Zhou Y, Liu F, et al. Regional difference and convergence

analysis of marine science and technology innovation efficiency in China [J]. Ocean & Coastal Management, 2021, 205: 105581.

[34] Lin B, Zhou Y. How does vertical fiscal imbalance affect the upgrading of industrial structure? Empirical evidence from China [J]. Technological Forecasting and Social Change, 2021, 170: 120886.

[35] Lin X, Zheng L, Li W. Measurement of the contributions of science and technology to the marine fisheries industry in the coastal regions of China [J]. Marine Policy, 2019, 108: 103647.

[36] Lin Y. Coupling analysis of marine ecology and economy: Case study of Shanghai, China [J]. Ocean & Coastal Management, 2020, 195: 105278.

[37] Liu B, Wang J, Xu M, et al. Evaluation of the comprehensive benefit of various marine exploitation activities in China [J]. Marine Policy, 2020, 116: 103924.

[38] Løvdal N, Neumann F. Internationalization as a strategy to overcome industry barriers——An assessment of the marine energy industry [J]. Energy policy, 2011, 39 (3): 1093-1100.

[39] Ma H, Li L. Could environmental regulation promote the technological innovation of China's emerging marine enterprises? Based on the moderating effect of government grants [J]. Environmental Research, 2021, 202: 111682.

[40] Ma P, Ye G, Peng X, et al. Development of an index system for evaluation of ecological carrying capacity of marine ecosystems [J]. Ocean & Coastal Management, 2017, 144: 23-30.

[41] Ma Y, Zhuang X, Li L. Research on the relationships of the domestic mutual investment of China based on the cross-shareholding networks of the listed companies [J]. Physica A: Statistical Mechanics and its Applications, 2011, 390 (4): 749-759.

[42] Maravelias C D, Tsitsika E V. Economic efficiency analysis and fleet capacity assessment in Mediterranean fisheries [J]. Fisheries Research, 2008, 93 (1-2): 85-91.

[43] Nakajima J, Kasuya M, Watanabe T. Bayesian analysis of time-varying parameter vector autoregressive model for the Japanese economy and monetary policy

[J]. Journal of the Japanese and International Economies, 2011, 25 (3): 225-245.

[44] Narasimha P T, Jena P R, Majhi R. Impact of COVID-19 on the Indian seaport transportation and maritime supply chain [J]. Transport Policy, 2021, 110: 191-203.

[45] Newman M E J. Assortative mixing in networks [J]. Physical review letters, 2002, 89 (20): 208701.

[46] Newman M E J. Clustering and preferential attachment in growing networks [J]. Physical Review E, 2001, 64 (2): 025102.

[47] Odeck J, Bråthen S. A meta-analysis of DEA and SFA studies of the technical efficiency of seaports: A comparison of fixed and random -effects regression models [J]. Transportation Research Part A: Policy and Practice, 2012, 46 (10): 1574-1585.

[48] Odeck J, Schøyen H. Productivity and convergence in Norwegian container seaports: An SFA -based Malmquist productivity index approach [J]. Transportation Research Part A: Policy and Practice, 2020, 137: 222-239.

[49] Peng D, Yang Q, Yang H J, et al. Analysis on the relationship between fisheries economic growth and marine environmental pollution in China's coastal regions [J]. Science of The Total Environment, 2020, 713: 136641.

[50] Porter M E. Technology and competitive advantage [J]. Journal of Business Strategy, 1985, 5 (3): 60-78.

[51] Qin M, Fan L, Li J, et al. The income distribution effects of environmental regulation in China: The case of binding SO2 reduction targets [J]. Journal of Asian Economics, 2021, 73: 101272.

[52] Ren W, Ji J, Chen L, et al. Evaluation of China's marine economic efficiency under environmental constraints——An empirical analysis of China's eleven coastal regions [J]. Journal of Cleaner Production, 2018, 184: 806-814.

[53] Ren W, Ji J. How do environmental regulation and technological innovation affect the sustainable development of marine economy: New evidence from China's coastal provinces and cities [J]. Marine Policy, 2021, 128: 104468.

[54] Ren W, Zeng Q. Is the green technological progress bias of mariculture

suitable for its factor endowment？ ——Empirical results from 10 coastal provinces and cities in China [J]. Marine Policy, 2021, 124: 104338.

[55] Ren W. Research on dynamic comprehensive evaluation of allocation efficiency of green science and technology resources in China's marine industry [J]. Marine Policy, 2021, 131: 104637.

[56] Shao Q, Chen L, Zhong R, et al. Marine economic growth, technological innovation, and industrial upgrading: a vector error correction model for China [J]. Ocean & Coastal Management, 2021, 200: 105481.

[57] Sheng X, Lu B, Yue Q. Impact of sci-tech finance on the innovation efficiency of China's marine industry [J]. Marine Policy, 2021, 133: 104708.

[58] Strogatz S H. Exploring complex networks [J]. Nature, 2001, 410 (6825): 268-276.

[59] Sueyoshi T, Yuan Y. China's regional sustainability and diversified resource allocation: DEA environmental assessment on economic development and air pollution [J]. Energy Economics, 2015, 49: 239-256.

[60] Sun C, Wang S, Zou W, et al. Estimating the efficiency of complex marine systems in China's coastal regions using a network Data Envelope Analysis model [J]. Ocean & Coastal Management, 2017, 139: 77-91.

[61] Wang T, He G, Guo J, et al. Energy consumption and economic growth in China's marine economic zones——An estimation based on partial linear model [J]. Energy, 2020, 205: 118028.

[62] Wang C, Chen J, Li Z, et al. An indicator system for evaluating the development of land-sea coordination systems: A case study of Lianyungang port [J]. Ecological Indicators, 2019, 98: 112-120.

[63] Wang C, Zhang X, Vilela A L M, et al. Industrial structure upgrading and the impact of the capital market from 1998 to 2015: A spatial econometric analysis in Chinese regions [J]. Physica A: Statistical Mechanics and its Applications, 2019, 513: 189-201.

[64] Wang Y, Wang N. The role of the marine industry in China's national economy: an input-output analysis [J]. Marine Policy, 2019, 99: 42-49.

[65] Wang Z, Wei S J, Yu X, et al. Characterizing global value chains:

Production length and upstreamness [R]. National Bureau of Economic Research, 2017, 23261.

[66] Wang Z, Zhao L, Wang Y. An empirical correlation mechanism of economic growth and marine pollution: A case study of 11 coastal provinces and cities in China [J]. Ocean & Coastal Management, 2020, 198: 105380.

[67] Watts D J, Strogatz S H. Collective dynamics of 'small –world' networks [J]. Nature, 1998, 393 (6684): 440–442.

[68] Wen S, Lin B, Zhou Y. Does financial structure promote energy conservation and emission reduction? Evidence from China [J]. International Review of Economics & Finance, 2021, 76: 755–766.

[69] Wright G. Strengthening the role of science in marine governance through environmental impact assessment: a case study of the marine renewable energy industry [J]. Ocean & Coastal Management, 2014, 99: 23–30.

[70] Wu N, Liu Z K. Higher education development, technological innovation and industrial structure upgrade [J]. Technological Forecasting and Social Change, 2021, 162: 120400.

[71] Xia K, Guo J, Han Z, et al. Analysis of the scientific and technological innovation efficiency and regional differences of the land–sea coordination in China's coastal areas [J]. Ocean & Coastal Management, 2019, 172: 157–165.

[72] Yin K, Xu Y, Li X, et al. Sectoral relationship analysis on China's marine–land economy based on a novel grey periodic relational model [J]. Journal of Cleaner Production, 2018, 197: 815–826.

[73] Zhang H, Duan M, Deng Z. Have China's pilot emissions trading schemes promoted carbon emission reductions? ——The evidence from industrial sub–sectors at the provincial level [J]. Journal of Cleaner Production, 2019, 234: 912–924.

[74] Zhao X, Xue Y, Kang W, et al. Measuring efficiency of ocean economy in china based on a novel Luenberger approach [J]. Journal for Economic Forecasting, 2018 (2): 5–21.

[75] Zheng L, Tian K. The contribution of ocean trade to national economic growth: A non–competitive input–output analysis in China [J]. Marine Policy,

2021, 130: 104559.

[76] Zheng L. Job creation or job relocation? Identifying the impact of China's special economic zones on local employment and industrial agglomeration [J]. China Economic Review, 2021, 69: 101651.

[77] Zhou X, Cai Z, Tan K H, et al. Technological innovation and structural change for economic development in China as an emerging market [J]. Technological Forecasting and Social Change, 2021, 167: 120671.

[78] Zhou X, Song M, Cui L. Driving force for China's economic development under Industry 4.0 and circular economy: Technological innovation or structural change? [J]. Journal of Cleaner Production, 2020, 271: 122680.

[79] Zhou Y, Zhuo C, Deng F. Can the rise of the manufacturing value chain be the driving force of energy conservation and emission reduction in China? [J]. Energy Policy, 2021, 156: 112408.

[80] Zhu W, Li B, Han Z. Synergistic analysis of the resilience and efficiency of China's marine economy and the role of resilience policy [J]. Marine Policy, 2021, 132: 104703.

[81] 曹忠祥, 高国力.我国陆海统筹发展的战略内涵、思路与对策 [J].中国软科学, 2015 (02): 1-12.

[82] 陈国亮.海洋产业协同集聚形成机制与空间外溢效应 [J].经济地理, 2015, 35 (07): 113-119.

[83] 陈聚芳, 颜泽钰, 孙俊花.以基本公共服务均等化助力乡村经济振兴 [J].经济论坛, 2018 (07): 106-108.

[84] 程大中.中国服务业增长的地区与部门特征 [J].财贸经济, 2003 (08): 68-75+97.

[85] 程名望, 张家平.新时代背景下互联网发展与城乡居民消费差距 [J].数量经济技术经济研究, 2019, 36 (07): 22-41.

[86] 寸晓宏, 卢启程.风险投资对区域创新系统的作用机理研究——基于复杂网络理论视角 [J].经济学动态, 2014 (09): 79-87.

[87] 戴彬, 金刚, 韩明芳.中国沿海地区海洋科技全要素生产率时空格局演变及影响因素 [J].地理研究, 2015, 34 (02): 328-340.

[88] 邓剑伟, 郭轶伦, 李雅欣, 杨添安.超大城市公共服务质量评价研

究——以北京市为例 [J]. 华东经济管理, 2018, 32 (08): 49–57.

[89] 邓昭, 郭建科, 王绍博, 许妍. 基于比例性偏离份额的海洋产业结构演进的省际比较 [J]. 地理与地理信息科学, 2018, 34 (01): 78–85.

[90] 邓昭, 郭建科, 夏康, 张帅. 海洋产业吸纳就业的特征与差异分析 [J]. 资源开发与市场, 2017, 33 (04): 451–455+429.

[91] 狄乾斌, 梁倩颖. 中国海洋生态效率时空分异及其与海洋产业结构响应关系识别 [J]. 地理科学, 2018, 38 (10): 1606–1615.

[92] 丁黎黎, 杨颖, 郑慧, 王垒. 中国省际绿色技术进步偏向异质性及影响因素研究——基于一种新的 Malmquist-Luenberger 多维分解指数 [J]. 中国人口·资源与环境, 2020, 30 (09): 84–92.

[93] 丁黎黎, 郑海红, 刘新民. 海洋经济生产效率、环境治理效率和综合效率的评估 [J]. 中国科技论坛, 2018 (03): 48–57.

[94] 丁黎黎, 郑海红, 王伟. 基于改进 RAM-Undesirable 模型的我国海洋经济生产率的测度及分析 [J]. 中央财经大学学报, 2017 (09): 119–128.

[95] 丁黎黎, 朱琳, 何广顺. 中国海洋经济绿色全要素生产率测度及影响因素 [J]. 中国科技论坛, 2015 (02): 72–78.

[96] 董杨. 海洋经济对我国沿海地区经济发展的带动效应评价研究 [J]. 宏观经济研究, 2016 (11): 161–166.

[97] 杜军, 寇佳丽, 赵培阳. 海洋产业结构升级、海洋科技创新与海洋经济增长——基于省际数据面板向量自回归 (PVAR) 模型的分析 [J]. 科技管理研究, 2019, 39 (21): 137–146.

[98] 符大海, 鲁成浩. 服务业开放促进贸易方式转型——企业层面的理论和中国经验 [J]. 中国工业经济, 2021 (07): 156–174.

[99] 付秀梅, 王诗琪, 林香红, 刘莹, 汤慧颖. 基于 SFA 方法的中国海洋生物医药产业创新效率及影响因素研究 [J]. 科技管理研究, 2020, 40 (13): 202–208.

[100] 郭建科, 邓昭, 许妍, 王绍博, 谷月. 中国海洋产业就业结构变化及其影响因素 [J]. 地域研究与开发, 2018, 37 (02): 36–40+57.

[101] 郭凯明. 人工智能发展、产业结构转型升级与劳动收入份额变动 [J]. 管理世界, 2019, 35 (07): 60–77+202–203.

[102] 郭庆宾, 安雨晴, 潘友仙. 海南陆海统筹发展水平与提升路径研究

[J].海南大学学报（人文社会科学版），2021，39（06）：113-121.

[103] 郭熙保，文礼朋.从技术模仿到自主创新——后发国家的技术成长之路 [J].南京大学学报（哲学.人文科学.社会科学版），2008（01）：28-35+142.

[104] 韩杨.1949年以来中国海洋渔业资源治理与政策调整 [J].中国农村经济，2018（09）：14-28.

[105] 韩永辉，黄亮雄，王贤彬.产业政策推动地方产业结构升级了吗？——基于发展型地方政府的理论解释与实证检验 [J].经济研究，2017，52（08）：33-48.

[106] 韩增林，刘桂春.海洋经济可持续发展的定量分析 [J].地域研究与开发，2003（03）：1-4.

[107] 韩增林，夏康，郭建科，孙才志，邓昭.基于Global-Malmquist-Luenberger指数的沿海地带陆海统筹发展水平测度及区域差异分析 [J].自然资源学报，2017，32（08）：1271-1285.

[108] 何树全.中国服务业在全球价值链中的地位分析 [J].国际商务研究，2018，39（05）：29-38.

[109] 洪爱梅，成长春.偏离份额模型的改进及江苏海洋产业发展研究 [J].华东经济管理，2016，30（04）：17-22.

[110] 黄瑞芬，王佩.海洋产业集聚与环境资源系统耦合的实证分析 [J].经济学动态，2011（02）：39-42.

[111] 纪建悦，王奇.基于随机前沿分析模型的我国海洋经济效率测度及其影响因素研究 [J].中国海洋大学学报（社会科学版），2018（01）：43-49.

[112] 贾俊雪，梁煊.地方政府财政收支竞争策略与居民收入分配 [J].中国工业经济，2020（11）：5-23.

[113] 江小涓，李辉.服务业与中国经济：相关性和加快增长的潜力 [J].经济研究，2004（01）：4-15.

[114] 鞠绍玥.我国陆海经济耦合协调性的时空格局研究 [J].浙江海洋大学学报（人文科学版），2020，37（05）：29-40.

[115] 李博，田闯，史钊源，韩增林.辽宁沿海地区海洋经济增长质量空间特征及影响要素 [J].地理科学进展，2019，38（07）：1080-1092.

[116] 李海东，王帅，刘阳.基于灰色关联理论和距离协同模型的区域协同发展评价方法及实证 [J].系统工程理论与实践，2014，34（07）：1749-1755.

［117］李坤望，陈维涛，王永进.对外贸易、劳动力市场分割与中国人力资本投资［J］.世界经济，2014，37（03）：56-79.

［118］李雄英，黄时文，雷钦礼.中国海洋经济技术进步偏向测度及其空间溢出效应探究［J］.数理统计与管理，2021，40（05）：874-887.

［119］李颖，马双，富宁宁，怡凯，彭飞.中国沿海地区海洋产业合作创新网络特征及其邻近性［J］.经济地理，2021，41（02）：129-138.

［120］刘波，龙如银，朱传耿，孙小祥.海洋经济与生态环境协同发展水平测度［J］.经济问题探索，2020（12）：55-65.

［121］刘洪昌，刘洪.创新双螺旋视角下战略性海洋新兴产业培育模式与发展路径研究——以江苏省为例［J］.科技管理研究，2018，38（14）：131-139.

［122］刘锴，宋婷婷.辽宁省海洋产业结构特征与优化分析［J］.生态经济，2017，33（11）：82-87.

［123］刘明.中国海洋经济发展潜力分析［J］.中国人口·资源与环境，2010，20（06）：151-154.

［124］骆永民，樊丽明.宏观税负约束下的间接税比重与城乡收入差距［J］.经济研究，2019，54（11）：37-53.

［125］马仁锋，候勃，张文忠，袁海红，窦思敏.海洋产业影响省域经济增长估计及其分异动因判识［J］.地理科学，2018，38（02）：177-185.

［126］马雪菲，杨华龙，邢玉伟.中国国际贸易海运 CO_2 排放特征及驱动因素研究［J］.资源科学，2018，40（10）：2132-2142.

［127］马源源，庄新田，李凌轩.基于上市公司交叉持股网络的区域发展政策成效［J］.系统管理学报，2011，20（06）：715-721.

［128］孟东晖，李显君，梅亮，齐兴达.核心技术解构与突破："清华-绿控" AMT 技术 2000~2016 年纵向案例研究［J］.科研管理，2018，39（06）：75-84.

［129］孟令权.我国高校产学研合作存在的问题及对策［J］.吉林师范大学学报（人文社会科学版），2012，40（01）：91-92+106.

［130］倪红福，夏杰长.北京地区制造业企业使用研发成果中隐含研发投入与生产率关系［J］.中国科技论坛，2015（06）：94-99+136.

［131］钱学锋，龚联梅.贸易政策不确定性、区域贸易协定与中国制造业出口［J］.中国工业经济，2017（10）：81-98.

[132] 秦宏，孟繁宇.我国远洋渔业产业发展的影响因素研究——基于修正的钻石模型 [J].经济问题，2015（09）：57-62.

[133] 秦曼，刘阳，程传周.中国海洋产业生态化水平综合评价 [J].中国人口·资源与环境，2018，28（09）：102-111.

[134] 秦月，秦可德，徐长乐.流域经济与海洋经济联动发展研究——以长江经济带为例 [J].长江流域资源与环境，2013，22（11）：1405-1411.

[135] 阮平南，郭文静，杨娟.中国创业投资区域网络结构与区域合作研究 [J].科技进步与对策，2019，36（14）：8-17.

[136] 邵桂兰，任肖嫦，李晨.基于 B-S 期权定价模型的碳汇渔业价值评估——以海水养殖藻类为例 [J].中国渔业经济，2017，35（05）：76-82.

[137] 申宇，黄昊，赵玲.地方政府"创新崇拜"与企业专利泡沫 [J].科研管理，2018，39（04）：83-91.

[138] 沈丽珍，汪侠，甄峰.社会网络分析视角下城市流动空间网络的特征 [J].城市问题，2017（03）：28-34.

[139] 沈体雁，施晓铭.中国海洋产业园区空间布局研究 [J].经济问题，2017（03）：107-110.

[140] 孙才志，郭可蒙.基于 DER-Wolfson 指数的中国海洋经济极化研究 [J].地理科学，2019，39（06）：920-928.

[141] 孙才志，李欣.基于核密度估计的中国海洋经济发展动态演变 [J].经济地理，2015，35（01）：96-103.

[142] 孙才志，徐婷，王恩辰.基于 LMDI 模型的中国海洋产业就业变化驱动效应测度与机理分析 [J].经济地理，2013，33（07）：115-120+147.

[143] 孙国民.战略性新兴产业嵌入模式的理论基础及范式研究 [J].中国科技论坛，2017（04）：76-81.

[144] 孙康，季建文，李丽丹，张超，刘峻峰，付敏.基于非期望产出的中国海洋渔业经济效率评价与时空分异 [J].资源科学，2017，39（11）：2040-2051.

[145] 孙康，李丽丹.中国海洋渔业转型成效与时空差异分析 [J].产经评论，2018，9（04）：72-83.

[146] 孙志红，吴悦.技术进步、金融发展与产业升级——基于供给侧改革背景下新疆地区的研究 [J].科技管理研究，2017，37（17）：109-114.

[147] 覃雄合，孙才志，王泽宇.代谢循环视角下的环渤海地区海洋经济可持续发展测度 [J].资源科学，2014，36（12）：2647-2656.

[148] 唐红祥，张祥祯，王立新.中国海陆经济一体化时空演化及影响机理研究 [J].中国软科学，2020（12）：130-144.

[149] 唐宜红，俞峰，林发勤，张梦婷.中国高铁、贸易成本与企业出口研究 [J].经济研究，2019，54（07）：158-173.

[150] 唐议，邹伟红，胡振明.基于统计数据的中国海洋渔业资源利用状况及管理分析 [J].资源科学，2009，31（06）：1061-1068.

[151] 王波，韩立民.中国海洋产业结构变动对海洋经济增长的影响——基于沿海 11 省市的面板门槛效应回归分析 [J].资源科学，2017，39（06）：1182-1193.

[152] 王国红，周建林，邢蕊.创新孵化网络演化无标度特征仿真分析 [J].技术经济，2014，33（10）：29-35.

[153] 王洪清.不同管控模式对港口空间结构和交易效率的影响比较——以中国沿海港口群为例 [J].经济地理，2019，39（01）：104-112.

[154] 王垒，牛文正，丁黎黎.基于涉海上市公司交叉持股网络的区域海洋经济联动发展分析 [J].海洋经济，2022，12（01）：61-69.

[155] 王莉莉，肖雯雯.基于投入产出模型的中国海洋产业关联及海陆产业联动发展分析 [J].经济地理，2016，36（01）：113-119.

[156] 王莉莉，肖雯雯.基于投入产出模型的中国海洋产业关联及海陆产业联动发展分析 [J].经济地理，2016，36（01）：113-119.

[157] 王青，和晨阳.中国海洋经济效率的区域差异分析 [J].辽宁大学学报（哲学社会科学版），2020，48（01）：54-65.

[158] 王涛，何广顺，宋维玲，丁黎黎.我国海洋产业集聚的测度与识别 [J].海洋环境科学，2014，33（04）：568-575.

[159] 王涛，赵昕，郑慧，丁黎黎.比较优势识别下的海陆经济合作强度测度 [J].中国软科学，2014（04）：92-102.

[160] 王兴旺.高端装备制造产业创新与竞争力评价研究——以上海海洋工程装备产业为例 [J].科技管理研究，2018，38（11）：36-40.

[161] 王一乔，赵鑫.金融集聚、技术创新与产业结构升级——基于中介效应模型的实证研究 [J].经济问题，2020（05）：55-62.

[162] 王泽宇，郭萌雨，孙才志，李博.基于可变模糊识别模型的现代海洋产业发展水平评价 [J].资源科学，2015，37 (03)：534–545.

[163] 王泽宇，卢函，孙才志.中国海洋资源开发与海洋经济增长关系 [J].经济地理，2017，37 (11)：117–126.

[164] 王泽宇，远芳，徐静，卢雪凤.海洋资源空间异质性测度及其与海洋经济发展的关系 [J].地域研究与开发，2018，37 (03)：17–22+33.

[165] 文海漓，夏惟怡，陈修谦.技术进步偏向视角下中国—东盟区域海洋经济产业结构特征及合作机制研究 [J].中国软科学，2021 (06)：153–164.

[166] 吴传清，杜宇.偏向型技术进步对长江经济带全要素能源效率影响研究 [J].中国软科学，2018 (03)：110–119.

[167] 吴姗姗，张凤成，曹可.基于集对分析和主成分分析的中国沿海省海洋产业竞争力评价 [J].资源科学，2014，36 (11)：2386–2391.

[168] 谢伟伟，邓宏兵，苏攀达.长江中游城市群知识创新合作网络研究——高水平科研合著论文实证分析 [J].科技进步与对策，2019，36 (16)：44–50.

[169] 徐胜，郭玉萍，赵艳香.我国海洋产业发展水平测度分析 [J].统计与决策，2013 (19)：126–130.

[170] 徐胜.中国陆海系统协调度及经济互动效率评价研究 [J].山东大学学报（哲学社会科学版），2019 (06)：126–134.

[171] 徐银良，王慧艳.中国省域科技创新驱动产业升级绩效评价研究 [J].宏观经济研究，2018 (08)：101–114+158.

[172] 许和连，金友森，王海成.银企距离与出口贸易转型升级 [J].经济研究，2020，55 (11)：174–190.

[173] 杨松令，常晓红，刘亭立.中国区域投资网络化发展研究 [J].经济体制改革，2015 (03)：56–61.

[174] 易明，毛进，邓卫华，曹高辉.社会化标签系统中基于社会网络的知识推送网络演化研究 [J].中国图书馆学报，2014，40 (02)：50–66.

[175] 尹肖妮，王国红，周建林.区域知识承载力与海洋新兴产业集聚耦合研究 [J].华东经济管理，2016，30 (09)：59–65.

[176] 于谨凯，陈玉瓷.海域承载力视角下海洋渔业空间布局优化评价标准研究 [J].中国人口·资源与环境，2014，24 (S3)：413–416.

[177] 余泳泽，胡山.中国经济高质量发展的现实困境与基本路径：文献综述 [J]. 宏观质量研究，2018，6（04）：1-17.

[178] 袁航，朱承亮.国家高新区推动了中国产业结构转型升级吗 [J]. 中国工业经济，2018（08）：60-77.

[179] 张二震.中国外贸转型：加工贸易、"微笑曲线"及产业选择 [J]. 当代经济研究，2014（07）：14-18+2+97.

[180] 张杰，郑文平.创新追赶战略抑制了中国专利质量么？[J]. 经济研究，2018，53（05）：28-41.

[181] 张军，吴桂英，张吉鹏.中国省际物质资本存量估算：1952—2000 [J]. 经济研究，2004（10）：35-44.

[182] 张明志，季克佳.人民币汇率变动对中国制造业企业出口产品质量的影响 [J]. 中国工业经济，2018（01）：5-23.

[183] 张耀光，王国力，刘锴，杜鹏，刘桂春，许淑婷.中国区域海洋经济差异特征及海洋经济类型区划分 [J]. 经济地理，2015，35（09）：87-95.

[184] 赵林，张宇硕，焦新颖，吴迪，吴殿廷.基于 SBM 和 Malmquist 生产率指数的中国海洋经济效率评价研究 [J]. 资源科学，2016，38（03）：461-475.

[185] 赵昕，曹森，丁黎黎.互联网依赖对家庭碳排放的影响——收入差距和消费升级的链式中介作用 [J]. 北京理工大学学报（社会科学版），2021，23（04）：49-59.

[186] 赵昕，鲁琪鑫.海洋经济预测模型的创新研究 [J]. 统计与决策，2013（02）：31-33.

[187] 赵昕，南旭，袁顺.巨系统视角下的海陆耦合协调机制研究 [J]. 生态经济，2016，32（08）：25-28+35.

[188] 赵昕，彭勇，丁黎黎.中国海洋绿色经济效率的时空演变及影响因素 [J]. 湖南农业大学学报（社会科学版），2016，17（05）：81-89.

[189] 赵昕，彭勇，丁黎黎.中国沿海地区海洋经济效率的空间格局及影响因素分析 [J]. 云南师范大学学报（哲学社会科学版），2016，48（05）：112-120.

[190] 赵昕，孙瑞杰.基于自组织理论的海陆产业系统演化研究综述与趋势分析 [J]. 经济学动态，2009（06）：94-97.

［191］赵昕，王茂林.基于灰色关联度测算的海陆产业关联关系研究［J］.商场现代化，2009（15）：150-151.

［192］赵昕，王涛，郑慧.我国主导海洋产业指标体系的建立及测度［J］.统计与决策，2015（04）：36-40.

［193］郑珍远，刘婧，李悦.基于熵值法的东海区海洋产业综合评价研究［J］.华东经济管理，2019，33（09）：97-102.

［194］周训胜.高校产学研合作的现状及对策［J］.中国高校科技，2012（11）：42-43.

［195］朱静敏，盖美.中国沿海地区海洋经济效率时空演化特征——基于三阶段超效率 SBM-Global 和三阶段 Malmquist 的分析［J］.地域研究与开发，2019，38（01）：26-31.

［196］邹玮，孙才志，覃雄合.基于 Bootstrap-DEA 模型环渤海地区海洋经济效率空间演化与影响因素分析［J］.地理科学，2017，37（06）：859-867.

后 记

党的二十大报告明确提出，发展海洋经济，保护海洋生态环境，加快建设海洋强国。海洋拥有丰富的资源，海洋的开发利用已经成为人类的重要活动之一，海洋经济也覆盖三次产业的各个重要领域。21世纪以来，全球海洋经济正在迅速成长壮大，并深刻影响到经济、政治、文化领域的变革。我国作为海洋大国，海洋经济在海洋强国战略引领下快速发展，对经济社会发展产生巨大影响。当今世界正面临百年未有之大变局，国与国的竞争日益激烈，我国在发展海洋经济、释放海洋潜力过程中，明确海洋经济在经济社会发展中的贡献与作用，已成为助力我国经济高质量发展亟待解决的重要课题。

本书以海洋经济为研究对象，围绕"经济-社会-资源环境"核心，沿"机制分析-贡献与作用评价-政策建议"的研究主线，系统分析了海洋经济对我国经济社会发展的贡献与作用。作者依托教育部人文社科重点研究基地、教育部人文社科重点研究伙伴基地，开展了沿海地区海洋经济发展状况的调研工作。首先，从海洋经济在国民经济社会中的基本角色出发，结合现实实践系统剖析了海洋经济对国民经济社会发展的作用机制。其次，立足经济运行系统，从区域与产业的角度分析了海洋经济对经济运行的贡献；从就业、财税收入、科技进步等多维度切入，立体剖析了海洋经济对社会发展的拉动效应；针对资源环境系统约束，识别了海洋经济与海洋资源环境的协同发展作用效果。尔后，从海陆经济联动性出发，分析了海洋经济对海陆经济耦合协调发展特征。基于全球价值链增值，阐释了海洋经济发展与全球价值链增值的双向推动作用。本书部分成果与国家自然科学基金"技术偏向视角下海洋经济绿色增长效率评估及提升路径研究"项目成果相辅相成，为强化海洋经济对国民经济社会发展的引擎作用提供理论依据和对策参考，对从容应对新发展格局下我国经济社会发展面临的挑战与机遇具有重要意义。

本书是作者在海洋经济领域的研究成果总结，获得了国家社会科学重大研究专项"海洋经济高质量发展路径研究"的资助。在写作过程中，从梳理框架结构、编写写作提纲到明确体例统稿，作者都得到了大量的鼓励和帮助，在此深表谢意！作者参考了大量相关资料，恕不赘述，谨表感谢！引用文献虽已注明，但恐有疏漏，敬请涵谅。另外，张琦、鞠绍玥、付晓琼、李梦媛、单晓文、杨颖、李慧等在资料收集、格式编排等过程中做了大量工作，马文、李颖、张凯旋、赵忠超、岳佳培、吴亚琼、沙一凡、卢梦桐、李守星等对书稿进行了仔细的校对，在此一并致谢。限于研究人员学识、能力及水平的限制，本书的创作难免有所疏漏，还请广大读者和专家批评指正，我们期待后续类似的研究能够更加完善。

作　者

2022 年 12 月